全国高等职业教育园林类专业“十三五”规划教材

园林植物造景与设计

主　编　张巧莲　宁妍妍
副主编　郭振锋　付玉萍
主　审　孔德政

黄河水利出版社
·郑州·

内容提要

本书是依据我国当前高等职业教育中有关职业院校课程开设的实际情况、社会对本行业领域的岗位知识技能需求而编写的。内容包括园林植物造景基本原理、方法、设计等。

本书可作为高等职业教育园林技术、园艺技术等专业教材,也可作为相关部门专业技术人员自学和参考用书。

图书在版编目(CIP)数据

园林植物造景与设计/张巧莲,宁妍妍主编.—郑州:黄河水利出版社,2020.1 重印

全国高等职业教育园林类专业“十三五”规划教材

ISBN 978-7-5509-0089-9

Ⅰ.①园… Ⅱ.①张… ②宁… Ⅲ.①园林植物-园林设计-高等职业教育-教材 Ⅳ.①TU986.2

中国版本图书馆 CIP 数据核字(2011)第 154548 号

策划编辑:李洪良 电话:0371-66026352 E-mail:hongliang0013@163.com

出 版 社:黄河水利出版社

地址:河南省郑州市顺河路黄委会综合楼 14 层 邮政编码:450003

发行单位:黄河水利出版社

发行部电话:0371-66026940、66020550、66028024、66022620(传真)

E-mail:hhslcbs@126.com

承印单位:河南承创印务有限公司

开本:787 mm×1 092 mm 1/16

印张:15

字数:344 千字

版次:2011 年 8 月第 1 版 印次:2020 年 1 月第 5 次印刷

定价:32.00 元

全国高等职业教育园林类专业“十三五”规划教材
编审委员会

出版说明

近年来，随着社会的进步和人们生活水平的提高，人类对生存环境的质量要求越来越高，园林作为生态环境建设的重要组成部分和提高人类生存环境质量的重要凭借手段，越来越受到环境决策者和建设者的重视，特别是在城市，生态园林建设已成为解决社会快速发展所带来的环境问题的主要方式之一，因而以服务和改造室内外环境为基本内容的园林专业也随之迅速发展，新观念、新技术不断涌现，社会对园林工程专业高端技能型人才的要求也不断提高。

为了配合全国高等职业教育园林类专业的教学改革与教材建设规划，按照国家对高等职业教育园林专业人才培养目标定位和市场对园林专业人才专业知识及实践技能的要求，在对现有园林工程专业教材出版情况进行深入调研并充分征求了各课程主讲老师意见的基础上，我社组织出版了这套"全国高等职业教育园林类专业'十三五'规划教材"。教材的编写立足于高起点、出精品，本着知识传授与能力培养并重的原则，以培养园林高级专业技术人才为目标，着重加强职业教育的技能培养特色，重点突出实验、实训教学环节。

本系列教材的编写和出版得到了全国多所园林类高等职业院校的大力支持，我们特别邀请了多所高等院校相关专业的老师对稿件进行了严格审查把关。正是由于他们的辛勤工作和无私奉献，才使得这些教材能够在最短的时间内付梓，并有效保证了教材的整体水平和质量。在此，对推进此次教材编写与出版工作的各院校领导、参编和审稿的老师表示衷心的感谢和诚挚的敬意。

诚然，人才的培养需要教育者长期坚持不懈的努力，好的教材也需要经过时间的考证和实践的检验。希望各院校在使用这些教材的过程中提出改进意见与建议，以便再版时不断修改和完善。

黄河水利出版社

前　言

随着经济水平的不断提高,园林景观建设的合理性、科学性与生态性也在逐步提高和完善,作为主要的造景元素——园林植物,它的配置与造景设计不仅成为园林景观建设的主要内容,而且显得尤为重要。

本书是依据我国当前高等职业教育中有关职业院校课程开设的实际情况、社会对本行业领域的岗位知识技能需求而编写的。教材吸收采用近几年相关教材的可行性,借鉴了国内外园林景观行业建设或拟建设的园林景观中植物配置与造景的成果,具有全面、可行、实用、先进等特点。

本书在内容选取、结构安排上进行了合理的筛选和大胆的尝试。一方面,在理论上尽可能做到精简、有条理,明确知识的重难点,突出设计理念的先进性、内容的实用性和理论传授上的针对性,并作相应的知识拓展,满足理论知识"必需、够用"的基本原则;另一方面,在案例分析和实训练习项目中,强调实践技能训练的可操作性。实现技能训练的内容与专业素质培养的灵活性紧密结合,增强学生实际分析问题和动手操作能力,提高学生技能岗位的适应能力,从而全面提高园林植物配置与造景设计的综合素质。

本教材实训练习是基于工作过程的项目教学安排,为教师安排项目教学提供了方便。实训条件充足者可直接进行"教、学、做"一体化项目教学,条件不允许者也可根据实践情况,进行理论与实训项目灵活调整。

本书是高等职业教育园林技术、园艺技术等专业教材,也可以作为中等职业学校及相近专业和短期培训的教材,同时可作为相关部门专业技术人员自学和参考用书。

本书由许昌职业技术学院张巧莲、甘肃林业职业技术学院宁妍妍担任主编,河南林业职业学院郭振锋、许昌职业技术学院付玉萍担任副主编。具体编写分工如下:第一、二章由郭振锋编写;第三章由欧阳汝欣(衡水学院)编写;第四章由付玉萍、张巧莲、苏百童(许昌职业技术学院)编写;第五章由宁妍妍编写;第六章由张巧莲编写;第七章由张巧莲、宁妍妍、苏百童编写。在教材编写过程中,编者参阅引用了近几年出版或翻译的多种书刊、图片及部分设计单位的设计说明、图纸。在此谨向有关作者、设计者表示衷心感谢!

本书主审人为河南农业大学孔德政教授。

由于本书内容设计艺术性强,设计艺术有章法而无定式;加上作者的编写水平有限,书中难免有疏漏和错误。不妥之处,恳请专家、同行和广大读者批评指正。

编　者

2011 年 6 月

目 录

第一章　绪　论

学习目标

能力目标：掌握园林植物造景的概念和意义，了解国内外园林植物造景的现状、趋势及目前我国园林植物造景中存在的问题。

知识目标：(1)掌握园林植物造景的概念和意义。

(2)了解国内外园林植物造景的现状和趋势。

(3)了解目前我国园林植物造景中存在的问题。

学习重点：园林植物造景的概念和意义。

学习难点：园林植物造景的概念。

城市化是目前人类社会最引人注目的问题之一，现在全球约30亿人生活在城市，目前我国城市人口占全国人口总数的近30%。随着生活水平的提高、居住条件的改善，各地园林化城市建设深入发展，人们对植物造景的认识不仅仅停留在对美的欣赏和享受，已意识到植物对生态环境的重要性，认识到绿色植物是整个自然界生态平衡中最为关键的因素，是任何建筑物都无法代替的。花草树木植被，作为最有活力的自然因素，是人类维持生态平衡、赖以存在的物质基础。它不仅在创造优美的园林景观方面是必不可少的，在保护生态环境方面也发挥着重要作用。以生态学为指导，以植物为主体，以建筑为点缀，植物配置形成的人工自然植物群落，建立一个完善的、多功能的、良性循环的生态系统，在很大程度上能够改善城市生态环境，提高居民生活质量，并为野生生物提供适宜的栖息场所，最终达到人与自然的和谐发展，这是当今世界环境保护发展的必然趋势。

第一节　园林植物造景的概念和意义

植物造景，即是在满足园林植物生长发育要求的基础上，按照园林美学原理和环境特点选择植物，合理配置创造景观优美及充分发挥园林植物功能的植物景观。具体来讲，就是运用乔木、灌木、藤本及草本植物等题材，通过技术手段和艺术手法，充分发挥植物的形体、线条、色彩等自然美(也包括把植物整形修剪成一定形体)来创作植物景观。

植物造景用生趣盎然、随季节变换的景观来柔化生硬密集的建筑线条，调剂人们精神上的呆滞与疲劳，大量经过艺术配置的各种植物为人们创造出了具有一定内涵的城市园林景观，将对城市的发展产生深远的影响。文化品位极佳的城市园林景观风格迥异、独具特色，点缀、美化着人们的视野与生活，实现人与自然的和谐，同时也是形成城市独特魅力的重要因素。

一、植物造景可创造不同观赏风景

植物材料是造园要素之一,这是由园林植物独特的形态、色彩、风韵之美所决定的。园林中栽植的孤立树木,往往因花繁叶茂或枝大冠浓而格外引人注目。银杏、白杨主干通直,气势轩昂,松树曲虬苍劲。这些树往往孤立栽植,构成园林主景。几棵树按一定的构图方式配置形成树丛,这种形式既能表现树木的群体美,又能形成较大的观赏面,视觉上给人以强烈震撼。选一种有花有果可赏的树木,造成一片小型群植林,即通常所说的单纯林,如中国传统喜好的竹林、梅林、松林。还可以利用树木秋季变色造“秋色林”,如枫树、银杏、黄栌等,可以形成“霜叶红于二月花”的景观。值得注意的是,多种树种的配置必须分明主次,疏密有致,以一种或两种为主,突出主题。

二、植物造景可形成景观季相变化

园林空间随着时间的变化而变化,这主要表现在植物的季节演变方面。随着植物的生长,植物的个体相应变化,植物的自然生长规律形成了“春天繁花盛开,夏季绿树成荫,秋季硕果累累,冬季枝干苍劲”的特定景观。根据植物的季节变化,把不同花期的植物搭配种植,使人们在不同的季节观赏到不同的景观。

三、植物造景可衬托突出主景

植物的枝条呈现一种自然的曲线。园林绿化中往往利用其质感和曲线,来衬托人工硬质材料构成的规则式建筑形体,这种对比更能突出两种材料的质感。现代园林中往往以常绿树作雕塑的背景,通过色彩的对比来强调某一特定空间,加深人们对这一景点的印象。建筑物旁的植物通常选用具有一定姿态、色彩的树种。一般体型较大、立面庄严的建筑物附近,要选干高枝粗、树冠展开的树种;在结构细致、玲珑的建筑物四周,则选一些叶小枝细、树冠致密的树种搭配,以相得益彰。

植物是园林的灵魂,植物配置的水平高低直接影响到园林的景观效果。因此,在植物配置时要考虑多方面的因素,真正体现园林植物的生态功能、造景功能。

第二节 国内外园林植物造景的现状和趋势

一、我国园林植物造景的现状

中国园林发展到今天,已经有 3 000 多年的悠久历史。据有关典籍记载,我国造园应始于商周,其时称之为囿。商纣王“好酒淫乐,益收狗马奇物,充牣宫室,益广沙丘苑台(注:河北邢台广宗一带),多取野兽(飞)鸟置其中……”周文王建灵囿,“方七十里,其间草木茂盛,鸟兽繁衍”。在历史的长河中,中国园林曾经在世界园林艺术史上留下了辉煌的功绩,对西方园林的发展起到了巨大的推动作用。如果说 17 世纪在欧洲形成中国热还是追求异国情调的洛可可风格影响的话,那么 18 世纪英国风景式园林的出现,无论是在设计思想上,还是在设计手法上,都可以看到中国园林的巨大影响。一些中国园林典型的设计手法,如采用环形游览线路的布局方式,散点式景点布局和视点的移动转换等,已完全融入西方园林的设计手法之中。造出具有良好生态效益的现代都市花园,是建设生态园林的一个很好的实例。

清代是中国古典园林发展成熟的鼎盛时期,强调了中国古典园林"虽由人作,宛自天开"的建设思想,集中体现了中国古典园林的精髓。无论是造园理论还是造园实践都达到前朝所没有的高度和水平,造园理论、造园手法、造园技艺也都日臻成熟。但是,鸦片战争可以说是中国园林兴衰的分水岭。1840 年鸦片战争后,西方的公园及造园手法逐渐渗入中国的古典园林,我国园林步入近代园林阶段。从这个时期到改革开放 100 多年的时间,中国园林发展几近中断,人才也发生了断层,知识传承更无从谈起。从鸦片战争到新中国成立,中国处于炮火连天的氛围,中国出现了公园,园林作为一门科学的思想得到了发展,私园也有了发展,但是都不如明清时的发展。战争使人们基本无暇顾及园林,除了大军阀和官僚资本家建造私园和租界里的公园,园林是很少看到的。

新中国成立以来,人民生活水平不断提高,对环境的要求也愈来愈高,运用园林植物创造优美舒适的生活环境,建设生态园林,改善环境质量已经成为历史的潮流。新中国成立以来有很多以植物景观著称的公园,如早期的杭州花港观鱼公园,突出"花"和"鱼"的主题,全园面积 18 hm^2,草坪就占了 40% 左右,尤其是雪松草坪区,以雪松与广玉兰树群组合为背景,构成空阔景面,气势豪迈;还有柳林草坪区与合欢草坪区,配置以四时花木。全园观赏植物共采用 157 个树种,以传统名花中牡丹、海棠、樱花为主调。另外,成都望江楼公园是我国最大的以竹景为主的公园。20 世纪 80 年代中期,我国现代公园中重视运用植物造景,以其丰富的形态与色彩变化完善了公园的艺术构图,同时带来了大自然的气息和朝气蓬勃的生命力。

随着居民生活水平的提高及商业性需要,将植物景观引入室内已蔚然成风。耐阴的观叶植物、无土栽培技术大为发展,有无漂亮的室内外植物景观已成为一些宾馆级别评比的重要条件之一,为了提高商业谈判的效果,有专门出租的办公大楼,大楼中有底层花园、屋顶花园、层间花园。透过办公室的落地玻璃窗,看到四周和谐、安静的植物景观,创造了良好的商业洽谈环境。超级市场内伴随着五光十色的霓虹灯。色彩艳丽的开花植物,更为商品增色。室内游泳池种上几株高大的垂叶榕(*Ficus benjamina* Linn.)以及一些热带的植物,池边设置大、小卵石,墙上画着椰子林、沙漠景观,真真假假,使游泳者犹如置身于热带环境中,畅游嬉戏。一些富有的家庭,提倡让每一房间都布置成花园一般,当然少不了各种植物,于是指导室内植物造景的书籍就不断出版了,如《您的室内花园》、《室内花园》、《室内景观》、《每个房间似花园》、《室内景观设计》等。所有这些都体现了人们向往重返自然,在植物的景观中满足自己赏美,并置身于清新、幽静的环境中来消除疲劳,恢复精神和体力的要求。

二、国外园林植物造景的现状

法国、意大利、荷兰等欧美国家的古典园林中,植物景观多半是规则式的。究其根源,主要始于体现人类征服一切的思想。植物被整形修剪成各种几何形体及鸟兽形体,以体现植物也服从人们的意志的意图。当然,在总体布局上,这些规则式的植物景观与规则式建筑的线条、外形乃至体量较协调一致，有很高的人工美的艺术价值。如用欧洲紫杉修剪成又高、又厚的绿墙，与古城堡的城墙非常协调；植于长方形水池四角的植物也常被修剪成正方形或长方形；锦熟黄杨常被剪成各种模纹或成片的绿毯；尖塔形的欧洲紫杉植于教堂四周；甚至一些行道树的树冠都被剪成几何形体。规则式的植物景观具有庄严、肃穆的气氛，常给人以雄伟的气魄感；另一种则是自然式的植物景观。模拟自然按森林、草原、草甸、沼泽等景观及农村田园风光，结合地形、水体、道路来组织植物景观。体现植物自然的个体美及群体美，从宏观的季相变化到枝、叶、花、果、刺等细致的欣赏。自然式的植物景观容易体现宁静、深邃、活泼的气氛。随着各学科及经济的飞速发展，人们艺术修养的不断提高，加之，人们不愿再将大笔金钱浪费在养护管理这些整形的植物景观上，更向往自然，追求丰富多彩、变化无穷的植物美，于是，在植物造景中提倡自然美、创造自然的植物景观已成为新的潮流。

要创造出丰富多彩的植物景观，首先要有丰富的植物材料。一些经济发达的西方国家，本国植物不够用，就到国外搜寻植物，大量引入应用。英、法、俄、美、德等国在 19 世纪从中国引走了成千上万的观赏植物。以英国为例，原产英国的植物种类仅 1 700 种，可是经过几百年的引种，至今在皇家植物园丘园中已拥有 50 000 种来自世界各地的活植物，为英国园林中的植物景观提供了雄厚的基础。

1960 年后，英国很多中产阶级搬入了有小花园的私人住宅，于是按主人不同爱好及年龄，创造了各种小花园布置，如微型岩石园、微型水景园、微型台地园、墙园、花境、小温室等，并相应地培育了与这些微型植物景观相适应的低矮的植物材料。

国外为了创造高山景观，模拟高山植物匍匐、低矮、叶小、花艳等特色，除选择一批诸如栒子属（*Cotoneaster* spp.）植物及花色鲜艳的宿根、球根花卉外，一些正常生长有几十米高的雪松、北美红杉、铁杉、云杉等都被育成了匍地的体形。由于岩石园往往面积较小，故需要小比例的植物，于是很多裸子植物都被育成了高不盈米的低矮树形；为了丰富植物色彩、体形和线条，很多垂枝类型的栽培变种应运而生。如垂枝北非雪松（*Cedrus atlantica* cv. pendula）、垂枝桦（*Betula pendula* cv. tristis）、垂枝山楂（*Crataegus nionogyna* cv. pendula）、垂枝狭叶白蜡（*Fraxinus angustifolia* cv. pendula）、垂枝构骨冬青（*Ilex aquifolium* cv. pendula）、垂枝桑（*Morus alba* cv. pendula）、垂枝柳叶梨（*Pyrus salicihlia* cv. pendula）、垂枝欧洲山毛榉（*Fagus sylvatica* cv. aureapendula）、垂枝落羽松（*Taxodium distichum* cv. pendula）等。柱形的栽培变种，如柱形红花槭（*Acer rubrum* cv. columnare）、塔形银槭（*Acer saccharinum* cv. pvramidalis ）、塔形欧洲七叶树（*Aesculus hippocastanum* cv. pyramidalis）、柱形欧洲鹅耳枥（*Carpinus betulus* cv. columnaris ）、柱形美洲花柏（*Chamaecyparis lawsoniana* cv. columnaris）、塔形柏木（*Cupressus glabra* cv. pyramidalis）、塔形桧柏（*Juniperus chinensis* cv. pvramidalis）、塔形铅笔柏（*Juniperus virginiana* cv. pyramidiformis）、塔形云杉（*Piceaabies* cv. pyramidalis）、塔形银白杨（*Populus alba* cv. pyramidalis）、钻天杨（*Populus nigra* cv. italica）、柱形无梗花砾（*Quercus petraea* cv. columnaris）、塔形西洋接骨木（*Sambucus nigra* cv. pyramidalis）和直立紫杉（*Taxus baccata* cv. staridishii）等。其他还有很多帚形、球形等变种。为了丰富园林中的色彩，人们培育出大量的彩叶植物，如黄叶青皮槭（*Acer cappadocicum* cv. aureum）、红叶青皮槭（*Acer cappadocicum* cv. rubrum）、黄叶复叶槭（*Acer negundo* cv. auratum)、花叶复叶槭(*Acer negundo* cv. variegatum)、深红挪威槭(*Acer platanoides* cv. crimson King)、黄叶美国木豆树(*Catalpa bignonioides* cv. aurea)、灰绿北非雪松(*Cedrus ailaniica* cv. glauca)、金黄美洲花柏(*Chamaecyparis lawsoniana* cv. golden King)、金叶花柏(*Chamaecyparis pisifera* cv. aures)、花叶灯台树(*Cornus controversa* cv. bariegata)、紫叶榛(*Corylus maxima* cv. purpurea)、紫叶黄栌(*Cotinus coggygria* cv. royal purple)、紫叶欧洲山毛榉(*Fagus sylvatica* cv. atropurpurea)、黄叶红栎(*Quercus rubra* cv. aureaata)、紫叶英国栎(*Quercus rober* cv. purpurea)、花叶英国栎(*Quercus rober* cv. variegata)、花叶苦栎(*Quercurs cerries* cv. variegata)、花叶白蜡(*Fraxinus pennsyl vanica* cv. variegata)、金黄叶构骨冬青(*Ilex aquifolium* cv. golden Queen)、灰绿北美云杉(*Picea pungens* cv. glauca)、黄叶山梅花(*Philadelphus coronarius* cv. aureus)、斑叶女贞(*Ligustrum ovalifoliun* cv. aureum)、黄叶加拿大接骨木(*Sambucus Canadensis* cv. aurea)、黄叶欧洲紫杉(*Taxus baccat* cv. aurea)等。

园林设计师对植物景观的重视是植物造景成败的重要因素之一。值得一提的是,英国园林设计师在设计植物景观时有一个很强烈的观点,那就是“没有量就没有美”,强调大片栽植,当然,这与欣赏植物个体美并不是矛盾和对立的。要体现群体效果,就需要大量种苗,这就促使繁殖、栽培水平大大地提高。

英国谢菲尔德公园内有四个湖面,遍植各种不同体形、色彩的乔灌木及奇花异卉,在介绍公园的导游小册子中就明确地指出,该园不是为欣赏喷泉、建筑等园林设施,主要是让游人欣赏植物景观的。

三、园林植物造景的发展趋势

随着世界人口密度的加大,工业飞速地发展,人类赖以生存的生态环境日趋恶化,工业所产生的废气、废水、废渣到处污染环境,酸雨到处发生,危及人类的温室效应造成了很多反常的气候。植物除了能创造优美舒适的环境,更重要的是能创造适合人类生存所要求的生态环境。目前,园林植物造景的发展趋势主要体现在以下四个方面。

(一)园林植物造景注重科学性,以生态学理论来指导

植物景观除供人们欣赏自然美外,人们更为重视的是植物所产生的生态效应。

当今世界上对园林这一概念已不仅是局限在一个公园或风景点中,有些国家从国土规划上就开始注重植物景观了。首先考虑到保护自然植被,有目的地规划和栽植了大片绿带(Green Belt)。一些新城镇建立之前,先在四周营造大片森林,如山毛榉林、桦木林等,创造良好的生态环境,然后在新城镇附近及中心,重点美化。英国在规划高速公路时,先由风景设计师确定线路,按地形设计景观,采用蜿蜒曲折、波状起伏的线路,常有美丽的植物景观,司机开车时,车移景异,不易疲劳。我国现已在高速公路两旁结合保护自然资源,植有20余米宽的林带,使野生小动物及植物有生存之处。

20世纪90年代以来,我国园林建设的目标是建设生态园林。1999年,昆明世界园艺博览会的主题:“人与自然——迈向21世纪”,充分体现了这一时代气息。上海“明珠苑”的整个设计充分体现生态观念,以植物造景为主。2010年上海世博会创造了三项世界之最。其中两项以环保低碳著称,主题馆屋面2.8 MW太阳能光伏为单体面积太阳能屋顶之最。屋面太阳能板采用并网发电运行方式,将太阳能发电传回城市电网中。太阳能板

面积达 3 万多 m^2，年发电量可达 280 万 kWh。每年减少二氧化碳排放量约 2 800 t，相当于每年节约标准煤 1 000 多 t。主题馆东西立面 5 000 m^2 的垂直生态绿墙为世界最大生态墙，利用绿化和隔热外墙在夏季阻隔辐射，在冬季形成保温层。同时，在夏季生态墙外墙温度比常规玻璃幕墙低 2 ℃，展厅内温度比常规玻璃幕墙低 5 ℃，能耗比常规玻璃幕墙降低 40% 左右。园中绿化也采用低碳设计，大量应用低碳植物百枝莲。

（二）园林植物造景强调突出地方特色，体现城市的文化特征

模仿自然植物群落组成的造景设计是以生态学潜在自然植被和群落演替的基本理论为依据，选择当地自然植被的主要乔木、灌木种类，通过容器育苗或直接利用野生苗木建设接近自然群落稳定性、外貌、物种多样性、生物量并在后期基本不需要管理的人工植物群落。一个本土模式的自然植物群落相对于人工群落更易吸引其他生物物种的光临，而且有更强的生命力，展现生物多样性。因此，在具体环境设计时，选用地方性植物，提倡创造自然生境，使生物更具多样化。地方性植物既是植物造景创造本土模式的形式，又是内容，地方性植物运用得越恰当，地方特色越明显。广州园林中榕属植物应用很普遍，尤其是小叶榕、高山榕具有众多下垂的气根，入土生根后，地上部分经过扶持，可逐渐形成一木多干现象。

北京为中国八大古都之一，历经辽、金、元、明、清等朝代，留下了很多宏伟壮丽的帝王园林及寺庙园林。植物景观中的树种选择以统治阶级的意愿为主，大量选用松、柏以体现其统治的稳固和经久不衰；选用玉兰、海棠、牡丹等以体现玉堂富贵。当然这些树种都很适应北京的环境条件，才能正常而稳定地生存下来。大量选用华北的乡土树种，并配置成针阔叶混交的人工群落。综观北京各公园、街道、山区的主要树种，基本上选用了华北地区暖温带的针阔叶树种。如杨属、柳属、榆属、槐、椿、栾、白蜡属、椴属、五角枫、山杏、山桃、黄栌、栓皮栎、槲栎、黄连木、银杏、油松、白皮松、侧柏、桧柏等。而市树的选定也是槐和侧柏两种乡土树种。人工群落组成可用颐和园万寿山北坡、后湖两岸的人工群落进行分析。以油松作为基调树种，四季常青，阔叶树种有槲栎、栓皮栎、白蜡、黄栌、五角枫、山杏、山桃、柳树等。树种的选择和结构正好模拟华北暖温带自然群落结构，因此比较稳定。油松种在山坡较高处，白蜡、柳树临水，春季大批山杏、山桃开花成为景观的主调，柳树嫩芽一片新绿，加上几丛连翘可为配调。夏季栾树开花一片鲜黄，成为主调。秋季槲栎秋色突出成为主调，白蜡、黄栌、栾树秋色可作配调。通往后湖的山路有丁香路、连翘路、杏花路，显示了强烈的北国植物景观。

丰富多彩的传统民俗，体现了当地人独特的人生哲学、信仰心理和价值取向，尤其是在众多的日常习俗中表现出来的对植物的崇拜现象，体现了人类对养育生命的大自然的崇敬之情。如“竹报平安”、“风水树”等皆体现了人类的植物情结。同时，视觉上给人和谐美感且具有地方文化和精神内涵的景观更能引起人的心理共鸣，与人进行精神上的交流，展现景观情感。植物造景的本土模式应以地方文化为基础，使文化成为其精神和灵魂。通过植物配合其他园林设施恰当地展现当地富有个性的健康的民俗民风，揭示出当地源远流长的历史文化，给人以情感上的触动。在一棵树上附生多种植物是热带特有的一种植物景观。西双版纳热带植物园内一棵油棕，在其残留的叶鞘内附生有 40 余种植物，分属于 8 科 20 余属，这样的景观借用到园林中加以模拟，作为主景，游人将饶有兴趣予以注目,同时也可开展科普教育。

(三)园林植物造景重视园林的景观功能,强调人性化设计

植物造景就是充分发挥园林植物的观赏特点,将之配置成美丽的画面,让人赏心悦目。在植物的应用上,人们习惯于侧重植物所营造的视觉艺术效果,往往是好看却不中用。珠江三角洲地处南亚热带,夏季长达半年以上。绿化如不考虑遮阴、降温的功能是难以使人感受到美的。如顺德市某停车场,用的是价格昂贵的银海枣,其飘逸的形态的确很优美,但却难以提供大面积的荫蔽,造成恶劣的停车环境。类似情况如广州经济开发区某干道选用棕榈类的大王椰子作行道树等。这都是在植物种类选择上单纯求美而远离场地功能要求的做法。在植物的种植方式上不结合场地功能的需要同样是不实用的。如广州的云台花园,利用地形和大量形态美、色彩丰富的植物组景,开阔壮观,如同艺术品般精致亮丽,但因追求景观的开敞,沿路均未作乔木种植,缺乏供人遮阴的植物景观设计,令烈日下的游园者难耐暴晒,只好望"园"兴叹。

(四)园林植物造景大胆采用新品种,重视园林植物品种多样性

乡土植物是在本地长期生存并保留下来的植物,它们在长期的生长进化过程中已经对周围环境有了高度的适应性,因此乡土植物成为城市绿化的主要来源。外来植物对丰富本地植物景观起了积极的作用,很多现有的乡土种是前人根据"气候相似性"原则引种、驯化、栽培后逐渐形成的。如珠江三角洲冲积平原,原生的原始地方种类是极少的。如今,植物资源十分丰富,这都是长期引种培育的结果。

第三节 目前我国园林植物造景中存在的问题

与国外先进的园林水平相比,我国植物造景还存在着较大的差距,主要表现在以下几个方面。

一、园林植物资源极为丰富,实际应用园林植物种类很贫乏

我国园林植物资源极为丰富,仅种子植物就在25 000种以上,其中乔灌木种类8 000多种。很多著名的园林植物以我国为分布中心,我国是公认的"花卉王国"。可是,大量可供观赏的种类仍然处于野生状态而未被开发利用。在园林中最大的问题是植物种类贫乏,园艺栽培品种不足及退化,大大影响了植物造景。我国观赏植物种类较多的广州也仅利用了300多种,杭州、上海200余种,北京100余种,兰州不足百种。我国各地的植物园中所收集的活植物没有超过5 000种的,这与我资源大国的地位是极不相称的。

1987年4月1~7日,中国园艺学会观赏园艺专业委员会在贵阳召开了全国观赏植物种质资源研讨会,代表来自全国25个省、市共73家单位。这是新中国成立以来规模宏大、意义深远的一次学术性聚会,为促进开发利用野生观赏植物资源及推动植物造景起到了巨大的作用。与会代表一致认为观赏植物在园林绿化建设、保护生态环境、丰富人民生活和发挥经济效益等方面逐步得到全社会的共识。这为发展我国观赏植物事业创造了良好的条件。还认为,观赏植物种质资源是我国的宝贵财富,是发展园林事业的物质基础。目前,急切的任务是进一步开展资源考察,摸清家底,加强和完善自然保护区的工作;对观赏

植物种质资源的保存应以就地保存和转地保存相结合；积极引种，开展种质资源研究和选育良种工作。对现有的珍贵种类应明确保护是手段、开发利用是目的，保护是为了更好地利用。开发利用当地野生观赏植物资源，既能丰富园林植物种类，克服当地园林植物种类单调，又能突出地方特色和克服从外地长途贩运苗木的弊端，具有事半功倍的效果。

近年来，各地在观赏植物资源调查及引种、推广中已初见成效：沈阳园林科学研究所、太原园林科学研究所已连续 8 年进行此项工作，并取得很大成就；云南热带植物研究所写出了《西双版纳热带野生花卉》专著。木兰科植物是具有多种用途的优良树种，广州华南植物园、昆明园林科学研究所、浙江富阳亚热带林业研究所、武汉园林科学研究所等已引种 200 余号，近 90 种，相当于国产木兰科植物种数的 80%，其中有不少是我国特有植物和新发现种类。上海植物园收集国内外小檗属、槭属植物各数十种，栒子属植物 60 余种。北京植物园引种小檗、丁香等 20 余种。华南植物园引种石槲属植物近 40 种。广西南宁树木园和南宁市园林局收集金花茶 20 余种。武汉东湖磨山植物园收集梅花品种 150 多个。沈阳园林科学研究所引种辽宁地区野生花卉 70 余种已获得成功，并在公园应用推广 20 多种。山西太原园林科学研究所采集鉴定野生观赏植物标本 2 500 号，隶属 97 科 168 属 326 种；引种成功 103 种，隶属 43 科 72 属。昆明植物研究所在参考有关名录和调查采集研究的基础上统计云南观赏植物共 2 040 种，其中裸子植物计 8 科 25 属 66 种；双子叶植物 78 科 248 属 1 504 种；单子叶植物 8 科 73 属 296 种；蕨类植物 22 科 47 属 174 种，尤以杜鹃花科、兰科、报春花科、龙胆科为最多，均超过 100 种。

二、园林植物利用水平较低，尤其体现在栽培育种水平上

植物景观的创造，仅靠这些自然的植物种类还不尽如人意，尤其是在选种、育种、创造新的栽培变种方面水平较低。

目前，中国林业科学研究院热带林业研究所和华南农业大学、华南师范大学等单位都在积极地开展乡土植物资源的生态学及栽培技术等研究，在乡土植物资源的应用上取得了一定的成绩。如目前已成功地应用于城市绿化中的乡土植物种类有红千层、希茉莉、幌伞枫、灰莉等，如垂枝桃（*Prunus persica* cv. Pendula）、垂枝榆（*Ulmus pumila* cv. Pendula）等。垂枝榆由新疆维吾尔自治区林业厅组织林业科技人员，1974 年在甘肃省境内采集种条引种到新疆，次年嫁接繁殖试验成功，是从我国广为栽培的白榆中选出的栽培品种。但由于多方面的原因，如品种的培育、改良、驯化及苗木生产等方面的开发性研究不足等，城市绿化市场中可供应的植物种类仍较单调或数量不多。很多具较高观赏价值和科学价值的植物因缺乏足够的种源而未能得到广泛的应用，使植物资源的利用仍处于“纸上谈兵”阶段，推广缓慢。如观光木、石碌含笑、第伦桃、水瓜栗、蝴蝶树、鱼木、火焰木等，被专家们推荐已十多年了，至今尚未大力推广。一些以我国为分布中心的花卉，如杜鹃、报春、山茶、丁香、百合、月季、翠菊等，不但没有加以很好利用，而且没有育出优良的栽培变种，有的甚至退化不宜再用。

三、植物造景过程中科学性的缺乏

植物景观既能创造优美的环境，又能改善人类赖以生存的生态环境，对于这一点是公

认而没有异议的。

缺乏对生态效益的综合考虑,过分追求空间的开阔而导致绿量的减少是不可取的。有些地方一味追求景观的“欧陆风格”,不论场地大与小,都是一片草地,点缀几丛灌木、几堆小花丛,间或加上几株棕榈植物,追求简洁美;或者在草地上由灌木、地被组成图案,讲究华丽,求大排场、大气魄。这种追求“开敞景观”的植物造景,使单位面积绿地的绿量停留在较低的水平。只有通过合理利用乔木与灌木、地被、草地等多层面的垂直配置,才能大大增加绿地的绿量,提高绿地的总体生态效益,从而达到更好地改善城市生态环境的目的。一味地追求景观的开敞效果,使人感到单调乏味。此外,缺乏生物多样性的绿地,对其本身生态系统的稳定性和可持续发展也是不利的,不稳定的景观要维持下来,势必为绿地的后期管理带来更多的人为干预,造成不必要的人力、物力的浪费。反之,为强调生态效益而追求绿量值,营造过于闭塞的绿地空间,也是极不恰当的。如某市新城区一条主干道旁新建的市政府大楼,庄严雄伟,但该楼两侧约 2 万 m^2 的绿地上,运用了大量的乔木、灌木和地被植物多层种植,几乎无空间的疏密之分,不论远眺近观,给人感觉如同两块苗圃用绿地,与政府大楼极不协调。

四、植物造景过程中艺术性上的缺失

一个世纪以来,中国近代风景园林的发展,始终在追随西方近现代风景园林的形式与风格,既缺乏理解西方现代风景园林内涵的社会文化背景,又未能将西方的理论和实践与本土的实际情况相结合。在园林建设中除应保留古典园林中一些园林艺术的精华部分外,还需提倡和发扬符合时代潮流的植物造景内容。应向植物分类、植物生态、地理植物学等学科学习和借鉴。

一些景观设计者在园林建设中急于求成,重园林建筑、假山、雕塑,喷泉、广场等,而轻视植物,使本来就很有限的绿地面积得不到充分利用。这在园林建设投资的比例及设计中屡见不鲜。一些人片面地认为中国传统的古典园林是写意自然山水园,山水便是园林的骨架,挖湖堆山理所当然,而植物只是毛发。中国古典园林,尤其是私人宅园中各园林元素比例的形成是有其历史原因的。私人宅园的面积较小,园主人往往是一家一户的大家庭,需要大量居室、客厅、书房等,因此常常以建筑来划分园林空间,建筑比例当然很大。园中造景及赏景的标准常重意境,着力画意,常以一亭一木、一石一草构图。一方叠石代巍峨高山,一泓碧水示江河湖泊,室内案头置以盆景玩赏,再现咫尺山林。植物景观的欣赏常以个体美及人格化含义为主,如松、竹、梅为岁寒三友;梅、兰、竹、菊喻四君子;玉兰、海棠、牡丹、桂花示玉堂富贵等,因此无论是植物种类还是用量都相应较少。而一些新中国成立后建起来的植物景观比例较大的新公园,也在大兴土木,筑台建亭,且建筑体量愈来愈大,将本来的单体建筑扩大到建筑群,减少了绿地面积。在景点周围随意建造大体量的高层建筑,以致破坏了园林景观。近年来兴起的喷泉,有的追求喷得高,有的乱择地点,竟然在原来景观很好的湖中设喷泉,破坏了湖中倒影美景。

自主学习资源推荐:

(1)刘少宗,园林植物造景(上册) 景观设计纵论,天津大学出版社,2003。

(2)臧德奎,园林植物造景，中国林业出版社,2009。
(3)熊运海,园林植物造景,化学工业出版社,2002。
(4)马克辛,景观设计基础,高等教育出版社,2008。
(5)http://www. zhulong. com。
(6)http://wenku. baidu. com。

思考练习

1-1　简述园林植物造景的概念与含义。

1-2　简述我国园林植物造景的发展与现状。

第二章　园林植物造景基本原理

学习目标

能力目标：学生充分理解园林植物造景的基本原理，熟悉园林植物观赏性，能在园林植物造景中合理配置植物。

知识目标：(1)熟悉不同园林植物的观赏性。

(2)了解不同生态因子对园林植物的影响。

(3)掌握园林植物造景的基本原则。

学习重点：园林植物造景的基本原则。

学习难点：(1)不同园林植物的观赏性。

(2)不同生态因子对园林植物的影响。

植物造景是园林规划设计的重要环节。首先是各种植物之间的配置，如种类的选择、树丛的组合、平面和立面的构图，色彩、季相及意境的创造等；其次是园林植物与园林中其他要素如山石、水体、建筑、园路等相互之间的配置。园林植物同园林建筑有机结合，是自然美同人工美的结合，植物色彩和柔美的姿态可以增加建筑的美感，在传统的古典园林中，植物与建筑无论从体量上、形式上都要求达到风格的协调与统一，建筑因植物而得名，植物因建筑而增量。古人云："山借树而为衣，树借山而为骨；树不可繁，而见山之秀丽；山不可乱，须显树之光辉。"从山与树两者关系出发，对配置原则作了很好的阐述。

植物在造园中具有任何要素都不可取代的"造景"与"生态"双重功能，确立了它在现代园林中的首要地位。我国城市化的高速发展带来了许多环境质量问题，其改善的主要手段是通过园林植物来实现的。植物可以重组城市的能量—物质交换，形成具有自我调节功能的良性循环的城市生态系统。近十多年来，在城市环境建设方面，根据各个城市具体条件的不同，提出了"森林城市、园林城市、风景城市、花园城市、生态城市"等的创建工作，其共同点是建立在以园林植物为主体的基础上。

园林植物形态各异、叶色多种多样，在植物绿色的基调上，可用不同色彩的花木造成绚丽多彩的画面，创造出富有生命活力的园林景观。植物材料是造园要素之一，这是由园林植物独特的色彩、形态、芳香、风韵之美所决定的。要创造出好的植物配置效果，就要充分了解和熟悉不同园林植物的观赏性。

第一节　园林植物观赏特性

园林植物的观赏性主要表现在色彩、形态、芳香及其他方面，通过叶、花、果、枝、干、根等观赏器官，以体量、冠型、色彩等观赏要素为载体，给人以现实的直观感觉。

一、园林植物的色彩

(一)叶色

许多园林植物色彩的类型和格调主要取决于叶色,叶色取决于叶片的叶绿素、叶黄素、类胡萝卜素、花青素等色素含量的变化,叶色还受叶片对光线的吸收与反射差异的影响。叶色可分为如下几种。

(1)基本叶色,即绿色。受树种及光线的影响,又有墨绿、深绿、油绿、黄绿、亮绿、蓝绿、茶绿等,且会随季节而变化。

(2)春色类及新叶有色类。红色者如臭椿、五角枫等;紫红色者如黄连木等。本类树如种植在浅灰色建筑或绿色树丛前,能产生类似开花的观赏效果。

(3)秋色叶类。红色或紫红色类者如鸡爪槭、五角枫、茶条槭、枫香、小檗、樱花、漆树、盐肤木、黄栌、乌桕等;黄色或黄褐色类者如银杏、白蜡、鹅掌楸、柳、梧桐、榆、无患子、紫荆、栾树、麻栎。北方深秋观黄栌红叶,南方则以枫香、乌桕的红叶著称。欧美的秋色叶中,红槲、桦木等最为夺目。日本则以槭树最为普遍。

(4)双色叶类。如银白杨、胡颓子、木半夏、栓皮栎、红背桂等。这类树种,在微风中就能形成特殊的闪烁变化的效果。

(5)常色叶类。紫色的如紫叶小檗、紫叶李、紫叶桃等;金黄色的如金叶鸡爪槭、金叶雪松、金叶圆柏等。

(6)斑色叶类。如桃叶珊瑚、金心大叶黄杨、金边大叶黄杨、银心大叶黄杨、银边大叶黄杨等。

(二)茎干色

植物茎干色泽多变。

(1)枝干为红紫色的。如红瑞木、山桃、赤枫、青藏悬钩子、紫竹等。

(2)枝干为黄色的。如金枝槐、黄金嵌碧玉、金镶玉竹、金竹等。

(3)枝干为灰白色的。如白皮松、白桦、白桉、粉枝柳、考氏悬钩子等。

(4)枝干为斑驳色彩的。如榔榆、斑皮袖水树、豺皮樟、天目木姜子、悬铃木、天目紫茎、木瓜等。

(5)枝干为青绿色或灰绿色的。如梧桐、棣棠、竹、青榨槭及树龄不大的青杨、河北杨、毛白杨等枝干的绿色,会引起人们极大的观赏情趣。具有这些颜色的枝干的植物,若配合冬季雪景,能使园林的内容更丰富,强调出季节的特色,效果尤其显著。

(三)花色

花色主要为花冠或花被的颜色,有些种类如珙桐、叶子花、四照花等为苞片的颜色。花色产生于花青素,并与光线有密切关系。绝大多数的花色为白、黄、红三大主色,这是植物长期自然选择的结果,因为这些颜色最容易引诱昆虫。花色有单色和复色两大类,天然的树木多为单色,而复色多为人工培育的品种。有些树木的花在开花期间会产生花色的变化,如木绣球,初花为翠绿色,盛花期为白色,到开花后期就变为蓝紫色。其中,适于群植以发挥整体立体美的,以杜鹃、梅、桃、樱花、紫薇、木兰、玉兰等植物尤为显著。有些园林植物在阳春中花先叶开放,鲜艳夺目,如梅、桃、樱花、玉兰等树种,其中尤以梅、樱花为最佳。

（四）果色

果实成熟于盛夏或凉秋之际，在此绿（夏）及黄绿（秋）的冷色系统中，成熟果以其红、橙、黄等暖色点缀其间，大添异彩。“一年好景君须记，正是橙黄橘绿时。”苏轼这首诗描绘出一幅美妙的景色，这正是果实的色彩效果。

这种果实的树木按颜色分为：

（1）红色类：如桃叶珊瑚、小檗类、平枝栒子、山楂、冬青、枸杞、火棘、枸骨、金银木、南天竹、珊瑚树等。

（2）黄色类：如银杏、梅、杏、甜橙、香橼、佛手、金柑、梨、木瓜、沙棘等。

（3）蓝紫色类：如紫珠、葡萄、十大功劳、桂花、白檀等。

（4）黑色类：如小叶女贞、小蜡、女贞、毛楝、君迁子等。

（5）白色类：如红瑞木、芫花、湖北花楸等。

选用观果树种时，应选择不易脱落而浆汁较少的，以便长期观赏，但不能选用具有毒性的种类。精美的观果园可使儿童流连忘返。

果实不仅可以观赏，而且有招引鸟类及兽类的作用，可给园林带来生动活泼的气氛。小檗易招来黄连雀、乌鸦、松鸡等，红瑞木易招来鸫、知更鸟等。

植物的色彩是植物造景重要的内容，植物色彩的配置创作主要根据色彩的美学原则。用色彩的对比加强景观的视觉效果，例如深色的树叶可以给鲜艳的花朵和枝叶做背景，强化鲜艳颜色的效果。在植物色彩的搭配中，红色、橘红色、黄色、粉红色都可以给整个设计增添活力和兴奋点。

二、园林植物的形态

园林植物的形态是外形轮廓、体量、形态、质地、结构等特征的综合体现，给人以大小、高矮、轻重等比例尺度的感觉，是一种造型艺术美，是园林景观空间三维结构中不可分割的一部分，在园林造景中起着特别重要的作用。园林树木的形态美具体表现在以下几个方面。

（一）体量

体量主要表现在植株的高矮、大小上，且呈动态变化。体量在一定程度上影响并决定植物的观赏效果，并与植物的其他观赏性状，特别是形状密切相关。离开了体量的配合，植物形状就难以表现出尽善尽美的观赏效果。在园林中，植物的体量对空间的分割、构图、组景等，也都十分重要。

（二）株形

株形指植物从整体形态上呈现的外部轮廓，树形主要受树种的遗传学特性和生长环境条件的影响。园林树木的树形多种多样，每种树形都是由一定的垂线、水平线、斜线、弧线或折线构成，它们是树形的基本要素。树形的划分，通常以正常生长条件下成年的冠形，作为该树种的基本树形，主要有尖塔形、圆柱形、圆球形、垂枝形、披散形、藤蔓形、棕榈形、风致形。

不同姿态的树种给人以不同的感觉：高耸入云或波涛起伏，平和悠然或苍虬飞舞。与不同地形、建筑、溪石相配置，则景色万千。植物之所以形成不同姿态，与其本身的分枝习性及年龄有关。

单轴式分枝：顶芽发达，主干明显而粗壮。侧枝从属于主干。如主干延续生长大于侧枝生长时，则形成柱形、塔形的树冠，如箭干杨、新疆杨、钻天杨、台湾桧、意大利丝柏、柱状欧洲紫杉等。如果侧枝的延长生长与主干的高生长接近时，则形成圆锥形的树冠，如雪松、冷杉、云杉等。

假二叉分枝：枝端顶芽自然枯死或被抑制，造成了侧枝的优势，主干不明显，因此形成网状的分枝形式。如果高生长稍强于侧向的横生长，树冠成椭圆形，相接近时则成圆形，如丁香、馒头柳、千头椿、罗幌伞、鼠李等。横向生长强于高生长时，则成扁圆形，如板栗、青皮槭等。

合轴式分枝：枝端无顶芽，由最高位的侧芽代替顶芽作延续的高生长，主干仍较明显，但多弯曲。由于代替主干的侧枝开张角度的不同，较直立的就接近于单轴式的树冠，较开展的就接近于假二叉式的树冠。因此，合轴式的树种，树冠形状变化较大，多数呈伞形或不规则树形，如悬铃木、柳、柿等。分枝习性中枝条的角度和长短也会影响树形。大多数树种的发枝角度以直立和斜出者为多，但有些树种分枝平展，如曲枝柏。有的枝条纤长柔软而下垂，如垂柳。有的枝条贴地平展生长，如匍地柏等。

（三）质地

质地指树冠的疏松与紧密、粗糙与光滑程度。植物的质地主要受叶片的大小、数量及排列方式，枝条长短、数量与分枝式，生长季节以及观赏视距等诸因素影响。常见的植物从叶子分类大概有以下三类。

（1）稀疏型。树木的枝干粗壮、节间长，分枝距离远、分枝角度大，叶片较大而稀疏，能产生使景物趋向观赏者的动态感，进而造成观赏者与树木间的可视距离短于实际距离的幻觉，有助于开阔大空间的“收缩”。

（2）紧密型。树木枝、叶细，数量众多，着生密集、分布均匀，排列较规整，树体轮廓明显，外观光滑。紧密型树木给人以结实、厚重、力度的感受，其应用特性与稀疏型树木相反。

（3）疏松型。树木的叶片大小与数量、枝条粗细与长短均较为适度，树形有较明显的轮廓，质感受叶色的影响较大。应用上，可以充当稀疏型与紧密型树木间的过渡成分。

革质叶片有光影闪烁的效果；纸质，膜质叶片常呈半透明状，给人以恬静之感；粗糙多毛的叶片，多富于野趣；绒柏的整个树冠犹如绒团，具有柔软秀美的效果；构骨坚硬多刺，具有剑拔弩张的效果。

一般人在观赏装饰上对叶形、叶色等均能注意，但是却常常忽略质感方面的运用，这是应特别注意的。

（四）叶形及类型

按照叶片大小和形态，将叶形划分为小型叶、大型叶和中型叶。小型叶有六月雪、米兰等，大型叶和中型叶有糯竹、橡皮榕等。此外，叶缘的锯齿、缺刻以及叶片表皮上的绒毛、刺凸等附属物的特性，有时也可起到观赏的作用。

按同一叶柄生长的叶片数目分有单叶和复叶。

(1)单叶方面:

针形类:包括针形叶及凿形(或钻形、锥形)叶,松科松属绝大部分属于此类。

披针形类:如柳、杉、夹竹桃等,倒披针形如黄瑞香。

椭圆形类:如金丝桃、天竺桂、柿以及长椭圆形的芭蕉等。

圆形类:包括圆形叶及心形叶,如紫荆、泡桐。

掌状类:如五角枫、刺楸、梧桐等。

条形类(线形类):如水杉、冷杉、紫杉等。

三角形类:包括三角形及菱形,如钻天杨、乌桕等。

奇异形类:含各种引人注目的形状,如鹅掌形、羊蹄形、戟形、扇形等。

(2)复叶方面:

羽状复叶:包括奇数羽状复叶、偶数羽状复叶、二回羽状复叶、三回羽状复叶,如刺槐、锦鸡儿、合欢、南天竹等。

掌状复叶:如七叶树,二回掌状复叶者如铁线莲等。

(五)花形与花相

1. 花形

花形是指单朵花的形状,一般认为,花瓣数多、重瓣性强、花径大、形体奇特者,观赏价值高。

花形的分类如下:

筒状:花冠大部分合成管状或圆筒状。如醉鱼草、紫丁香。

漏斗状:花冠下部筒状,向上渐渐扩大成漏斗状。

钟状:花冠筒宽而稍短,上部扩大成针形。如吊钟花。

高脚碟状:花冠下部窄筒形,上部的花冠裂片突出,水平开展。如迎春花。

坛状:花冠筒膨大为卵形或球形,上部收缩成短颈,花冠裂片微外曲。如柿树的花。

唇形:花冠呈二唇形,上面两裂片多少合为上唇,下面三裂片为下唇。如唇形科植物。

舌状:花冠基部成一短筒,上面向一边开张呈扁平舌状。如菊科某些篮状花序的边缘花。

碟形:其上最大的一片花瓣叫旗瓣,侧面两片较小的叫翼瓣,最下两片下缘稍合生的叫龙骨瓣。如刺槐、槐树花。

2. 花相理论

花或花序着生在树冠上的整体表现形貌,称为“花相”。花相常可分为纯式花相和衬式花相。纯式花相指先花后叶树种所呈现的花相。衬式花相指先叶后花树种所呈现的花相。

园林树木的花相分类如下:

独生花相:这类木本花卉很少,普遍花大。如苏铁。

线条花相:花排列于小枝上,形成长形的花枝。由于枝条生长习性不同,花相有呈拱状花枝的、有呈直立剑状的,或略短曲如尾状的等。简而言之,本类花相大抵枝条较稀,枝条个性较突出,枝上的花朵或花序的排列也较稀。如连翘、金钟花。

星散花相:花朵或花序数量较少,且散布于全树冠各部。衬式星散花相的外貌是在绿色的树冠底色上,零星散布着一些花朵,有丽而不艳、秀而不媚之效。如珍珠梅、鹅掌楸、白兰等。纯式星散花相种类较多,花数少而分布稀疏,花感不烈,但亦疏落有致。若于其后能植有绿树背景,则可形成与衬式花相相似的观赏效果。

团簇花相:花朵或花序形大而多,就全树而言,花感较强烈,但每朵或每个花序的花簇仍能充分表现其特色。呈纯式团簇花相的有玉兰、木兰等,属衬式团簇花相的以大绣球为典型代表。

覆被花相:花朵或花序着生于树冠的表层,形成覆伞状。属于本花相的树种,纯式有绒叶泡桐、泡桐等,衬式有广玉兰、七叶树、栾树等。

干生花相:花着生于茎干上。种类不多,大抵均产于热带湿润地区。例如槟榔、枣椰、鱼尾葵、木菠萝、可可等。在华中、华北地区之紫荆,亦属于干生花相。

(六)枝干

一些树木的树皮以不同形式开裂、剥落,如横纹树皮(山桃、桃、樱花)、片裂树皮(白皮松、悬铃木、木瓜、榔榆)、丝裂树皮(青年期柏类)、纵裂树皮(多数树种属此类)、纵沟树皮(老年期的胡桃、板栗)、长方裂纹树皮(柿、君迁子)、粗糙树皮(云杉、硕桦)、疣突树皮(暖地老龄树木)、光滑树皮(许多青年期树木都属此类),等等,都有一定的观赏价值。树木枝干扭曲、旋转,同样具有较高的观赏价值,如金银花、龙爪柳、龙爪槐枝条下垂,冠盖如伞。一些榆树、卫矛等枝上的木栓翅观赏价值也很高。

(七)根

树木的根系通常扎于地下,但有些大树,古树常悬根露爪,充分显示了生命的苍古,如榕树等热带、亚热带树种具有板根以及发达的悬垂根,能形成根枝连地、绵延如绳、独木成林的奇特现象。

(八)刺毛

很多树木的刺毛等附属物,也有一定的观赏价值。如:玫瑰的刚毛状皮刺、五加的疣状皮刺、峨眉蔷薇小枝上密被的红褐刺毛,紫红色皮刺基部常膨大。

三、园林植物的芳香

园林设计中,除植物的形态和色彩外,香味也是园林植物很重要的组成部分,不同的香味能够给人不同的心理感受,例如丁香和茉莉的香味会使人心平气静,紫罗兰和玫瑰的香味可使人兴奋。植物的香味包括叶香、花香、果香、根香等。春有香茶花、迷迭香、金银花;夏有栀子花、晚香玉;秋有桂花、菊花;冬有香雪兰、水仙、梅花等。在进行园林植物种植设计时,除运用植物的形态和色彩造景外,利用不同的植物在不同季节的味道,能够塑造出更加赏心悦目的环境。

四、园林植物的其他观赏特性

园林植物是经过长期人工选育的各具特色的观赏性植物,其优美的形态、绚丽的色彩、自然的声响、沁人的芳香在园林中可以独立构成丰富多彩的景观。植物给人的印象不单是色彩、形态等外形上的直接感受,有时,植物在周围环境的影响下(光线,风等)给人以视觉、听觉的特殊反应,这种反应同样可以使人获得感官上或心理上的满足。

(一)园林植物产生的视觉感应

反光:一些叶片排列整齐、叶片光亮、蜡质层或角质层较厚的植物,当日光照射到叶片时有一定的反光效果。反光可以使景物更加辉煌,令人着迷。

阴影:阴影能丰富植物的观赏情趣,烘托局部气氛。

(二)听觉感应

声响可加强和渲染园林的氛围,令人遐想沉思,引人入胜。如在松林中听松涛,给人大海在即的感觉。

(三)生态效应

有许多园林植物形成的人工森林生态群落,可以为鸟类及兽类提供栖息之所,给园林带来生动活泼的气氛。此外,果实不仅可赏,而且有招引鸟类及兽类的作用,如小檗易招来黄连雀、乌鸦、松鸡等;红瑞木易招来鸫科的鸟类、知更鸟等,可增加城市生物多样性,也更容易形成稳定的生物群落,促进生态系统的良性循环。

(四)情感效应

园林树木除上述形体美和色彩美、嗅觉感知的芳香美、听觉感知的声音美之外,还有一种极富于思想感情的美即意境美:如松、竹、梅被称为"岁寒三友",象征坚贞气节和理想,代表着高尚的品质。松苍劲古雅,不畏霜雪风寒的恶劣环境,能在严寒中挺立于高山之巅,具有坚贞不屈、高风亮节的品格,因此在园林中常用于烈士陵园,纪念革命先烈。竹被视作最有气节的君子,难怪苏东坡"宁可食无肉,不可居无竹"。园林景点中如"竹径通幽"最为常用。松竹绕屋更是古代文人喜爱之处。梅花不畏强暴的素质及虚心奉献的精神,象征其迎雪傲寒的精神。

此外,梅、兰、竹、菊被称为"四君子",常形容有"气节"、超群脱俗的君子品格;荷花被视作"出污泥而不染,濯清莲而不妖";紫荆象征兄弟和睦;含笑表示深情;红豆表示相思、恋念;桃花在民间象征幸福、交好运;杨树却有"白杨萧萧",表示惆怅、伤感;柳树(垂柳)表示感情上的绵绵不舍、惜别;桑和梓表示家乡等;历史上的"玉、棠、春、富、贵"的观念,指玉兰、海棠、迎春、牡丹、桂花在欢乐的节日里开放,将带给人们精神上的欢乐与安慰。在日本,樱花盛开时,男女老少载歌载舞,举国欢腾;加拿大以糖槭树象征祖国大地,将树叶图案绘在国旗上;苏联在德国柏林建立的一座苏军纪念碑,旁置垂枝白桦(苏联乡土树种)表示哀思等。

第二节　植物造景的生态学基础

植物生长环境中的温度、水分、光照、土壤、空气等因子都对植物的生长发育产生重要的生态作用。因此,研究环境中各因子与植物的关系是植物造景的理论基础。某种植物长期生长在某种环境里,受到该环境条件的特定影响,通过新陈代谢,于是在植物的生活过程中就形成了对某些生态因子的特定需要,这就是其生态习性,如仙人掌耐旱不耐寒。有相似生态习性和生态适应性的植物则属于同一个植物生态类型。如水中生长的植物叫水生植物、耐干旱的叫旱生植物、需在强阳光下生长的叫阳性植物、在盐碱土上生长的叫盐生植物等。

一、环境对植物的生态作用

环境中各生态因子对植物的影响是综合的，也就是说植物是生活在综合的环境因子中。缺乏某一因子，如光、水、热或土壤，植物均不可能正常生长。环境中各生态因子又是相互联系、相互制约的，并非孤立的。温度的高低和地面相对湿度的高低受光照强度的影响，而光照强度又受大气湿度、云雾所左右。尽管组成环境的所有生态因子都是植物生长发育所必需的、缺一不可的，但对某一种植物，甚至植物的某一生长发育阶段的影响，常常有1～2个因子起决定性作用，这种起决定性作用的因子就叫"主导因子"。而其他因子则是从属于主导因子起综合作用的。如仙人掌是热带稀树草原植物，其主导因子是高温干燥。这种植物离开了高温就要死亡。又如高山植物长年生活在云雾缭绕的环境中，在引种到低海拔平地时，空气湿度是存活的主导因子，因此将其种在树荫下，一般较易成活。

（一）不同生境中生长着不同的植物种类

棕榈科中绝大部分种类都要求生长在温度较高的热带和亚热带南部地区的气候条件下，如椰子、伊拉克蜜枣、油棕、皇后葵、槟榔、鱼尾葵、散尾葵、糖棕、假槟榔等；落叶松、云杉、冷杉、桦木类等则要求生长在寒冷的北方或高海拔处；桃、梅、马尾松、木棉等要求生长在阳光充足之处；铁杉、金粟兰、阴绣球、虎刺、紫金牛、六月雪等喜欢荫蔽的生长环境；杜鹃、山茶、栀子花、白兰、芒萁等喜欢酸性土；在盐碱土上则生长碱蓬等；沙枣、沙棘、柠条、梭梭树、光棍树、龙血树、胡杨等在干旱的荒漠上顽强地生长着；而莲、睡莲、菱、蓬草等则生长在湖泊、池塘中。

（二）不同的环境影响植物体内有机物质的形成和积累

不同的环境除能影响植物的外部形态及内部结构外，还影响植物体内有机物质的变化。很多药用植物从野生变栽培后变化很大。如欧乌头（*Aconitum napellus*）的根在寒冷的气候下变得无毒；金鸡纳（*Cinchona ledgeriana*）在高温干旱条件下奎宁含量较高，在土壤湿度过大（饱和湿度的90%）环境种植时奎宁含量降低很多。一般认为，在气候温和、湿润地区野生植物和栽培植物各部分的物质形成是以淀粉、碳水化合物的总量较多；相反地，在大陆性气候地区，即空气和土壤都比较干燥，光线充足，有利于蛋白质和与蛋白质相近似的物质形成，不利于碳水化合物和油脂的形成。

二、温度对植物的作用及景观效果

温度是植物极重要的生活因子之一。地球表面温度变化很大，空间上，温度随海拔升高、纬度（北半球）的北移而降低；随海拔的降低、纬度的南移而升高。时间上，一年有四季的变化，一天有昼夜的变化。

（一）温度对植物的影响

1. 温度三基点

温度的变化直接影响着植物的光合作用、呼吸作用、蒸腾作用等生理作用。每种植物的生长都有最低、最适、最高温度，称为温度三基点。热带植物如椰子、橡胶、槟榔等要求日平均温度在18 ℃才能开始生长；亚热带植物如柑橘、香樟、油桐、竹等在15 ℃左右开始生长：暖温带植物如桃、紫叶李、槐等在10 ℃，甚至不到10 ℃就开始生长；温带树种紫杉、白桦、云杉在15 ℃左右就开始生长。一般植物在0～35 ℃的温度范围内，随温度上升，生长加速，随温度降低生长减缓。热带干旱地区植物能忍受的最高极限温度为50～60 ℃。原产北方高山的某些杜鹃花科小灌木，如长白山自然保护区白头山顶的牛皮杜鹃、苞叶杜鹃、毛毡杜鹃都能在雪地里开花。

2. 温度的影响

原产冷凉气候条件下的植物，每年必须经过一段休眠期，并要在温度低于5～8 ℃才能打破，不然休眠芽不会轻易萌发。为了打破休眠期，桃需400 h以上低于7 ℃的温度，越橘要800 h，苹果则更长。低温会使植物遭受寒害和冻害，在低纬度地方，某些植物即使在温度不低于0 ℃也能受害，称之为寒害。高纬度地区的冬季或早春，当气温降到0 ℃以下，导致一些植物受害，叫冻害。冻害的严重程度视极端低温的度数、低温持续的天数、降温及升温的速度而异，也因植物抗性大小而异，如1975～1976年冬春，全国各地很多植物普遍受到冻害，而昆明更为突出。此次寒潮的特点是冬寒早而突然，4 d内共降温22.6 ℃，使植物没有准备；春寒晚而多起伏，寒潮期间低温期长，昼夜温差大而绝对最低温度在0 ℃以下的日数多。受害最严重的是从澳大利亚引入作为行道树种的银桦和蓝桉，而原产当地的乡土树种却安然无恙。因此，植物造景时，应尽量提倡应用乡土树种，适当控制南树北移、北树南移，最好经栽培试验后再应用，较为保险。如椰子在海南岛南部生长旺盛，结果累累，到广州北部则果实变小，产量显著降低，在广州不仅不易结实，甚至还有冻害。又如凤凰木原产热带非洲，在当地生长十分旺盛，花期长而先于叶放，引至海南岛南部，花期明显缩短，有花叶同放现象；引至广州，大多变成先叶后花，花的数量明显减少，甚至只有叶片而不开花，大大影响了景观效果。高温会影响植物的质量，如一些果实的果形变小，成熟不一，着色不艳。在园林实践中，常通过调节温度而控制花期，满足造景需要，如桂花属于亚热带植物，在北京桶栽，通常于9月份开花。为了满足国庆节用花需要，通过调节温度，推迟到"十一"盛开，因桂花花芽在北京常于6～8月初在小枝端或者干上形成，当高温的盛夏转入秋季之后，花芽就开始活动膨大，夜间最低温度在17 ℃以下时就要开放，通过提高温度，就可控制花芽的活动和膨大。具体办法是在见到第一个花芽鳞片开裂活动时，就将桂花移入玻璃温室，利用白天室内吸收的阳光热和晚上紧闭门窗，能自然提高温度5～7 ℃，从而使夜间温度控制在17 ℃以上，这样花蕾生长受抑，到国庆节前两周，搬出室外，由于室外气温低，花蕾迅速长大，经过两周的生长，正好于国庆节开放。

（二）物候与植物景观

植物景观依季节不同而异，季节以温度作为划分标准。如以平均温度10～22 ℃为春、秋季，22 ℃以上为夏季，10 ℃以下为冬季的话，广州夏季长达6个半月，春、秋连续不分，长达5个半月，没有冬季；昆明因海拔高达1 900 m以上，夏日恰逢雨季，实际上没有夏季，春秋季长达10个半月，冬季只有1个半月；东北夏季只2个多月，冬季6个半月，春秋3个多月。由于同一时期南北地区温度不同，因此植物景观差异很大。春季：南北温差大，当北方气温还较低时，南方已春暖花开。如杏树分布很广，南起贵阳，北至东北的公主岭。从1963年记载的花期发现，除四川盆地较早外，贵阳开花最早，为3月3日，公主岭最迟，为4月20日，南北相差48 d。从南京到泰安的杏树花期中发现，纬度每差1°，花期平均延迟约4.8 d。又据1979年初春记载，西府海棠在杭州于3月20日开花，北京则于4月21日开花，两地相差32天。夏季：南北温差小，如槐树在杭州于7月20日始花，北京则于8月3日开花，两地相差13天。秋季：北方气温先凉。当南方还烈日炎炎时，北方已秋高气爽了，那些需要冷凉气温才能于秋季开花的树木及花卉，则比南方要开得早。如菊花虽为短日照植物，但14～17 ℃才是始花的适宜温度。据1963年的物候记载，菊花在北京于9月28日开花，贵阳则于10月底始花，南北相差1个月。此外，秋叶变色也是由北向南延迟。如桑叶在呼和浩特于9月25日变黄，北京则于10月15日变黄，两地相差20天。

（三）温度与各气候带的植物景观

寒温带针叶林景观：黑龙江、内蒙古北部属寒温带，海拔300～1 000 m，年均温 -2.2 ～ -5.5 ℃，最冷月均温 -28 ～ -38 ℃，极端低温 -53 ℃，最热月均温16～20 ℃，活动积温1 100～1 700 ℃，年降水量300～500 mm，植物800余种。主要乔木有兴安落叶松、西伯利亚冷杉、云杉、樟子松、偃松、白桦、山杨、蒙古栎等。林内结构简单，乔木、草本，中间灌木层少。

温带针阔混交林景观：黑龙江大部、吉林东部、辽宁北部、哈尔滨、牡丹江、佳木斯、长春、抚顺等地属于此带。长白山、小兴安岭海拔500～1 500 m，年均温2.0～8.0 ℃，最冷月均温 -10～ -25 ℃，极端低温 -35 ℃，最热月均温21～24 ℃，活动积温1 600～3 200 ℃，生长期120～150 d，年降水量600～800 mm，植物1 900余种。主要植物有落叶松、红松、美人松、臭冷杉、紫杉、白桦、岳桦、蒙古栎、山杨、黄檗、槭树属、榛子、忍冬、越橘、长白漏斗菜、长白虎耳草、松毛菊等。藤本出现在林内的有北五味子、半钟铁线莲、深山木天蓼等。群落结构简单，层次少。

暖温带针阔混交林景观：辽宁大部、河北、山西大部、河南北部、甘肃南部、山东、江苏北部、安徽北部等属于此带。这一地带北起渤海湾，西至蒙古高原，南临秦岭，包括黄土高原、辽宁半岛、山东半岛，有著名的华山、泰山、嵩山、太白山、崂山等，地势起伏，海拔高低不匀。秦岭海拔3 000 m以上，而华北平原仅50 m。年均温9.0～14 ℃，最冷月均温 -2～ -13.8 ℃。极端低温：沈阳 -30.5 ℃，北京 -27.4 ℃，青岛 -16.4 ℃。最热月均温24～28 ℃，活动积温3 200～4 500 ℃。植物3 500余种，年降水量一般为500 mm。该区域植被破坏严重，原始林主要是松栎混交林，其他如槭、椴、白蜡、杨、柳、榆、槐、椿、栾等树种。果树较多，有杏、桃、枣、苹果、梨、山楂、柿子、葡萄、核桃、板栗、海棠等。

亚热带常绿阔叶林景观：江苏、安徽大部、河南南部、陕西南部、四川东南、云南、湖南、湖北、江西、浙江、福建、广东、广西大部、台湾北部等地属于此带。此带地形复杂，植物种类极为丰富。年均温14～22 ℃，最冷月均温2.2～13 ℃，最热月均温28～29 ℃，活动积温4 500～8 000 ℃。自然植物景观中常绿阔叶林占绝对优势，其中山毛榉科、山茶科、木兰科、金缕梅科、樟科、竹类资源丰富。孑遗植物有银杏、水杉、银杉、金钱松等。平原地区自然的原始植被遭到破坏。有很多次生的马尾松、枫香及杉木林。经济林树种有油桐、茶、油茶、漆树、山核桃、香樟、棕榈、乌桕、桑等。果树有柑橘、枇杷、李、花红、石榴、银杏、柿、梅等。植物景观中有较多的落叶树种。

热带雨林景观：云南、广西、广东、台湾等的南部地区属于此带。如景洪、南宁、北海、湛江、海口、三亚、高雄等地，年均温 22～26.5 ℃，最冷月均温 16～21 ℃，极端低温大于 5 ℃，最热月均温 26～29 ℃，活动积温 8 000～10 000 ℃。全年基本无霜，降雨量极为丰富，1 200～2 200 mm。这一带植物种类极为丰富，棕榈科、山榄科、紫葳科、茜草科、木棉科、楝科、无患子科、梧桐科、桑科、龙脑香科、橄榄科、大戟科、番荔枝科、肉豆蔻科、藤黄科、山龙眼科等树种较多。雨林内植物种类繁多，层次结构复杂，少则 4～5 层，多则 7～8 层。藤本植物种类增加，尤其多木本大藤本。出现层间层、绞杀现象、板根现象、附生景观，林下有极耐阴的灌木、大叶草本植物和大型蕨类植物。

三、水分对植物的生态作用及景观效果

水分是植物体的重要组成部分。一般植物体都含有 60%～80% 甚至 90% 以上的水分。植物对营养物质的吸收和运输，以及光合、呼吸、蒸腾等生理作用，都必须在有水分的参与下才能进行。水是植物生存的物质条件，也是影响植物形态结构、生长发育、繁殖及种子传播等重要的生态因子。因此，水可直接影响植物是否能健康生长。自然界水的状态有固体状态（雪、霜、霰、雹）、液体状态（雨水、露水）、气体状态（云、雾等）。雨水是主要来源，因此年降雨量、降雨的次数、强度及异常情况均直接影响植物的生长与景观。

（一）空气湿度与植物景观

空气湿度对植物生长起很大作用。在云雾缭绕、高海拔的山上，有着千姿百态、万紫千红的观赏植物，它们长在岩壁上、石缝中、瘠薄的土壤母质上，或附生于其他植物上。这类植物没有坚实的土壤基础，它们的生存与较高的空气湿度休戚相关。在高温高湿的热带雨林中，高大的乔木上常附生有大型的蕨类，如鸟巢藤、岩姜蕨、书带蕨、星蕨等，植物体呈悬挂、下垂姿态，抬头观望，犹如空中花园，这些藤类都发展了自己特有的贮水组织。海南岛尖峰岭上，由于树干、树叉以及地面长满苔藓，地生兰、气生兰到处生长；天目山、黄山的云雾草必须在高海拔处，具有足够的空气湿度才能附生在树上，花朵艳丽的独蒜兰和吸水性很强的苔藓，一起生长在高海拔的岩壁上；黄山鳌鱼背的土壤母质上生长着绣线菊等耐瘠薄的观赏植物，但主要还是依靠较高的空气湿度维持生长。上述这些自然的植物景观可以模拟，只要创造相对空气湿度不低于 80% 时，我们就可以在展览温室中进行人工的植物景观创造，一段朽木上就可以附生很多开花艳丽的气生兰、花与叶部美丽的凤梨科植物以及各种蕨类植物。

（二）水与植物景观

不同的植物种类，由于长期生活在不同水分条件的环境中，形成了对水分需求关系上不同的生态习性和适应性。根据植物对水分的关系，可把植物分为水生、湿生（沼生）、中生、旱生等生态类型，它们在外部形态、内部组织结构、抗旱、抗涝能力以及植物景观上都是不同的。园林中有不同类型的水面如河、湖、塘溪、潭、池等，不同水面的水深及面积、形状不一，必须选择相应的植物来美化。

1. 水生植物景观

生活在水中的水生植物，有的沉水，有的浮水，有的部分器官挺出水面，因此在水面上形成的景观很不同。由于植物体所有水下部分都能吸收养料，根就往往退化了。例如槐叶萍属（*Salivinia*）是完全没有根的；满江红属（*Azolla*）、浮萍属（*Lemna*）、水鳖属（*Hydro-*

charia）、雨久花属（*Potenderia*）和大漂属（*Pistia*）等植物的根形成后，不久便停止生长，不分枝，并脱去根毛；浮萍（*Lemna minor*）、杉叶藻（*Hippuris vulgaris*）、白睡莲（*Nymphaea alba*）都没有根毛。水生植物枝叶形状也是多种多样的，如金鱼藻属（*Hottonia*）植物沉水的叶常为丝状、线状，杏菜、萍蓬等浮水的叶常很宽，呈盾状口形或卵圆状心形。不少植物，如菱属（*Trapa*）有两种叶，沉水叶线形，浮水叶菱形。

2. 湿生植物景观

在自然界中，这类植物的根常没于浅水中或湿透了的土壤中，常见于水体的港湾或热带潮湿、荫蔽的森林里。这是一类抗旱能力最小的陆生植物，不适应空气湿度有很大的变动。这类植物绝大多数也是草本植物，木本的较少。在植物造景中可用的有落羽松、池杉、墨西哥落羽松、水松、水椰、红树、白柳、垂柳、旱柳、黑杨、枫杨、箬棕属、沼生海枣、乌桕、白蜡、山里红、赤杨、梨、楝、三角枫、丝棉木、柽柳、夹竹桃、榕属、水翁、千屈菜、黄花鸢尾、驴蹄草等。

3. 旱生植物景观

在黄土高原、荒漠、沙漠等干旱的热带生长着很多抗旱植物。如海南岛荒漠及沙滩上的光棍树、木麻黄，叶都退化成很小的鳞片，伴随着龙血树、仙人掌等植物生长。一些多浆的肉质植物，在叶和茎中贮存大量水分。猴面包树，树干最粗可达 40 人合抱，可储水 40 t 之多；南美洲中部的瓶子树，树干粗达 5 m，也能储大量水分；北美沙漠中的仙人掌，高可达 15 ~ 25 m，可蓄水 2 t 以上。一些树种的根系可扎得很深。在开凿苏伊士运河时，发现有的柽柳根长 30 m，可以穿过沙漠干旱的土层，一直到达地下水处。在沙漠干旱地区的樟子松，由于沙被风蚀，根露出地面高约 2 m，却不风倒，因其水平根的分布长达 17 ~ 18 m。巴基斯坦的卡拉奇，1984 年后连续 4 年没下雨，1988 年仅下了 25 mm 的雨，非常干旱，但是原产巴西的三角花和古巴的大王椰子及夹竹桃等生长仍然正常。我国的樟子松、小青杨、小叶杨、小叶锦鸡儿、柳叶绣线菊、雪松、白柳、旱柳、构树、黄檀、榆、朴、胡颓子、山里红、皂荚、柏木、侧柏、桧柏、臭椿、杜梨、槐、黄连木、君迁子、白栎、栓皮栎、石栎、苦槠、合欢、紫藤、紫穗槐等都很抗旱，是旱生景观造景的良好树种。

四、光照对植物的生态作用及景观效果

植物依靠叶绿素吸收太阳光能，并利用光能进行物质生产，把二氧化碳和水加工成糖和淀粉，放出氧气供植物生长发育，这就是光合作用，亦是植物与光最本质的联系。光的强度、光质以及日照时间的长短都影响着植物的生长和发育。植物对光强的要求，通常通过光补偿点和光饱和点来表示。光补偿点又叫收支平衡点，就是光合作用所产生的碳水化合物与呼吸作用所消耗的碳水化合物达到动态平衡时的光照强度。在这种情况下，植物不会积累干物质，即光强降低到一定限度时，植物的净光合作用等于零。如能测试出每种植物的光补偿点，就可以了解其生长发育的需光度，从而预测植物的生长发育状况及观赏效果。在补偿点以上，随着光照的增强，光合强度逐渐提高，这时光合强度就超过呼吸强度，开始在植物体内积累干物质，但是到一定值后，再增加光照强度，则光合强度却不再增加，这种现象叫光饱和现象，这时的光照强度就叫光饱和点。光照强度的单位是米烛光，或称勒克斯，用 lx 来表示。测定光照强度的仪器一种是有各种型号的照度计，可直接

显示光照强度的数值;另一种用太阳辐射仪,计算垂直于太阳光下单位面积(cm^2),在单位时间内(min),所获得的总热量(cal/(cm^2 · min))。采用这种办法不仅包括可见光,也包括不可见光的辐射效应在内。

(一)不同光强要求的植物生态类型

根据植物对光强的要求,传统上将植物分成阳性植物、阴性植物和居于这二者之间的耐阴植物。在自然界的植物群落组成中,可以看到乔木层、灌木层、地被层。各层植物所处的光照条件都不相同,这是长期适应的结果,从而形成了植物对光的不同生态习性。

(1)阳性植物:要求较强的光照,不耐蔽荫。一般需光度为全日照70%以上的光强,在自然植物群落中,常为上层乔木。如木棉、桉树、木麻黄、椰子、芒果、杨、柳、桦、槐、油松及许多一二年生植物。

(2)阴性植物:在较弱的光照条件下比在强光下生长良好。一般需光度为全日照的5%~20%,不能忍受过强的光照,尤其是一些树种的幼苗,需在一定的蔽荫条件下才能生长良好。在自然植物群落中常处于中、下层,或生长在潮湿背阴处。在群落结构中常为相对稳定的主体,如红豆杉、三尖杉、粗榧、香榧、铁杉、可可、咖啡、肉桂、萝芙木、珠兰、茶、拎木、紫金牛、中华常春藤、地锦、三七、草果、人参、黄连、细辛、宽叶麦冬及吉祥草等。

(3)耐阴植物:一般需光度在阳性和阴性植物之间,对光的适应幅度较大,在全日照下生长良好,也能忍受适当的蔽荫。大多数植物属于此类。如罗汉松、竹柏、山楂、椴、栾、君迁子、桔梗、棣棠、珍珠梅、虎刺及蝴蝶花等。

根据经验来判断植物的耐阴性是目前在植物造景中的依据,但是极不精确。如昆明常用树种按对光强要求由强到弱的排列次序如下:针叶树:云南松→侧柏→桧柏→油杉→华山松→肖楠→冷杉;阔叶树:蓝桉→滇杨→黄连木→麻枥→旱冬瓜→合欢→无患子→红果树→青冈→香樟。必须指出,植物的耐阴性是相对的,其喜光程度与纬度、气候、年龄、土壤等条件有密切关系。在低纬度的湿润、温热气候条件下,同一种植物要比在高纬度较冷凉气候条件下耐阴。如红椽在桂北(北纬25°)为阴性树种,到了闽北(北纬27°)成为较喜光树种。在山区,随着海拔的增加,植物喜光程度也相应增加。

(二)植物造景中耐阴性的研究

植物造景时,对温度、水分、土壤因子都可通过适地适树以及加强管理、换土等措施来满足与控制,只有了解各种树种及草本植物的耐阴幅度,才能在顺应自然的基础上,科学地配置,组成既美观又稳定的人工群落。

一品红原产墨西哥,在华南露地栽培,北京用做温室盆栽。一品红为短日照植物,正常花期在12月中下旬,花期长,可开至4月。为了提前在“七一”、“十一”开花,就需用遮光处理,缩短每天的光照时间。一般在密闭的黑色塑料棚内进行,早上8时打开棚布,下午5时再遮严,一天见光时间在8~10 h,这样,单瓣品种在8月上旬开始遮光处理,经45~55天,“十一”就开花了。菊花原产我国,为短日照植物,在北京的自然花期是10月底开放。因北京7月份日照平均为14.6 h,8月份为13.6 h,9月份为12.3 h,菊花要在少于12 h日照才能开花,故在自然情况下,9月底孕蕾,10月底开花。如要“十一”开花,就需在8月1日开始每天从下午5时开始遮光,清晨7时打开,经21~25天就可现蕾,60天左右就可在“十一”开花。如要“五一”开花,可于12月初将开过花的植株剪去上部,换盆后在温室内培养，使新芽继续生长。1月中旬将温度增至21 ℃左右，并予以保持。2月初（立春）开始孕蕾，并遮光，每天只给10 h光照，2月底3月初就可现蕾，4月下旬开始陆续开放。如要“七一”开放，把在阳畦或低温温室内过冬的菊芽，在4月中旬（清明至谷雨之间），换栽于小盆内，于4月中旬开始作遮光处理（10 h），方法同上，至6月底就能开花。目前，国内外菊花切花生产是在温室内通过遮光处理，已达到四季供花。因此，通过光照处理，可以对植物的花期进行调节，使它节日开花，用来布置花坛、美化街道以及各种场合造景。

五、空气对植物的生态作用及景观效果

（一）风对植物的生态作用及景观效果

空气中二氧化碳和氧都是植物光合作用的主要原料和物质条件，这两种气体的浓度直接影响植物的健康生长与开花状况。树木有机体主要由碳组成（碳占45%、氧42%、氢6.5%、氮1.5%、其他5%），其中来自于二氧化碳的碳、氧都能大大提高植物光合作用效率，因此在植物的养护栽培中有的就应用了二氧化碳发生器等。空气中还常含有植物分泌的挥发性物质，其中有些能影响其他植物的生长。如铃兰花朵的芳香能使丁香萎蔫，洋艾的分泌物能抑制圆叶当归、石竹、大丽菊、亚麻等生长。有的还具有杀菌驱虫作用。风是空气流动形成的，对植物有利的生态作用表现在帮助授粉和传播种子。兰科和杜鹃花科的种子细小，质量不超过0.002 mg。杨柳科、菊科、萝藦科、铁线莲属、柳叶菜属植物有的种子带毛；榆、槭属，白蜡属，枫杨、松属某些植物的种子或果实带翅；铁木属的种子带气囊，都借助于风来传播。此外，银杏、松、云杉等的花粉也都靠风传播。风的有害生态作用表现在台风、焚风、海潮风、冬春的旱风、高山强劲的大风等。沿海城市树木常受台风危害，如厦门台风过后，冠大荫浓的榕树可被连根拔起，大叶桉主干折断，凤凰木小枝纷纷吹断，盆架树由于大枝分层轮生，风可穿过，只折断小枝，只有椰子树和木麻黄最为抗风，四川渡口、金沙江的深谷、云南河口等地，有极其干热的焚风，焚风一过植物就纷纷落叶，有的甚至死亡。海潮风常把海中的盐分带到植物体上，如抗不住高浓度的盐分就要死亡。青岛海边口红楠、山茶、黑松、大叶黄杨、大叶胡颓子、柽柳的抗性就很强。北京早春的干风是植物枝梢干枯的主要原因。由于土壤温度还没提高，根部没恢复吸收机能，在干旱的春风下，枝梢失水而干枯。强劲的大风常在高山、海边、草原上遇到。由于大风经常性地吹袭，使直立乔木的迎风面的芽和枝条干枯、侵蚀、折断，只保留背风面的树冠，如一面大旗，故形成旗形树冠的景观。在高山风景点上，犹如迎送游客。有些迎风面枝条，常被吹弯曲到背风面生长，有时主干也常年被吹成沿风向平行生长，形成扁化现象。为了适应多风、大风的高山生态环境，很多植物生长低矮、贴地，株形变成与风摩擦力最小的流线型，成为垫状植物。

（二）大气污染对植物的影响

随着工业的发展，工厂排放的有毒气体无论在种类和数量上都愈来愈多，对人民健康和植物产生严重的影响。美国在1970年，一年内向大气排放的有害气体和粉尘就达2.64亿t，平均每人1 t。如我国上海等城市，虽无详细的统计资料，但因工厂集中、设备陈旧，还要加强运转、生产，“三废”量相当大。尤其是油漆厂、染化厂等有机化工厂中一些苯

酚、醚化合物的排放，对植物和人体的影响巨大。

1. 植物受害症状

二氧化硫进入叶片气孔后，遇水变成亚硫酸，进一步形成亚硫酸盐。当二氧化硫浓度高过植物自行解毒能力时（转成毒性较小的硫酸盐的能力），积累起来的亚硫酸盐可使海绵细胞和栅栏细胞产生质壁分离，然后收缩或崩溃，叶绿素分解。在叶脉间或叶脉与叶缘之间出现点状或块状伤斑，产生失绿或褪色变黄的条斑。但叶脉一般保持绿色不受伤害。受害严重时，叶片萎蔫下垂或卷缩，经日晒失水干枯或脱落。

氟化氢进入叶片后，常在叶片先端和边缘积累，到足够浓度时，使叶肉内细胞产生质壁分离而死亡。因此，氟化氢所引起的伤斑多半集中在叶片的先端和边缘，呈环带状分布，然后逐渐向内发展，严重时叶片枯焦脱落。

氯气对叶肉细胞有很强的杀伤力，很快破坏叶绿素，产生褪色伤斑，严重时全叶漂白脱落，其伤斑与健康组织之间没明显界限。

光化学烟雾使叶片下表皮细胞及叶肉中海绵细胞发生质壁分离，并破坏其叶绿素，从而使叶片背面变成银白色、棕色、古铜色或玻璃状，叶片正面会出现一道横贯全叶的坏死带。受害严重时会使整片叶变色，很少发生点状、块状伤斑。

2. 植物受害结果

由于有毒气体破坏了叶片组织，降低了光合作用，直接影响了生长发育。表现为生长量降低、早落叶、延迟开花结实或不开花结果、果实变小、产量降低、树体早衰等。

（三）我国各地抗污染树种介绍

近年来我国园林、植物、防疫诸方面科技人员以及有关重工、化工、轻工等单位都极为重视城市环境防污工作，并横向联合、共同研究探讨解决办法，作出了很大成绩。测定的方法也由感性认识到有精确的数据，科学性愈来愈强，资料愈来愈多。下面列举各大行政区及一些主要城市的抗污树种，这些树种已成为工矿区、厂房周围园林绿化中植物造景的宝贵财产。

据沈阳园林科学研究所对抗污树种选择试验研究的结果：

抗以二氧化硫为主的复合气体的树种有花曲柳、桑、旱柳、银柳、皂角、山桃、黄菠萝、赤杨、紫丁香、刺槐、臭椿、茶条槭、忍冬、柽柳、叶底珠、枸杞、水蜡、柳叶绣线菊、银杏、龙牙葱木、刺榆、夹竹桃、东北赤杨等。

抗以氯气为主的复合气体的树种有花曲柳、桑、旱柳、银柳、山桃、皂角、忍冬、水蜡、榆、黄菠萝、卫矛、紫丁香、茶条槭、刺槐、刺榆、刺玫、木槿、枣、紫穗槐、复叶槭、夹竹桃、小叶朴、加拿大杨、柽柳、银杏、臭椿、叶底珠、连翘等。

据北京市环境保护研究所在《北京东南郊植物净化大气研究》一文中的记载：

抗二氧化硫强的植物有桧柏、侧柏、白皮松、云杉、香柏、臭椿、槐、刺槐、加拿大杨、毛白杨、马氏杨、柳属、柿、君迁子、核桃、山桃、褐梨、小叶白蜡、白蜡、北京丁香、火炬树、紫薇、银杏、栾、悬铃木、华北卫矛、桃叶卫矛、胡颓子、桂香柳、板栗、太平花、蔷薇、珍珠梅、山楂、栒子、欧洲绣球、紫穗槐、木槿、雪柳、黄栌、朝鲜忍冬、金银木、连翘、大叶黄杨、小叶黄杨、地锦、五叶地锦、木香、金银花、菖蒲、鸢尾、玉簪、金鱼草、蜀葵、野牛草、草莓、晚香玉、鸡冠、酢浆草等。

抗氯气强的植物有桧柏、侧柏、白皮松、皂荚、刺槐、银杏、毛白杨、加杨、接骨木、臭椿、山桃、枣、欧洲绣球、合欢、柽柳、木槿、大叶黄杨、小叶黄杨、紫藤、虎耳草、早熟禾、鸢尾等。

抗氟化氢强的植物有白皮松、桧柏、侧柏、银杏、构树、胡颓子、悬铃木、槐、臭椿、龙爪柳、垂柳、泡桐、紫薇、紫穗槐、连翘、朝鲜忍冬、金银花、小檗、丁香、大叶黄杨、欧洲绣球、小叶女贞、海州常山、接骨木、地锦、五叶地锦、菖蒲、鸢尾、金鱼草、万寿菊、野牛草、紫茉莉、半支莲、蜀葵等。

抗汞污染的植物有刺槐、槐、毛白杨、垂柳、桂香柳、文冠果、小叶女贞、连翘、丁香、紫藤、木槿、欧洲绣球、榆叶梅、山楂、接骨木、金银花、大叶黄杨、小叶黄杨、海州常山、美国凌霄、常春藤、地锦、五叶地锦、含羞草等。

据甘肃省林业科学研究所、兰州市园林局、兰州大学生物系、甘肃省环境保护兰州中心监测站等单位合作，对兰州市大气污染对园林植物危害进行的调查结果（并对植物的抗性由强至弱进行了排列）：

抗氟化氢的植物有刺槐、槐、旱柳、臭椿、河北杨、侧柏、青杨、龙爪柳、核桃、箭杆杨、五角枫、白蜡、小叶杨、加拿大杨、油松、枣、桃、柽柳、葡萄、丁香、连翘、玫瑰、榆叶梅、波斯菊、菊芋、金盏菊、大丽花、牵牛花、黄花、唐菖蒲等。

抗以二氧化硫为主的复合有毒气体的植物有臭椿、槐、刺槐、龙爪槐、白蜡、沙枣、冬果梨、核桃、旱柳、连翘、紫丁香、榆叶梅、榆、龙爪柳、箭杆杨、复叶槭等。

抗以硫化氢为主的复合有毒气体的植物有臭椿、栾树、银白杨、刺槐、泡桐、新疆核桃、桑、榆、桧柏、连翘、小叶白蜡、皂荚、龙爪柳、五角枫、梨、苹果、悬铃木、青杨、毛樱桃、加拿大杨等。

据上海园林局对100余家工厂调查的结果：

抗以二氧化硫为主的有毒气体的植物抗性强的有大叶黄杨、夹竹桃、女贞、臭桐、石榴、白蜡、泡桐、大关杨、白杨、椿、紫薇、桑、构树、无花果、木槿、紫茉莉、八仙花、美人蕉、蜀葵、蓖麻、凤仙花、菊花、一串红、牵牛、金盏菊、石竹、西洋白菜花、紫背三七、青蒿、扫帚苗。较强者有温州蜜柑、广玉兰、香樟、棕榈、海桐、蚊母树、珊瑚树、龙柏、罗汉松、梧桐。

抗以氯气为主的有毒气体的植物抗性强的有樱花、丝棉木、臭椿、小叶女贞、接骨木、木槿、乌桕、龙柏。较强者有海桐、大叶黄杨、小叶黄杨、女贞、棕榈、丝兰、香樟、枇杷、石榴、构树、泡桐、刺槐、葡萄、天竺葵。

抗以氟化氢为主的有毒气体的植物抗性强的有夹竹桃、龙柏、罗汉松、小叶女贞、桑、构树、无花果、丁香、木芙蓉、黄连木、竹叶椒、葱兰。较强者有大叶黄杨、珊瑚树、蚊母、海桐、杜仲、胡颓子、石榴、柿、枣。

江苏植物研究所通过研究推荐了10种抗污染树种：构树、朴、梧桐、臭椿、龙柏、大叶黄杨、蚊母、女贞、海桐、凤尾兰。

据桂林市对工厂气体污染区树木调查的结果：

抗二氧化硫的树种有酸柚、柑橘、橙、构树、无花果、臭椿、斜叶榕、天仙果、竹叶榕、珍珠莲、掌叶榕、大叶黄杨、夹竹桃、山茶、胡颓子、海桐、构骨、珊瑚树等。

抗氯气的树种有细叶榕、石山榕、棕榈、蒲葵、构树、无花果、柘、龙柏、斜叶榕、天仙果、竹叶榕、石山棕榈、珍珠莲、掌叶榕、大叶黄杨、夹竹桃、山茶、胡颓子、海桐、构骨、珊瑚树等。

抗氟化氢的树种有细叶榕、棕榈、广玉兰、蒲葵、大叶桉、柑橘、橙、构树、无花果、竹柏、大叶黄杨、夹竹桃、山茶、胡颓子、海桐等。

六、土壤对植物的生态作用及景观效果

植物生长离不开土壤，土壤是植物生长的基质。土壤对植物最明显的作用之一就是提供植物根系生长的场所。没有土壤，植物就不能站立，更谈不上生长发育。根系在土壤中生长，土壤提供植物需要的水分、养分。

(一)基岩与植物景观

不同的岩石风化后形成不同性质的土壤，不同性质的土壤上有不同的植被，具有不同的植物景观。岩石风化物对土壤性状的影响，主要表现在物理、化学性质上。如土壤厚度、质地、结构、水分、空气、湿度、养分等状况，以及酸碱度等。石灰岩主要由碳酸钙组成，属钙质岩类风化物。风化过程中，碳酸钙受酸性水溶解，大量随水流失，土壤中缺乏磷和钾，多具石灰质，呈中性或碱性反应。土壤黏实，易干，不适宜针叶树生长，宜喜钙耐旱植物生长，上层乔木则以落叶树占优势。杭州龙井寺附近及烟霞洞多属石灰岩，乔木树种有珊瑚朴、大叶榉、榔榆、杭州榆、黄连木，灌木中有石灰岩指示植物南天竹和白瑞香。植物景观常以秋景为佳，秋色叶绚丽夺目。砂岩属硅质岩类风化物，其组成中含大量石英，坚硬，难风化，多构成陡峭的山脊、山坡。在湿润条件下，形成酸性土。砂质，营养元素贫乏，流纹岩也难风化，在干旱条件下，多石砾或砂砾质，在温暖湿润条件下呈酸性或强酸性，形成红色黏土或砂质黏土。

杭州云栖及黄龙洞土壤分别为砂岩和流纹岩，植被组成中以常绿树种较多，如青冈栎、米槠、苦槠、浙江楠、紫楠、绵槠、香樟等，也适合马尾松、毛竹生长。

(二)土壤物理性质对植物的影响

土壤物理性质主要指土壤的机械组成。理想的土壤是“疏松，有机质丰富，保水、保肥力强，有团粒结构的壤土”。团粒结构内的毛细管孔隙 <0.1 mm，有利于贮存大量水、肥；而团粒结构间非毛细管孔隙 >0.1 mm，有利于通气、排水。

城市土壤的物理性质具有极大的特殊性。很多为建筑土壤，含有大量砖瓦与渣土，如其含量在30%，还能够通气，使根系生长良好；如含量高于30%则保水不好，不利于根系生长。城市内由于人流量大，人踩车压，增加了土壤密度，降低了土壤透水和保水能力，使自然降水大部分变成地面径流损失或被蒸发掉，不能渗透至土壤中去，造成缺水。土壤被踩踏紧密后，造成土壤内孔隙度降低，土壤通气不良，抑制了植物根系的伸长生长，使根系上移(一般说土壤中空气含量要占土壤总容积的10%以上，才能使根系生长良好，可是被踩踏紧密的土壤中，空气含量仅占土壤总容积的2%)。人踩车压还增加了土壤硬度。一般人流影响土壤深度为3～10 cm，土壤硬度为14～18 kg/cm^2；车辆影响到深度30～35 cm，土壤硬度为10～70 kg/cm^2；机械反复碾压的建筑区，影响深度可达1 m以上。经调查，油松、白皮松、银杏、元宝枫在土壤硬度1～5 kg/cm^2 时，根系多；5～8 kg/cm^2 时，根系较多；15 kg/cm^2时，根系少量；大于15 kg/cm^2 时，没根系。臭椿、刺槐、槐树在0.9～8 kg/cm^2

时，根系多；8 ~ 12 kg/cm^2 时，根系较多；12 ~ 22 kg/cm^2 时，根系较少；大于 22 kg/cm^2 时，没根系。因为根系无法穿透，毛根死亡，菌根减少。城市内一些地面用水泥、沥青铺装，封闭性大，留出树池很小，也造成土壤透气性差，硬度大。大部分裸露地面由于过度踩踏，地被植物长不起来，提高了土壤温度。如北京天坛公园夏季裸地土表温度最高可达 58 ℃；地下 5 cm 处高达 39.5 ℃；地下 30 cm 处在 27 ℃以上，影响根系生长。

（三）土壤不同酸碱度的植物生态类型

据我国土壤酸碱性情况，可把土壤酸碱度分成五级：pH < 5 为强酸性； pH 5 ~ 6.5 为酸性； pH 6.5 ~ 7.5 为中性；pH 7.5 ~ 8.5 为碱性；pH > 8.5 为强碱性。

酸性土壤植物在碱性土或钙质土上不能生长或生长不良。它们分布在高温多雨地区，土壤中盐质如钾、钠、钙、镁被淋溶，而铝的浓度增加，土壤呈酸性。另外，在高海拔地区，由于气候冷凉、潮湿，在针叶树为主的森林区，土壤中形成富里酸，含灰分较少，因此土壤也呈酸性。这类植物如柑橘、茶、山茶、白兰、含笑、珠兰、茉莉、枸骨、八仙花、肉桂、高山杜鹃等。

土壤中含有碳酸钠、碳酸氢钠时，则 pH 值可达 8.5 以上，称为碱性土。能在盐碱土上生长的植物叫耐盐碱植物，如新疆杨、合欢、文冠果、黄栌、木槿、柽柳、油橄榄、木麻黄等。

土壤中含有游离的碳酸钙称钙质土，有些植物在钙质土上生长良好，被称为“钙质土植物”（喜钙植物），如南天竹、柏木、青檀、臭椿等。

第三节　植物造景的基本原理

一、植物与环境的生态一致性原理

植物所生活的空间叫做环境，任何物质都不能脱离环境单独存在。不同环境中生长着不同的植物种类。环境因子中，温度对植物的生态作用而形成有耐寒、喜凉、喜温、耐热的生态类型及各气候带的植物景观；水分对植物的生态作用而形成有水生、湿生、沼生、中生、旱生等生态类型及其各种景观；光照对植物的生态作用则形成有阳性、阴性、耐阴植物的生态类型；土壤对植物的生态作用，不同基质、不同性质的土壤有不同的植被和景观。温度、水分、光照、土壤等环境因子对植物个体的生态作用，形成其生态习性。另外，环境中各生态因子对园林植物的影响是综合的，也就是说植物是生活在综合的环境因子中。单一的生态因子无论对园林植物有怎样重要的意义，它的作用只有在其他因子的配合下才能显示出来，缺乏任一生态因子，如温、光、水、气、肥（土壤），植物均不能正常生长。环境中各生态因子又是相互联系、相互促进、相互制约的，环境中任何一个单因子的变化必将引起其他因子不同程度的变化，这是植物造景的理论基础之一。植物造景是应用乔木、灌木、藤本及草本植物为题材来创作景观的，因而必须从丰富多彩的自然植物群落及其表现的形象中汲取创作源泉。植物造景中栽培植物群落的种植设计，必须遵循自然植物群落的发展规律。自然植物群落的组成成分、外貌、季相，自然植物群落的结构、垂直结构与分层现象，群落中各植物种间的关系等，这些都是植物造景中栽培植物群落设计的科学理论基础。植物造景的种植设计，如果所选择的植物种类不能与种植地点的环境和生态相适应，就不能存活或生长不良，也就不能达到造景的要求；如果所设计的栽培植物群落不符合自然植物群落的发展规律，也就难以生长发育，达到预期的艺术效果。所以，应顺其自然，掌握自然植物群落的形成和发育，其种类、结构、层次和外貌等是搞好植物造景的基础。

二、园林植物配置的美学原理

完美的植物景观设计必须具备科学性与艺术性两个方面的高度统一，既要满足植物与环境在生态适应性上的统一，又要通过艺术构图原理，体现出植物个体及群体的形式美及人们在欣赏时所产生的意境美。植物景观设计中艺术性的创造既细腻又复杂。诗情画意的体现需借鉴于绘画艺术原理及古典文学的运用，巧妙地、充分地利用植物的形体、线条、色彩、质地进行构图，并通过植物的季相及生命周期的变化，使之成为一幅活的动态构图。

以自然美为基础，结合社会生活，按照美的规律进行植物、建筑景观创作，称为园林艺术。植物的生长虽然具有时间变化，但相对来说是比较缓慢的，不易被察觉，静的内容胜过动的内容，而且可以触摸，视觉能够感受，感受力持久且丰富多彩，将有形世界中的自然美再现于园林之中，甚至因集锦而提高了自然美，因此园林艺术也可归入造型艺术的范畴。造型艺术的表现原则即为园林艺术造型的原则。

（一）统一与变化的原则

园林艺术应用统一的原则是指园林中的组成部分，它们的体形、体量、色彩、线条、形式、风格等，要求有一定程度的相似性或一致性，给人以统一的感觉。由于一致性的程度不同，因而引起统一感的强弱也不同。一些十分相似的园林组成部分即产生整齐、庄严、肃穆的感觉，但过分一致又觉呆板、郁闷、单调。所以，园林中常要求统一中有变化，或是变化中有统一，即"多样统一"的原则。运用重复的方法最能体现植物景观的统一感。如街道绿带中行道树绿带，用等距离配置同种、同龄乔木树种，或在乔木下配置同种、同龄花灌木，这种重复最具统一感。一座城市中树种规划时，分基调树种、骨干树种和一般树种。基调树种种类少，但数量大，形成该城市的基调及特色，起到统一的作用；而一般树种，则种类多，数量少，五彩缤纷，起到变化的作用。

（二）协调与对比的原则

在园林中协调的表现是多方面的，如体形、色彩、线条、比例、虚实、光暗等，都可以作为要求协调的对象。景物的相互协调必须相互有关联，而且含有共同的因素，甚至相同的属性。

1. 形象的对比与调和

在植物造景中，乔木的高大和灌木的矮宽、尖塔形树冠与卵形树冠，有着明显的对比，但从植物、树冠上来看，其本身又是调和的。

2. 体量上的对比与调和

在各种植物中，有着体量上的很大差别，以其长成期一般生态的相差级数的不同来对比，可取得不同的景观效果。如以假槟榔和蒲葵对比，很能突出假槟榔和蒲葵，而它们的姿态又是调和的。

3. 色彩的对比与调和

彩色构图中红、黄、蓝三原色中任何一原色同其他两原色混合成的间色组成互补色，从而产生一明一暗、一冷一热的对比色。它们并列时相互排斥、对比强烈，呈现跳跃新鲜的效果。用得好，可以突出主题、烘托气氛。如红色与绿色为互补色，黄色与紫色为互补色，蓝色和橙色为互补色。植物叶色大部分为绿色，但也不乏红、黄、白、紫各色。

植物的花色之丰富多彩也是无与伦比的。运用色彩对比可获得鲜明而引人入胜的良好效果。如梓树金黄的秋色叶与浓绿的栲树，在色彩上形成了鲜明的一明一暗的对比。运用色彩调和则可获得宁静、稳定与舒适优美的环境。

4. 虚实的对比与调和

植物有常绿与落叶之分；树木有高矮之分，树冠为实，冠下为虚；园林空间中林木葱茏是实，林中草地则是虚。实中有虚，虚中有实，才使园林空间有层次感，有丰富的变化。

5. 开闭的对比与调和

在园林中有意识地创造有封闭又有开放的空间，可以形成有的局部空旷、有的局部幽深，是园林高于自然的方面之一。在那些真正的自然森林中，只有封闭，难有空旷之处，不免使人心寒胆颤，这是自然风景的可怖之处。园林环境中有封闭又有空旷空间，互相对比，互相烘托，可起到引人入胜、流连忘返的效果。

6. 高低的对比与调和

园林景观很讲究高低对比、错落有致，除行道树之外忌讳高低一律。利用植物的高低不同，组织成有序列的景观，但又不能是均匀的波形曲线，而应该做成优美的天际线，即线形优美的林冠线，在晚霞或晨曦的映衬下，悠远宁静。

另外，利用高耸的乔木和低矮的灌木整形绿篱种植在一个局部环境之中，垂直向上的绿柱体和横向延伸的绿条，会形成鲜明对比，产生强烈的艺术效果。

（三）对称与平衡的原则

对称是客观世界的实际规律在艺术中的反映，在造型艺术中起着一定的作用，它在园林的整体或局部空间，通过和谐的布置而达到感觉上的对称，使人舒适愉快。生物体自然存在着两种对称：一是两侧对称，如植物的对生叶、羽状复叶等，一是辐射对称，如菊花头状花序上的轮生舌状花等。引起对称感的实体时常是一对同属的物质，给人的感觉是具体的、严肃的，这种同属性物质造成的对称有时又称为平衡或均衡，如中国古典园林大门口外的一对狮子、一对槐树等。

（四）均衡的原则

均衡是植物配置时的一种布局方法。园林是由植物、山水及建筑等组成的，它们都表现出不同的重量感。在平面上表示轻重关系适当的就是均衡，在立面上表示轻重关系适宜的则为稳定。将体量、质地各异的植物种类按均衡的原则配置，景观就显得稳定、顺眼。如色彩浓重、体量庞大、数量繁多、质地粗厚、枝叶茂密的植物种类，给人以厚重的感觉；相反，色彩素淡、体量小巧、数量简少、质地细柔、枝叶疏朗的植物种类，则给人以轻盈的感觉。根据周围环境，在配置时有规则式均衡（对称式）和自然式均衡（不对称式）两种形式。规则式均衡常用于规则式建筑及庄严的陵园或雄伟的皇家园林中，如门前两旁配置对称的两株桂花，楼前配置等距离、左右对称的南洋杉、龙爪槐等，陵墓前、主路两侧配置对称的松或柏等。自然式均衡常用于花园、公园、植物园、风景区等较自然的环境中。一条婉蜒曲折的园路两旁，路右若种植一棵高大的雪松，则邻近的左侧须植以数量较多、单株体量较小、成丛的花灌木，以达到均衡的效果。

（五）韵律和节奏的原则

配置中有规律的变化，就会产生韵律感。如路旁的行道树用一种或两种以上植物的重复出现形成韵律。一种树等距离排列称为“简单韵律”，比较单调而且装饰效果不大。如果两种树木，尤其是一种乔木及一种花灌木相间排列就显得活泼一些，称为“交替韵律”。如果三种植物或更多一些交替排列，会获得更丰富的韵律感。人工修剪的绿篱可以剪成各种形式的变化，如方形起伏的成垛状、弧形起伏的波浪状，形成一种“富有节奏的形状韵律”。

三、园林植物配置的经济实用原理

园林植物配置在满足生态和美观要求的同时，还要兼顾经济原则。有的规划配置为了追求新、奇，大量应用近年引育成功的外来植物，而抗逆性强、粗生粗长的乡土植物则用之甚少或弃之不用，最终结果是成本和管理方面费用高。另外，不同的绿地恰当地表现植物景观的自然美或人工美，可起到较理想的效果。一些地方不分绿地大小、性质，凡树都修剪整形，植物材料变成了塑造几何形体的载体，以突出其出色的园林建设和管理水平。如某市道路的行道树，每条路上的都剪，并且每条路上都剪出不同的柱形、塔形、伞形、球形；分车绿带也是每带都剪得规则有形，带上的灌木被修剪成球体、花篮、元宝、动物、建筑（小屋）。这样的人工处理，虽与具有规则建筑、道路的城市环境取得了很好的协调效果，但维持造型所付出的人力、财力（每年）将大大超出建设当初的投入，造成巨大的浪费。

自主学习资源推荐：

(1)刘少宗，园林植物造景（上册）景观设计纵论，天津大学出版社，2003。

(2)臧德奎，园林植物造景，中国林业出版社，2009。

(3)熊运海，园林植物造景，化学工业出版社，2002。

(4)马克辛，景观设计基础，高等教育出版社，2008。

(5)宋永昌，城市生态学，高等教育出版社，2000。

(6)克劳斯顿（Clouston）、陈自新、许慈安（译），风景园林植物配置，中国建筑工业出版社，1992。

(7)http://www.cnki.com.cn。

(8)http://bbs.co188.com。

能力拓展训练

(1)写出20～30种校园常见的园林植物不同时期的观赏特性。

(2)结合城市公园及校园绿化让学生理解园林植物配置的应用原则。

(3)结合城市绿化,写出不同立地条件的植物配置类型,理解不同环境因子对植物的影响。

思考练习

2-1　简述园林植物观赏特性。

2-2　简述不同生态因子对园林植物的影响。

2-3　简述园林植物的配置原理。

第三章　园林植物造景的方法

学习目标

知识目标：了解园林植物造景的基本形式，掌握园林植物造景的基本方法。

能力目标：学会应用各种基本形式进行组合，营造园林植物景观。

学习重点：掌握园林植物造景中统一、调和、均衡和韵律等的运用方法。

学习难点：对各种园林植物造景基本形式及各种造景方法的灵活运用。

第一节　园林植物造景的基本形式

园林植物造景的基本形式多种多样，一般有以下几种分类方式。

一、按景观风格分类

（一）自然式植物景观

自然式植物景观通过模拟自然森林、草原、草甸、沼泽等景观及农村田园风光，结合地形、水体、道路来组织植物，力图体现植物自然的个体美及群体美，从宏观的季相变化到枝、叶、花、果、刺等细部的美。自然式的植物景观容易体现宁静、深远、活泼的气氛，以中国自然山水园与英国风景式园林为代表。

（二）规则式植物景观

规则式植物景观通过对植物进行等距离排列或作规律性的重复及修剪整形来营造整齐划一的景观效果，体现人类征服一切的思想，表现人工美。规则式的植物景观具有雄伟、庄严、肃穆的气氛。法国、意大利、荷兰等国的古典园林中，植物景观多半是规则式。

（三）混合式植物景观

混合式植物景观介于自然式和规则式之间，即两者的混合使用，需要综合考虑周围环境、园林风格、设计意向、使用功能等，力图使植物配置与其他构景要素相协调。混合式植物造景形式在现代园林中使用广泛。

二、按景观素材的组成分类

（一）树木景观

树木景观是指利用乔木和灌木组成园林景观，按其组合方式可分为孤植、对植、列植、丛植、群植等。

（二）花卉景观

花卉景观是指利用草本及木本花卉营造园林景观，具体应用方式有花坛、花境、花丛及花群、花台、花池、花箱、花钵等。

(三)草坪景观

草坪是指多年生低矮草本植物,由人工建植后经养护管理而形成的相对均匀、平整的草地植物群落和表土层构成的整体。根据草坪的植物组成可将其分为单纯草坪、混合草坪、缀花草坪、配树草坪;根据其用途又可分为观赏草坪、游憩草坪、运动场草坪、环保草坪、防护草坪等。

(四)地被植物景观

地被植物是指具有一定观赏价值,用于铺设大面积裸露平地或坡地,或适于在阴湿林下和林间隙地等各种环境覆盖地面的多年生草本及低矮丛生、枝叶密集或偃伏性、半蔓性的灌木以及藤本植物。地被植物景观可以增加植物层次,丰富园林景色,提高园林的艺术效果,给人们提供优美舒适的环境。

(五)藤本植物景观

藤本植物是指自身不能直立生长,需要依附他物或匍匐地面生长的木本或草本植物。藤本植物景观形式包括棚架式绿化,绿廊式绿化,墙面绿化,篱垣式绿化,立柱式绿化,阳台、窗台及室内绿化,山石、陡坡及裸露地面的绿化等。

(六)专类园植物景观

专类园是指专门收集若干著名花卉和观赏花木,将每种观赏植物在世界上已有的种和品种收罗集中;结合地形地貌的变化,建筑物的配置与草地、水池、花架的组合,构成艺术评价极高的专类花园。它既可以展示种类的相似性(如岩石园、沙漠植物园),又可展示品种的多样性(如牡丹园、月季园、梅园)等。

第二节　园林植物造景的基本方法

园林植物景观设计需综合运用绘画艺术和造园艺术的基本方法,一般包括统一、调和、均衡、韵律和节奏四个基本方法。

一、统一

统一也称变化与统一或多样与统一。植物景观设计时,树形、色彩、线条、质地及比例都要有一定的差异和变化,以显示多样性,但又要使它们之间保持一定的相似性,体现统一感,这样既生动活泼,又和谐统一。变化过多,整体就会显得杂乱无章,失去美感;但平铺直叙,缺乏变化,又会显得单调呆板。要在统一中求变化,在变化中求统一。

可以运用重复的方法体现植物景观的统一感。如行道树用等距离配置同种、同龄树种,或在乔木下配置同种、同龄花灌木,这种不断的重复最具统一感;或者利用线条的统一(见图 3-1)。

二、调和

调和即协调和对比。园林植物景观设计要注意相互联系与配合,体现调和的原则,使人得到柔和、平静、舒适和愉悦的美感。选择具有近似性和一致性的植物,配置在一起才能产生协调感。相反地,用差异和变化可产生对比的效果,能够引起兴奋、热烈和奔放的

图 3-1　线条的统一

感受。因此,在植物景观设计中常用对比的手法来突出主题或引人注目。

在植物与建筑物配置时要注意体量、重量等比例的协调。如广州中山纪念堂主建筑两侧各用一棵冠径达 25 m 的庞大的白兰花与之相协调;南京中山陵两侧用高大的雪松与雄伟庄严的陵墓相协调。一些粗糙质地的建筑墙面可用粗壮的紫藤等植物来美化,但对于质地细腻的磁砖、马赛克墙面,则应选择枝叶纤细的攀缘植物来美化。

色彩构图中对比色并列时相互排斥,对比强烈,可呈现跳跃新鲜的效果。对比色用得好,可以突出主题,烘托气氛。如我国造园艺术中常用"万绿丛中一点红"来进行强调就是一种常见形式。上海西郊公园大草坪上一株榉树与一株银杏相配置。秋季榉树叶色紫红,枝条细柔斜出,而银杏秋叶金黄,枝条粗壮斜上,二者对比鲜明。浙江自然风景林中常以阔叶常绿树为骨架,其中很多是栲属中叶片质地硬且具光泽的照叶树种,与红、紫、黄三色均有的枫香、乌桕配置在一起,具有强烈的对比感,致使秋色极为突出(见图 3-2)。

三、均衡

在植物配置时采用均衡的布局方法是指将体量、质地各异的植物种类按均衡的原则配置,使景观显得稳定、舒适。如色彩浓重、体量庞大、数量繁多、质地粗厚、枝叶茂密的植物种类,给人以厚重的感觉;相反,色彩素淡、体量小巧、数量简少、质地细柔、枝叶疏朗的植物种类,则给人以轻盈的感觉。

根据周围环境,在配置时或采用规则式均衡(对称式),或采用自然式均衡(不对称式)。规则式均衡常用于规则式建筑及庄严的陵园或雄伟的皇家园林中。如门前两旁配置对称的两株桂花;楼前配置等距离、左右对称的南洋杉、龙爪槐等;陵墓前、主路两侧配置对称的松或柏等(见图 3-3)。自然式均衡常用于花园、公园、植物园、风景区等较自然的环境中。在蜿蜒曲折的园路两旁,可以在一侧种植一株高大的雪松;另一侧可植以数量较多,单株体量较小,成丛的花灌木,以求均衡。

图 3-2　色彩明暗对比

图 3-3　均衡对称的树木配置

四、韵律和节奏

配置中有规律地再现称为节奏，在节奏的基础上深化而形成的既富有情调又有规律、可以把握的属性称为韵律。例如，西湖白堤上的“间株杨柳间株桃”，即道出了重复韵律运用之绝妙。再如，杭州云栖竹径两旁均为参天的毛竹林，每相隔 50 m 或 100 m 配置一棵高大的枫香，沿径游赏时就不会感到单调，而有韵律感的变化。光影变幻亦可表现节奏和韵律（见图 3-4）。

图3-4 富有节奏的阴影

能力拓展训练

调查学校所在地某公园绿地的规划形式与布局特点,分析其植物造景形式,总结归纳其造景方法的应用情况,并撰写分析总结报告。

思考练习

3-1 了解园林植物造景的基本形式对植物景观设计有何意义。

3-2 列举你所喜欢的植物景观类型,并分析其营造特点。

3-3 在植物景观设计中,如何综合运用各种植物素材和设计方法?

第四章　园林植物造景设计

学习目标

知识目标：植物是景观设计中最基本的生态要素，植物在环境中最能体现时间、生命和自然变化的要素，了解植物的生命特征，顺应植物的生态习性，掌握不同类型的植物在景观中的应用形式，以及植物如何与园林中各构成要素配合造景。

能力目标：(1)建筑与植物的组合造景。

(2)水体与植物的组合造景。

(3)山石与植物的组合造景。

(4)乔灌木、花卉、地被植物、攀缘植物、草坪、水生植物、竹类植物在各种景观中的配置造景。

学习重点：不同类型的植物在景观中的应用形式和设计方法。

学习难点：如何采用不同类型的植物与园林景观中的各构成要素组合造景。

第一节　园林植物与建筑的景观配置

园林建筑属于园林中以人工美取胜的硬质景观，是景观功能和实用功能的结合体，优秀的建筑物在园林中本身就是一景，但其建成之后在色彩、风格、体量等方面已经固定不变，缺乏活力。植物体是有生命的活体，有其生长发育规律，具有大自然的美，是园林构景中的主体。若将园林建筑与植物相搭配，则可弥补其不足，相得益彰。无论是古典园林，还是现代化的园林，无论是街头绿地，还是大规模的综合性公园，各种各样的园林建筑和植物配置都会引起游人兴趣，给人们留下深刻的印象。因此，园林建筑和植物配置的协调统一是表达景观效果的必要前提，成为园林中不可缺少的组成部分。

一、园林建筑与植物配置的相互作用

(一)园林建筑对植物配置的作用

建筑的外环境、天井、屋顶为植物种植提供基址，同时，建筑的遮、挡、围的作用，能够为各种植物提供适宜的环境条件。园林建筑对植物造景起到背景、框景、夹景的作用，如江南古典私家园林中的各种门、窗、洞，就对植物起到框景、夹景的作用，形成“尺幅窗”和“无心画”，和植物一起组成优美的构图。园林建筑、匾额、题咏、碑刻和植物共同组成园林景观，突出园林的主题和意境。匾额、题咏、碑刻等文学艺术是园林建筑空间艺术的组成部分，在它们和植物共同组成的景观中，蕴涵着园林主题和意境。

(二)植物配置对园林建筑的作用

1. 植物配置使园林建筑的主题和意境更加突出

在园林绿地中,许多建筑小品都是具备特定文化和精神内涵的功能实体,如装饰性小品中的雕塑物、景墙、铺地,在不同的环境背景下表达了特殊的作用和意义。依据建筑的主题、意境、特色进行植物配置,使植物对园林建筑起到突出和强调的作用。例如,园林中某些景点是以植物为命题,而以建筑为标志的。杭州西湖十景之一的"柳浪闻莺",首先要体现主题思想"柳浪闻莺",柳树以一定的数量配置于主要位置,构成"柳浪"景观。为了体现"闻莺"的主题,在闻莺馆的四周,多层次栽植乔灌木,如鸡爪槭、南天竹、香樟、山茶、玉兰、垂柳等,使闻莺馆隐蔽于树丛之中,建筑色彩比较深暗,加强了密林隐蔽的感觉。周围还种植有许多香花植物如瑞香、蜡梅、桂花等,增加了鸟语花香的意趣。拙政园荷风四面亭(见图4-1)是位于三岔路口的一路亭,三面环水,一面邻山。在植物配置上大多选用较高大的乔木,如垂柳、榔榆等,其中以垂柳为主,灌木以迎春为主,四周皆荷,每当仲夏季节,柳荫路密,荷风拂面,清香四溢,体现"荷风四面"之意。而在古典园林中,漏窗、月洞门和植物相得益彰地配置,其包含的意境就更加丰富了。一般来说,植物配置应该要通过选择合适的物种和配置方式来突出、衬托或者烘托建筑小品本身的主旨和精神内涵。

图4-1　拙政园荷风四面亭

2. 植物配置协调园林建筑与周边环境

建筑小品因造型、尺度、色彩等原因与周围绿地环境不相称时,可以用植物来缓和或者消除这种矛盾。园林植物能使建筑突出的体量与生硬的轮廓"软化",在绿树环绕的自然环境之中,植物的枝条呈现一种自然的曲线,园林中往往利用它的质感及自然曲线,来衬托人工硬质材料构成的规则式建筑形体,这种对比更加突出两种材料的质感。一般体型较大、立面庄严、视线开阔的建筑物附近,要选干高枝粗、树冠开展的树种,在结构细致玲珑的建筑物四周,栽植叶小枝纤、树冠茂密的树种。另外,园林中还有些功能性的设施小品如垃圾桶、厕所等,假如设置的位置不合适也会影响到景观,可以借助植物配置来处理和改变这些问题,如在园林中的厕所旁边栽植浓密的珊瑚树等植物,使其尽量不夺游人的视线。

3. 植物配置丰富园林建筑的艺术构图

建筑物的线条一般多平直，而植物枝干多弯曲，植物配置得当，可以使建筑物旁的景色取得一种动态均衡的效果。如天主教堂前，枝干虬曲的古树配置在圆尖建筑前面，显得既有对比又有和谐。园林中一些体量较大的休息亭、长方形的坐凳、景墙等的轮廓线都比较生硬、平直，而植物以其优美的姿态、柔和的枝叶、丰富的自然颜色、多变的季相景观可以软化建筑小品的边界，丰富艺术构图，增添建筑小品的自然美，从而使整体环境显得和谐有序、动静皆宜。特别是建筑小品的角隅，通过植物配置进行缓和柔化最为有效（见图 4-2），宜选择观花、观叶、观果类的灌木和地被、草本植物成丛种植，也可略作地形，高处增添一至几株浓荫乔木组成相对稳定持久的景观。

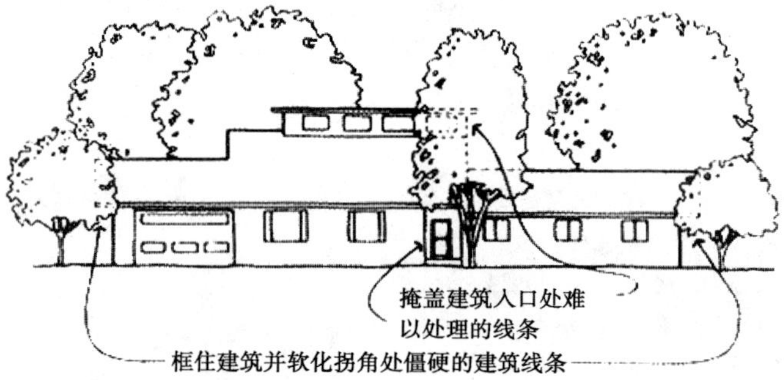

图 4-2　植物软化建筑线条

4. 使园林建筑环境具有意境和生命力

植物配置充满诗情画意的意境，在景点命题上体现植物与建筑的巧妙结合，在不同的区域栽植不同的植物或突出地方植物特点为主，形成区域景观的特征，增加园林的丰富性，避免平淡、雷同。例如无锡惠山寺旁的听松亭，主题是风掠松林发出的涛声，创造出了“万壑风生成夜响，千山月照挂秋阴”的意境。苏州留园中的闻木樨香轩亭，桂花遍布其周围，开花时节，异香扑鼻，意境幽雅；嘉实亭四周遍植枇杷，亭柱上的对联为“春秋多佳日，山水有清音”，充满诗情画意，主人在初夏可以品尝甘美可口、橙黄的鲜果，常绿的枇杷树，使嘉实亭即使在隆冬季节依然生意盎然。此外，还有香雪云蔚亭，以梅造景，是赏梅胜境；狮子林的问梅阁、修竹阁等都是因植物而造景得名的。从上面的实例中不难看出，园林建筑四周花木的配置，在构思立意、意境营造上起着举足轻重的作用。

5. 赋予园林建筑时间和空间的季候感

建筑物是形态固定不变的实体。植物则是最具变化的物质要素，陆游曾有“花气袭人知骤暖”的诗句，这表明各种花木的生长、盛开和凋谢因时令的变化而更迭。植物的季相变化、春花秋实、盛衰荣枯，使园景呈现出生机盎然、变化丰富的景象，使园林建筑环境在春、夏、秋、冬四季产生季相变化。园林中的白粉墙、小青瓦、棕褐色木结构的建筑，适于反衬植物的苍、翠、青、碧诸般绿色以及其中偶尔点染的姹紫嫣红。如狮子林，燕誉堂南庭，剑石挺拔，枝叶柔曼，衬以粉墙，在不同季节都有着丰富的景象。利用植物的季相变化特点，适当配置于建筑周围，使固定不变的建筑具有生动活泼、变化多样的季候感。

二、不同风格园林中建筑的植物配置

我国历史悠久，古典园林众多，其中非常显著的特点是园林建筑美与自然美的完美融合，而这种融合的美与环境气氛的创造，在很大程度上来源于植物配置，体现自然美和人工美的结合。园林建筑类型多样，形式灵活，建筑旁的植物配置应和建筑的风格协调统一，不同类型、功能的建筑及建筑的不同部位，要求选择不同的植物，采取不同的配置方式，以衬托建筑，协调和丰富建筑物构图，赋予建筑以时间感。同时，亦应考虑植物的生态习性、含义，以及植物和建筑及整个环境条件的协调性。

（一）中国古典皇家园林的建筑与植物配置

中国古典皇家园林的特点是规模宏大，为了反映帝王至高无上、尊严无比的思想，园中建筑体量庞大、色彩浓重、布局严整、等级分明，一般选择姿态苍劲、意境深远的中国传统树种。通常选择侧柏、桧柏、油松、白皮松等树体高大、四季常青、苍劲延年的树种作为基调，来显示帝王的兴旺不衰、万古长青。这些华北的乡土树种，耐旱耐寒，生长健壮，叶色浓绿，树姿雄伟，堪与皇家建筑相协调。颐和园、中山公园、天坛、御花园等皇家园林均如此。植物配置也常为规则式。例如颐和园内数株盘槐规则地植于小建筑前，仿佛警卫一般。为了炫耀“玉堂富贵”、“石榴多子”等封建意识，园内配置了白玉兰、海棠、牡丹、芍药、石榴等树种，而迎春、蜡梅及柳树是作为报春来配置的。

（二）私家园林的建筑与植物配置

江南古典私家园林的面积不大，其建筑特点是规模较小、色彩淡雅、精雕细琢，黑灰的瓦顶、白粉墙、栗色的梁柱栏杆。以苏州园林为首，在地形及植物配置上力求以小见大，通过“咫尺山林”再现大自然景色。植物配置注重主题和意境，多于墙基、角落处种植松、竹、梅等象征性强的植物，体现文人具有像竹子一样高风亮节、像梅一样孤傲不惧的思想境界。在景点命题上体现植物与建筑的巧妙结合，如“海棠春坞”的小庭院中（见图 4-3），一丛翠竹，数块湖石，以沿阶草镶边，使一处角隅充满画意；修竹有节，体现了主人宁可食无肉、不可居无竹的清高寓意；而海棠果及垂丝海棠才是海棠春坞的主题，以欣赏海棠报春的景色。

图 4-3　海棠春坞

（三）纪念性园林中的建筑与植物配置

纪念性园林中的建筑常具有庄严、稳重的特点，植物配置多采用松、柏等乔灌木，象征革命先烈高风亮节的品格和永垂不朽的精神，也表达人民对先烈的怀念和敬仰。配置方式以规则式为主，乔灌木的栽植多采用对称式，配置在建筑两侧或入口处，建筑的前景可采用有规则外轮廓的模纹花坛。广州中山纪念堂(见图4-4)两侧选用了两棵白兰花,效果很好,且别具风格,既打破了纪念性园林只用松柏的界线,又不失纪念的意味。两棵白兰树形饱满,体态壮观,冠径约26 m,在体量上堪与纪念堂的主体建筑相协调。

图4-4　广州中山纪念堂

现代园林重视生态园林建设,园林建筑的比重愈来愈小,但园林建筑的作用并不小,它常作为某一景区的风景构图焦点。建筑附近常以开阔的草坪及符合建筑主题要求的、观赏价值高的乔灌木作陪衬。例如风景区中的寺庙建筑附近常对植、列植或林植白皮松、油松、桧柏、青檀、七叶树、银杏、国槐、海棠、玉兰、牡丹、竹子等以烘托气氛。

三、建筑局部的植物配置

(一)建筑前的植物配置

建筑前配置植物应考虑树形、树高和建筑相协调,尤其是乔灌木的配置应和建筑有一定的距离,和门、窗间错种植,以免影响通风采光,并应考虑游人的集散,不能塞得太满,应根据种植设计的意图和效果来考虑种植。建筑前植物配置的常用形式有规则式和自然式。一般在较大、规则的建筑前采用对称式,列植或对植乔灌木,也可设置规则式花坛;在一些造型活泼小巧的建筑前,可采用树丛、花丛等布置形式。

(二)建筑的基础种植

建筑周围的基础植物种植应选择耐阴植物并根据植物耐阴力的大小决定距离建筑的远近。耐阴植物有罗汉松、云杉、山茶、栀子花、南天竹、珍珠梅、海桐、珊瑚树、大叶黄杨、蚊母树、迎春、十大功劳、常春藤、玉簪、八仙花、沿阶草等。设计时应考虑建筑的采光问题,不能离得太近,不能太多地遮挡建筑的立面,同时还应考虑建筑基础不能影响植物的正常生长(见图4-5)。建筑的基础种植以小乔木和灌木为主,多采用行列栽植,并且结合地被植物、花卉等组合造景。整个植物景观下层可采用常绿的地被植物,中层可采用多年生宿根或木本花卉,上层采用小乔木或灌木,形成景色丰富的四季景观。

图 4-5　建筑基础种植

(三)建筑门的植物配置

门是游客游览的必经之处,是园林的第一通道,同时和墙相连起到分隔空间的作用。充分利用门的造型,以门为框,通过植物配置,与路、石等结合进行艺术构图,不但可以入画,而且可以软化建筑的硬线条,并且扩大视野,增加景深,延伸空间。门的形式多样,因此其植物配置应随着不同形式的建筑门而异,要求和门的功能氛围相协调。常见的园林建筑门的形式有门亭、牌坊、园门和隐壁等,但在多数情况下,植物配置较乱,缺少构图,没有起到框景作用,只具游人出入之功能,甚为可惜。我们可以利用园林中不同类型的建筑大门,综合利用乔灌木规则式和自然式的配置形式,形成框景;也可利用植物创造景观门,例如花架门、树门等。

(四)建筑窗的植物配置

利用窗作为框景的材料,透过窗框外的植物配置,俨然一幅生动画面。但由于窗框的尺度是固定不变的,植物却不断生长,随着生长,体量增大,会破坏原来画面,因此要选择生长缓慢、变化不大的植物。如芭蕉、南天竹、孝顺竹、苏铁、棕竹、软叶刺葵等种类,近旁可再配些尺度不变的剑石、湖石,增添其稳固感。这样有动有静,构成相对稳定持久的画面。为了突出植物主题,窗框的花格不宜过于花哨,以免喧宾夺主。

(五)建筑墙的植物种植

北方一般对于建筑的西墙多用中华常春藤、地锦等攀缘植物,观花、观果小灌木甚至极少数乔木进行垂直绿化(见图 4-6),以减少太阳的西晒。据测定,经过绿化的墙面夏季可以降低室内温度 3 ~4 ℃。在园林中常利用墙的南面良好的小气候特点引种栽培不耐寒但观赏价值较高的植物,形成墙园。一般的墙园都是用藤本植物或经过整形修剪及绑扎的观花、观果灌木,常用的种类有紫藤、木香、蔓性月季、五叶地锦、葡萄、凌霄、金银花、盘叶忍冬、绿萝等,辅以各种球根、宿根花卉作为基础栽植。经过美化的墙面,自然气氛倍增。同时,颜色不同的建筑墙,在进行植物配置时应合理搭配。例如苏州园林中的白粉墙常起到画纸的作用,通过配置观赏植物,用其自然的姿态与色彩作画。常用的植物有红枫、山茶、木香、杜鹃、枸骨、南天竹等，红色的叶、花、果则跃然墙上。欲取姿态效果的常选用一丛芭蕉或数枝修竹；为加深景深，可在围墙前作些高低不平的地形，将高低错落的植物植于其上，使墙面若隐若现，产生远近层次延伸的视觉。同时，一些建筑墙面呈现黑色或较深的色彩，适宜配置些开白花的植物，如木绣球，使白色花序明快地跳跃出来，起到了扩大空间的视觉效果。还有本身就具有观赏性的花格墙或虎皮墙，适宜选用草坪和低矮的花灌木以及宿根、球根花卉，不宜采用高大的花灌木，以免遮挡墙面的美观，变得喧宾夺主。

（六）建筑角隅的植物配置

建筑的角隅多线条生硬，空间小且相对僻静，用植物配置进行软化或打破很有效果。一般宜选择观果、观花、观干种类成丛种植，一些古典建筑的角隅宜和假山石搭配共同组景。同时，应注意尽量营造独立完整的植物景观，可配置花坛、花池、竹石小景、树石小景等（见图 4-7）。但需注意，建筑角隅部位的采光、通风和土质条件相对比较差，应选择耐阴并且抗性较强的植物，否则不仅很难起到美化作用，而且会变成绿化的“死角”。

图 4-6　建筑墙面垂直绿化

图 4-7　建筑角隅的植物配置

第二节　园林植物与水体的景观配置

古人称水为园林中的“血液”和“灵魂”，水体是造园的四大要素之一。古今中外的园林，对于水体的运用是非常重视的，李清照称“山光水色与人亲”，描述了人有亲水的欲望，故我国南、北古典园林中，几乎无园不水。西方规则式园林中同样重视水体，凡尔赛宫中令人叹为观止的运河及无数喷泉就是一例。平静的水、流动的水，各种类型的水体无论是作为主景、配景还是小景，都离不开植物来丰富景观。水中、水旁园林植物的姿态、色彩、所形成的倒影，均加强了水体的美感。水体的植物配置，主要是通过植物的色彩、线条以及姿态来组景和造景的。水边的植物可以增加水的层次；同时利用蔓生植物可以修饰生硬的石岸线，增添野趣；水边乔木的树干还可以用做框架，以水面为底色，以远景为画形成有独特韵味的框景。

一、不同类型水体的植物配置

园林中的水体，按水体的形式来分，有自然式水体和规则式水体。自然式水体平面形状自然，因形就势，如河流、湖泊、池沼、溪涧、飞瀑等；规则式水体平面多为规则的几何形，多由人工开凿而成，如运河、水渠、园池、水井、喷泉、壁泉等。按水体的状态来分，有动态水体和静态水体，前者如河流、溪涧、瀑布、喷泉等，后者如湖泊、池沼、潭、井等。我国园林中自古水边主张植以垂柳，造成柔条拂水的效果，同时在水边种植落羽松、池松、水杉及具有下垂气根的小叶榕等，起到线条构图的作用。无论大小水面的植物配置，与水边的距离一般要求有远有近、有疏有密，切忌沿边线等距离栽植，避免单调呆板的行道树形式。但是在某些情况下，又需要造就浓密的“垂直绿障”。

（一）湖

湖是园林中最常见的水体景观。如杭州西湖、北京颐和园昆明湖等。此类水体景观湖面辽阔，视野宽广，沿湖景观的植物配置可突出季节特点，如苏堤春晓、曲院风荷等。春季，桃红柳绿，垂柳、枫香、水杉新叶一片嫩绿，再加上碧桃、日本晚樱、垂丝海棠争先吐艳，与乔木的嫩绿叶色相映，装扮西湖沿岸。秋季，丰富的色叶树种更是绚丽多彩，有银杏、鸡爪槭、枫香、无患子、红枫、乌桕、三角枫、重阳木、紫叶李、水杉等。西双版纳植物园内，在湖边配置大王椰子及丛生竹，非常引人入胜。一般来说，在湖边常用的植物包括水生植物和沿岸植物，通过生长在水中的水生植物和岸边的乔灌木塑造水体多层次立体的景观效果。湖沿岸常种植耐湿的植物，大到乔木如水杉、池杉，小到草本植物如鸢尾、菖蒲、芦苇等，配置的形式多采用群植、丛植的方式，突出季相景观，注重色彩的搭配和植物群落的营造。水生植物多采用一些浮水、浮叶植物，可以填补大水面的空白。

（二）池

园林中的池塘多为人工挖掘而成，池的形状有曲折多姿的自然驳岸，也有规则整齐的几何图形。一般在较小的园林中，水体的形式常以池为主。自然式的池塘可以模拟自然界水体的植物群落进行植物配置与造景。从岸上到水中逐步采用沿岸湿生乔灌木、挺水植物、浮叶植物、浮水植物。为了获得“小中见大”的效果，植物配置常突出个体姿态或利用植物分割水面空间，增加层次。如苏州网师园（见图 4-8、图 4-9），池面才 410 m^2，水面集中，池边植以柳、碧桃、玉兰、黑松、侧柏等，疏密有致，既不挡视线，又增加了植物层次。池边一株苍劲的黑松，树冠及虬枝探向水面，倒影生动，颇具画意。在叠石驳岸上配置了南迎春、紫藤、络石、薜荔、地锦等，使得高于水面的驳岸略显悬崖野趣。

规则式池塘有完全呈几何对称的非常规整的池塘，也有成自由几何曲线的池塘。由于池塘岸线相对生硬，多在水岸做文章，使水岸植物摇曳生姿，岸边植物主要体现水的柔美，配合倒影共同形成多层次景观。岸边植物一般选择多年生草本植物、花灌木，较远处种植大灌木或乔木，植物种植层次丰富，形成的倒影也更具立体感。池塘中植物配置要注意的问题是，浮叶和浮水植物的设计要注意面积的大小以及和岸边植物的搭配，池中浮叶和浮水植物的种植面积如果过大，从视觉上会有一定程度缩小池塘面积的效果。

图 4-8　网师园(一)

图 4-9　网师园(二)

(三)溪

《画论》中曰："峪中水曰溪，山夹水曰涧。"由此可见溪涧与峡谷最能体现山林野趣。现代园林设计中，溪流多出现在一些自然式园林中，因此其植物配置借鉴大自然中的景观,可选择乔灌木、多年生花卉、一二年生草本植物进行配置,并且乔灌木的配置形式多为自然式的丛植、群植、散点植等,花卉以及其他草本植物的配置可模仿自然界野生植物交错生长的状态,形成不同类型的连续花丛,沿着溪流形成四季分明的植物景观。例如杭州玉泉溪为一条人工开凿的弯曲小溪涧,引玉泉水东流入植物园的山水园,溪长60多m,宽仅1 m左右,两旁散植樱花、玉兰、女贞、南迎春、杜鹃、山茶、贴梗海棠等花草树木,溪边砌以湖石,铺以草皮,溪流从矮树丛中涓涓流出,每到春季,花影堆叠婆娑,成为一条蜿蜒美丽的花溪。北京颐和园中谐趣园的玉琴峡长近20 m,宽1 m左右,两岸巨石夹峙,其间植有数株挺拔的乔木,岸边岩石缝隙间着生荆条、酸枣、蛇葡萄等藤、灌,形成了一种朴素、自然的清凉环境,保持了自然山林的基本情调。峡口配置了紫藤、竹丛,颇有江南风光。

(四)河

河分为天然河流和人工河流两大类。在园林中,直接运用河的形式不常见。园林中的河流大多是经过人工改造的自然河流,一般常在河两边种植高大的植物,形成丰富的植物群落,突出季相变化(见图4-10)。

图4-10　河边植物配置

(五)泉

泉水喷吐跳跃,吸引了人们的视线,可作为景点的主题,再配置合适的植物加以烘托、陪衬,效果更佳。广州矿泉别墅以泉为题,以水为景,种植榕树一株,辅以棕竹、蕨类植物,高低参差配置,构成富具岭南风光的榕荫甘泉庭院。杭州西泠印社的"印泉",面积小,水深也不过1 m。池边叠石间隙夹以沿阶草,边上种植孝顺竹一丛,形成疏影横斜、暗香浮动的雅静景观。

二、水面的植物配置

水面景观低于人的视线,与水边景观呼应,加上水中倒影,最宜游人观赏。水面植物的种类相当多,可细分为挺水植物、浮水植物、沉水植物等,常用的有荷花、睡莲、萍蓬、菖蒲、鸢尾、芦苇、水藻、千屈菜等。水面植物的栽植不宜过密和过于拥挤,其配置一定要与水面大小比例、周围景观的视野相协调,尤其不要妨碍倒影产生的效果。要与水面的功能分区相结合,最大限度地做到在有限的空间中留出足够的开阔水面展现倒影以及水中游鱼。水面植物配置有两种形式:一种是水面全部为植物所布满,适用于小水面或水池及湖面中较独立的水面;在南方的一些自然风景区中,保留了农村田野的风味,在水面铺满了绿萍或红萍,如一块绿色的地毯或红色的平绒布,也是一种野趣。另一种类型是部分水面栽植水生植物,园林中应用较多,一般水生植物占水面的比例以 1/3 ~ 2/3 为宜,以保证有足够的水面形成水中倒影。

水面的植物配置,可以水面作底色,配置丰富多彩的水生植物,可以增加俯视水面的景观,还可使岸边景物产生倒影,起到扩大水面的效果。但应注意,水面植物不宜大片靠岸配置,以免影响水面的倒影效果及水体本身的美学效果。挺水及浮水植物离岸应有远有近,远近结合,近者便于细致观赏,远者便于观看整体效果。无论是植物栽植的位置、占用水面的大小和管理时是否会妨碍观赏等,都需要进行仔细推敲。在游人必经之地,人流集中的水面,可栽植睡莲等观赏性植物。

水面植物的选择,除气候条件外,应以水面深浅为首要考虑因素。沼泽地至 1 m 水深的水面,以植挺水与浮叶植物为宜,如荷花、水葱、芦苇、荸荠、慈菇、睡莲、菱等;1 m 以上深度的水面以浮水植物为宜,如水浮莲、红绿浮萍等。大多数水生植物的生长发育需要一定的水深,例如荷花只在水深 1.2 m 以内生长良好,超过 1.5 m 则难以生存。水生植物的蔓延性很强,为了不影响到水体的镜面效果,可以定期进行切割,但这种方法费工费时。现在在进行水生植物配置时,为控制水生植物生长范围,多采用设置水生植物栽植床。简单的办法是在水底用砖或混凝土做支墩,上部配置盆栽水生植物。若水浅可直接放入栽植盆。大面积栽植可用耐水建筑材料砌栽植床。若是规则水面可将水生植物排成图案,设计成水上花坛。还需注意的是,不同的水生植物有不同的水位、水流状态要求,对环境条件要求很严格。例如,睡莲需要在静态的、有机质含量高的水体中生长,在流动的水体中则难以生存。因此,在不同类型的水体中,应遵循水生植物生态特性,慎重挑选合适的水生植物进行配置。

(一)宽阔水面的植物配置

宽阔水面的植物配置以营造水生植物的群落为主,考虑远观。植物配置注重整体大而连续的效果,水生植物应以量取胜,给人一种壮观的视觉感受。如睡莲群落、千屈菜群落或多种水生植物群落组合等方式。杭州西湖花港观鱼景区:较大的水面,用荷花和满江红两种水生植物配置,种类虽不多,但是大量密集配置,岸边又以高大的乔木林带作背景,给人十分壮观的感觉,体现了"接天莲叶无穷碧,映日荷花别样红"的意境。在较大的水面,为了欣赏远景,还可结合人的视点栽植水生鸢尾、芦苇等植株较高的水生植物,以增加景深,方便游人观赏和留影。水生植物配置要注意水生植物生态及景观要求,做到主次分明,体形、高低、叶形、叶色及花期、花色对比协调。如香蒲与慈菇搭配,互不干扰,高低姿态有所变化,景观效果较好;而香蒲与荷花配置一起,高低相近,相互干扰,效果不好。

(二)小水面的水生植物配置

小水面的水生植物配置主要是指池塘、小溪之类的水域。这种水域主要是考虑近观的效果,其水面植物配置要求细腻入微,对植物的姿态、色彩、高度有较为严格的要求。既要注重植株的个体美，又要考虑群体组合美及其与水体四周环境的协调，还要考虑水面的镜面效果，水面植物宜选择叶片较小者，忌过密过稀。过密不仅难以看到岸上倒影，而且会产生水体面积缩小的不良效果，那就更无倒影可言，使得水面景观较为单一；过稀感觉零散，渺小，水面空旷，因此水面上植物的配置要比例适当。如前所述，应将水生植物占水体面积的比例控制在1/3为宜。园林中的自然式水池或小溪流水面往往较小，而且水位浅，一眼即可见底。人工水池和小溪建造时以硬质池底保水，常铺有卵石和少量的种植土，以供水生植物生长。因此，水体的宽窄、深浅成为植物配置的一个重要因素，一般应选择株型较矮的水生植物，且种类不宜过多，体量不宜过大，在水面起点缀效果。对于硬质池底，种植水生植物可采用盆栽形式，遗憾的是栽植容器往往清晰可见，通常会以山石围护或以洞穴隐藏这些容器，最大限度地减少人为痕迹，体现水生植物的自然美。

三、水边的植物配置

水体边缘是水面和堤岸的分界线，水体边缘的植物配置既能对水面起到装饰作用，又能实现从水面到堤岸的自然过渡，尤其在自然水体景观中应用较多，但水边植物配置切忌等距种植及整形式修剪，以免失去画意。水边植物配置应讲究艺术构图，在构图上，注意应用探向水面的枝、干，尤其是似倒未倒的水边大乔木，如三潭印月倒向水面的大叶柳，以起到增加水面层次和富有野趣的作用。水边植物的作用主要在于丰富岸边景观层次和色彩、增加水面倒影效果、突出自然野趣。水边绿化树种首先要具备一定耐水湿的能力，要符合设计意图中美化的要求。多选择彩色植物和柔枝植物，以衬托水的光彩和柔美。我国园林中自古水边主张植以垂柳，造成柔条拂水的效果，同时在水边种植落羽松、池松、水杉及具有下垂气根的小叶榕等，起到线条构图的作用。我国从南到北常用的树种有水松、香樟、棕榈、蒲葵、小叶榕、池杉、水杉、高山榕、连翘、迎春、迎夏、棣棠等。在北方，常植垂柳于水边，或配以碧桃、樱花，或栽几丛月季、蔷薇、迎春、连翘，春花秋叶，韵味无穷。

水边的植物在形态和色彩上的四季变化，是构成优美水景的重要因素。宁静的自然式水池边不宜种植五颜六色的花灌木，种植一些常绿的植物为好（见图4-11），显示出大自然朴素和宁静的气氛。在自然式的水池旁配置竹类等单子叶植物，可以给人带来十分简洁、静雅、亲切的感觉。园林中人工创造的小溪流不仅要在形状上采用自然式，而且在植物配置及树种选择上应以“自然”和“乡土树种”为主，以显示出野逸的自然之趣。有时小小的溪流泉池无须作太多种类的植物配置，只突出几种植物就可形成个性强烈、独具风格的水景。

一般河流两边的植物配置要求高低错落，疏密有致，体现节奏与韵律，切忌所有的植物处于同一水平面上。岸边植物高低错落，疏密有致，红绿相间，清晰的倒影在水中随水波动，犹如一层轻纱赋予水画朦胧灵动之美，也增加了河床的深度感。

四、堤、岸、岛的植物配置

（一）堤、岛的植物配置

园林中主要是通过在水体中设置堤、岛、桥等划分较大的水面空间，打破大水面空间的平淡感，引人进入深水区观赏水景。堤岸常与桥相连，而堤、岛的植物配置，不仅增添了

图 4-11　水边的植物密植

水面空间的层次，而且丰富了水面空间的色彩，其倒影也增添了水体空间的层次和景观，可以为游人遮阳和赏景。有了倒影，景物变一为二，上下交映，倒影还能把远近交错的景物组合在一张画面上，如远处的山和近处的建筑、树木组合在一起，如若一幅秀丽的山水画。堤临水面，水位变化无常，所以配置植物要选择喜水湿或耐水湿的种类。乔木可选择垂柳、水杉、落羽杉等，沿堤两边配置，为行人遮阳；灌木可选红枫、紫荆等，种类可选择的范围广，尽量增加彩色植物的种类和数量，以丰富水中倒影的灿烂与妩媚。

岛的类型很多，大小各异。有可游的半岛及湖中岛，也有仅供远眺、观赏的湖中岛。前者在植物配置时还要考虑导游路线，不能有碍交通；后者植物配置密度较大，要求四面皆有景可赏。通常设计者多栽植柳树环岛，间植侧柏、合欢、紫藤、紫薇等乔灌木，疏密有致，高低有序，增加层次。杭州三潭印月可谓是湖岛的典范。岛内由东西、南北两条堤将岛划分成田字形的四个水面空间。堤上植大叶柳、木芙蓉、香樟、紫藤等乔灌木，疏密有致，增加了湖岛的层次、景深和丰富的林冠线，构成了整个西湖湖中有岛、岛中套湖的奇景。而这种虚实对比、交替变化的园林空间通过巧妙的植物配置，更是表现得淋漓尽致。现代公园中也不乏一些小岛屿组成园中景观的例子，如北京什刹海的小岛。一些公园或动物园的湖中岛，常植以池柏，林下为较耐阴的二月兰、玉簪，岛边配置开花藤本，探向水面，浅水中种植黄花鸢尾等，既供游客赏景，也是水禽良好的栖息地。广东的小鸟天堂，就是独木成林的榕树，引来了大批飞鸟。

（二）驳岸的植物配置

园林水体驳岸的处理形式多种多样，但大多为自然式或规则式。岸边植物的配置应讲究艺术构图，要考虑环境色彩的调和与岸边植物的线条。植物的种植模式也有多种。在驳岸植物的选择上，除通过迎春、垂柳、连翘等柔长纤细的枝条来弱化岩石混凝土砖的生硬线条外，还在岸边栽植一些花灌木、地被、宿根花卉以及水生花卉如鸢尾、菖蒲等，也可以用锦熟黄杨、雀舌黄杨、小叶女贞、金叶女贞组成图案式的植物景观或者剪成不同造型来进行绿化、美化。另外,许多藤本植物都是很好的驳岸绿化材料,如地锦、凌霄等。

驳岸分土岸、石岸、混凝土岸等,驳岸植物配置原则是既要使山和水融成一体,又要对水面的空间景观起主导作用。

1. 土岸植物配置

自然式土岸植物配置最忌用同一树种、等距离、等大小,甚至整形式修剪,绕岸栽植一圈。所以,土岸边的植物配置,应结合地形、道路、岸线布局,有近有远,有疏有密,有断有续,曲曲弯弯,自然有趣。英国园林中自然式土岸边的植物配置,多半以草坪为底色,为引导游人到水边赏花,常种植大批宿根、球根花卉,红、白、蓝、黄等五彩缤纷;为引导人临水观影,则在岸边植以大量花灌木。树丛及姿态优美的孤立树,尤其是变色叶树种,一年四季具有色彩。土岸常少许高出最高水面,站在岸边伸手可及水面,便于游人亲水、嬉水。

2. 石岸、混凝土岸边的植物配置

规则式的石岸和混凝土岸在我国应用较多,线条显得比较生硬,需要在岸边配置合适的植物,借其枝叶来遮挡单调之处,从而使线条变得柔和。苏州拙政园规则式的石岸边种植垂柳和南迎春,细长柔软的柳枝下垂至水面,圆拱形的南迎春枝条沿着笔直的石岸壁下垂至水面,遮挡了石岸的丑陋。一些大水面规则式石岸很难被全部遮挡,只能用些花灌木和藤本植物,诸如夹竹桃、南迎春、地锦加以软化。自然式石岸具有丰富的自然线条和优美的石景,在岸边点缀色彩和线条优美的植物,与自然岸边石头相结合,使得景色富于变化。石岸线条生硬、枯燥,植物配置原则是露美、遮丑,使之柔软多变。一般岸边配置垂柳和迎春,让细长柔和的枝条下垂至水面,遮挡石岸,同时配以花灌木和藤本植物,如变色鸢尾、黄菖蒲、燕子花、地锦等来局部遮挡(忌全覆盖、不分美丑),增加活泼气氛。最好配以自然山石零星点缀,使其更加符合自然规律,也可将岸上部的石或泥土混合适当留些缝隙、孔洞,其中嵌土配置植物,倍感亲切、自然。

现代人工水景中的水体驳岸,大多借鉴欧陆风格,以硬质建筑铺装材料护坡,以草坪和整齐的树木配置,显得规则、整齐、气派,虽然没有田园生活那样的朴素、自然、清新,但这样的水景设计正好与城市环境相协调。

第三节 园林植物与山石的景观配置

园林中的山石因其具有形式美、意境美和神韵美而富有极高的审美价值,被认为是"立体的画"、"无声的诗"。在传统的造园艺术中,堆山叠石占有十分重要的地位。中国古典园林无论是北方富丽的皇家园林,还是秀丽的江南私家园林,均有掇石为山的秀美景点。而在现代园林中,简洁练达的设计风格更赋予了山石以朴实归真的原始生态面貌和功能。

在园林中,通常较大面积的山石总是要与植物布置结合起来,使山石滋润丰满,并利用植物的布置掩映出山石景观。当植物与山石组织创造景观时,不管要表现的景观主体是山石还是植物,都需要根据山石本身的特征和周边的具体环境,精心选择植物的种类、形态、高低大小以及不同植物之间的搭配形式,使山石和植物组织达到最自然、最美的景观效果。例如,园林中的峰石当做主景处理,植物就作为背景或配景。散点的山石一般作为植物的配景,或求得构图的平衡;对于用做护坡、挡土、护岸的山石,一般均属次要部位,应予适当掩蔽以突出主景;作石级、坐石等用的山石,一般可配置遮阴乔木,并在不妨碍功能的前提下配以矮小灌木或草本植物;支撑树木的山石,可视石形之优劣,可作配景或加隐蔽。用以布置山石的植物必须根据土层厚度、土壤水分、向阳背阴等条件来加以选择,柔美丰盛的植物可以衬托山石之硬朗和气势;而山石之辅助点缀又可以让植物显得更加富有神韵,植物与山石相得益彰的配置更能营造出丰富多彩、充满灵韵的景观。

现代园林中对山石的利用形式非常多,最普遍的就是模仿自然界的景观,营造假山或设置峰石。园林中人工假山的植物配置与造景都是模仿自然山体的植物景观,在园林中做山体植物配置与造景设计,首先必须对自然山体植物分布规律和特征有所观察、体会和感悟,因此山体植物配置与造景设计要充分利用自然植被,效法自然群落特征、顺应自然分布规律。同时,随着景观艺术的不断发展,现代园林设计者对山石的利用形式更加多样化,一种以山石为主、模拟自然界岩石及岩生植物的景观正在一些地区大量应用,又称岩石园,一般为附属于公园内或独立设置的专类公园。一般来说,现代园林中的山依其构成的主要材料不同可分为土山、石山、土石混合山三类。

一、土山植物配置

园林中的土山就是主要用土堆筑的山。土山上配置植物既可表现自然山体的植被面貌,具有造景功能,又可以固定土壤。土山植物配置要根据山体面积大小来确定。面积大者,乔木、灌木、藤本、草本和竹类均可配置,可以配置单纯树种,也可以多种树种混合配置。为了衬托山体之高大,可以在山体上由山脚至山巅选择由低到高的植物依次配置。如山体最下部配置草坪或在草坪上配置各种宿根、球根花卉;中部配置灌木或竹林;上部配置乔木,或密植成林,或疏植成疏林草地,或乔灌、藤本、草本相结合形成疏密相间、高低起伏的植被景观。面积小者,植物配置要以小见大。为了体现以小见大的艺术效果,常以低矮的花卉、灌木、竹类、藤本植物和草皮为主,以少量的乔木点缀其间,以山石半埋半露散点于土山之上,或土山局部以山石护坡,山石之上堆土植草或以藤本植物或灌木掩映,甚至乔木枝干上藤蔓缠绕。

土山设计的重点在于山林空间的营造。因此,造山往往不考虑山形的具体细节,而是加强植物配置的艺术效果,让人有置身山林的真实感受。同时借山岭的自然地势划分景区,每个区域突出一两个树种,形成各具特色的不同景区,丰富景观层次。在进行植物配置时应注重保护原有的天然植被,以乡土树种为主,模仿当地气候带的自然植被分布规律进行植物配置,体现浓郁的地方特色。

(一)山顶植物配置

人工堆砌的山体,山峰与山麓的高相差不大,为突出其山体高度及造型,山脊线附近应植以高大乔木,山坡、山沟、山麓则应选用相对较为低矮的植物;山顶可栽植大片花木或彩叶树,以形成较好的远视效果;山顶如果筑有亭、阁,在其周围可配以花木丛或彩叶树,用以烘托景物。山顶植物配置的适宜树种有白皮松、马尾松、油松、黑松、圆柏、侧柏、毛白杨、臭椿、青杨、刺槐、栾树、火炬树等。

（二）山坡、山谷植物配置

山坡植物配置应强调山体的整体性及成片效果。可栽植彩叶树种，花灌木，常绿林，常绿落叶混合种植。景观以春季鲜花烂漫、夏季郁郁葱葱、秋季漫山红叶、冬季苍绿雄浑为好。喜阳植物配置在山体南坡，喜阴或耐阴植物配置于山体北坡或林下庇荫处。可适当多选择彩色叶树种、变色叶树种、观花观叶和观果树木，加强景观的观赏效果。山谷地形曲折幽深，环境阴湿，适于喜阴湿植物生长，植物配置应与山坡浑然一体，强调整体效果的同时突出湿地特征，应选择喜阴湿植物，如水杉、落羽杉、侧柏、黄檗、胡枝子、水竹、麻叶绣球、箬竹、麦冬、兰科植物等。

（三）山麓植物配置

很多园林中山麓外部往往是游人汇集的园路和广场，应用植物将山体与园路分开，一般可以低矮小灌木、藤本植物、地被。山石作为山体到平地的过渡，并与山坡乔木连接，使游人经山麓上山，犹如步入幽静的山林。如以枝叶繁茂、四季常青的松树为主，其下配以紫荆等花木，就容易形成山野情趣。

二、石山植物配置

石山以山石为主，只在石头的洞、缝、石坑和山谷、山坳及山脚有土。自然石山一般体形峻拔，山势峥嵘，悬崖绝壁，危岩耸立。如湖南的张家界、河南的碴岈山等。山上石多土少，植物疏密不均，岩石多数裸露，看似水墨丹青一般。由于山石容易靠合压叠固定，所以人工石山往往占地面积不大，但有一定的高度，体现以小见大的艺术效果。

石山植物配置主要选择下列三类植物：高山植物、低矮植物和人工培育适用于岩石园的矮生栽培品种植物。高山植物种类众多，如沙地柏、铺地柏、翠柏、蔷薇属、瑞香属、金丝桃属、景天属等。由于高山地区气候与山下的气候迥然不同，高山植物引种到低海拔处，只有部分种类能在土壤疏松、排水良好、日光充足、空气流通、夏季保持凉爽和空气湿度较大的环境中生长良好。因此，大多数高山植物需经引种驯化才能在低海拔地区正常生长。低矮植物是指植株低矮或匍匐，生长缓慢且抗逆性强，尤其是抗旱、抗寒、耐瘠薄，管理粗放，适合应用于岩石园中，主要有矮小的灌木、多年生宿根和球根花卉以及部分一二年生花卉。适用于岩石园的矮生栽培品种植物多是为了模拟高山植物而人工培育的，目前，雪松、北美红杉、铁杉、云杉等都被育成了匍地的体形。由于岩石园往往面积较小，故需要体型较矮小的植物。

石山植物配置以山石为主，植物为辅助点缀。低山不宜栽高树，小山不宜配大木，以免喧宾夺主。要模仿天然石山之植物生长状况，也为了衬托山之峭拔，以低矮的花、草、灌木和藤本植物为主，部分藤本植物选择具有吸盘或气生根的，让其自身攀岩附壁。乔木既要数量疏少，又要形体低矮，姿态虬曲，像悬崖绝壁中或树桩盆景中的小老树那样，石缝渗水庇荫处，植以苔藓和蕨类、络石等喜阴湿的植物。这主要是适应天然石山少土、少植被的规律，而重在表现岩石的美。所以，石山的植物配置要有节制，在造成山林气氛的同时，种植要起到衬托岩石的作用，这就要在叠石时预留配置植物的缝隙、凹穴。植树侧重于姿态和色彩等观赏价值较高的种类。在山岗、山顶、峭壁、悬崖的石缝、石洞等浅土层中，常点缀屈曲斜倚的树木，宿根花卉、一二年生草花及灌木、草皮和藤本植物，利用乔木栽植在山坳、山脚、山沟等深土层中。

园林中也常设计特置石，石上多配置蔷薇、凌霄、木香、络石、薜荔、爬墙虎之类的攀缘花木。特置石周围可配置宿根花卉、一二年生花卉、灌木等低矮但色彩鲜艳的植物，采用自然式混合栽种。

三、土石混合山植物配置

人工堆筑土石混合山，容易栽培植物，最省人工，也最容易表现自然山林野趣。土石混合山有大散点、石包土、土包石三种类型。

（一）大散点类

此类山体山石散乱分布，半埋半露于土中，植物与山石的配置因地制宜、相得益彰、相映成趣。

山麓植物配置，一般多采用灌木、箬竹之类接近地表覆盖，适当配置小乔木，目的在于遮挡平视观赏线，着重表现游者脚下隆起的山势。用植物衬托，使人看不到山岗的全体，造成幽深莫测的蜿蜒山径。山腰除间植高大乔木外，其余处理如山麓、山顶则多植乔木，适当搭配灌木，目的在于平视可以看到层层树干，形成有一定景深的山林；仰视则枝丫相交，浓荫蔽日；俯视则石骨嶙峋、虬根盘礴，四周山坡的树冠低临脚下（多由灌木组成），衬托出山巅、山岭之上林海莽原的景象。为了保持冬季观赏仍然有较为丰满的植被形态，同时能显示出季相特征，树种搭配上常绿与落叶应保持一定的比例关系。一般来说，落叶树的比例稍大，这是突出季相特征的需要。

（二）石包土类

此类山体山石突兀，沟壑纵横，石中间土，植物穿插于山石之间的土层中。土层深厚的地方，以乔木为主，林木繁茂；土层稀薄之处，以低矮植物为主，多栽植灌木、草皮和藤本植物，甚至有些地域仅为草皮和藤本地被植物；无土之处，岩石裸露，成为不毛之地。适当配以亭台，造成峰峦叠嶂、林木苍翠、亭台相映的真山效果。

（三）土包石类

此类山体既可以将山石筑成洞府，洞府外表覆土，又可全部堆土垒石，以石为地基。上面全部覆土，做成土包石型的山体，植物配置如土山样，还可以四周山坡围土。中央山顶垒石，植物配置在山坡上，由下至上，逐渐由密到稀，由高大到矮小。山顶植物配置如同石山。

第四节　各类植物的造景与设计

一、乔灌木的造景设计

在园林景观中，乔木可形成整个园景的植物景观框架，并能提供遮阴、屏蔽不良景观、作背景和风障、划分空间、框景的作用。灌木作为低矮的障碍物，可用来保护景观、屏蔽视线、强调道路的线型、引导人流，还可以与中小乔木一起形成空间的围合。生长缓慢、耐修剪的灌木还可作为绿篱。

园林乔灌木的种植配置不能和植树造林混为一谈,应该按照树木的生态习性,运用美学原理,以其姿态、色彩、干性进行平面合理的构图,使其具有不同形式的有机组合,构成千姿百态的美景,创造出各具特色的树木景观。根据乔灌木在园林中的应用形式,大体可以分为以下几种种植形式。

(一)孤植

乔木或灌木的孤立种植类型,多为欣赏树木的个体美而采用的方法,是中西园林都广泛采用的一种植物造景形式。孤植树也称园景树、独赏树或标本树,在涉及众多处于绿地平面的构图中心和园林空间的视觉中心而成为主景,具有强烈的标志性、导向性和装饰作用。对孤植树的设计要特别注意的是"孤树不孤"。不论在何处,孤植树都不是孤立存在的,它应和周围的各种景物如建筑、草坪、其他树木配合,以形成一个统一的整体,因而要求其体量、姿态、色彩、方向等与环境其他景物共同统一于整体构图之中。

孤植树在古典庭院和自然式园林中应用很多,如我国苏州古典园林中常见应用。孤植树主要突出表现单株树木的个体美,要求植株姿态优美,或树形挺拔、端庄、高大雄伟,一般为大中型乔木,寿命较长,既可以是常绿树,也可以是落叶树,如雪松、南洋杉、樟树、榕树、木棉、柠檬桉;或树冠展开、枝叶优雅、线条宜人,如鸡爪槭、垂柳;或秋色艳丽,如银杏、鹅掌楸、洋白蜡;或花果美丽、色彩斑斓,如樱花、玉兰、木瓜。如选择得当,配置得体,孤植树可起到画龙点睛的作用。苏州留园"绿茵轩"旁的鸡爪槭是优美的孤植树,而狮子林"问梅阁"东南的孤植大银杏则具有"一枝气可压千林"的气势。

孤植常用于庭院、草坪、假山、水面附近、桥头、园路尽头或转弯处等(见图4-12),广场和建筑旁也常配置孤植树。但孤植的地点以在大草坪上为最佳。孤植树是园林局部构图的主景,因而要求栽植地点位置较高,四周空旷,便于树木向四周伸展,并具有较适宜的观赏视距(见图4-13)。一般在4倍树高的范围里要尽量避免被其他景物遮挡视线,如可以设计在宽阔开朗的草坪上,或水边等开阔地带的自然中心上。秋色金黄的鹅掌楸、无患子、银杏等,若孤植于大草坪上,秋季金黄色的树冠在蓝天和绿草的映衬下显得极为壮观。事实上,许多古树名木从景观构成的角度而言,实质上起到孤植树的作用。此外,几株同种树木靠近栽植,组成一个单元形成整体树冠,或者采用一些丛生竹类,也可创造出孤植的效果。孤植树配置于山岗上或山脚下,既有良好的观赏效果,又能起到改造地形、丰富天际线的作用。以树群、建筑或山体为背景配置孤植树时,要注意所选孤植树在色彩上与背景上应有反差,在树形上也能协调。从遮阴的角度来选择孤植树时,应选择分枝点高、树冠开展、树叶茂盛、叶大荫浓、病虫害少、无飞毛飞絮、不污染环境的树种,以圆球形、伞形树冠为好,如银杏、榕树、樟树、核桃。

除前面所提到的树种外,可作孤植树使用的还有黄山松、栎类、七叶树、栾树、国槐、金钱松、南洋楹、海棠、樱花、白兰花、白皮松、圆柏、油松、毛白杨、白桦、元宝枫、糠椴、柿树、白蜡、皂角、白榆、朴树、冷杉、云杉、丝棉木、合欢、枫香、广玉兰、桂花、小叶榕、菩提树等。

(二)对植

将园林植物在构图轴线两侧栽植,使其相互呼应的种植形式,称之为对植。对植强调对应的树木在体量、色彩、姿态等方面的一致性,只有这样,才能体现出庄严、肃穆的整齐美。

图 4-12　孤植(一)

图 4-13　孤植(二)

对植多选用树形整齐优美、生长较慢的树种,以常绿树为主,但很多花色优美的树种也适于对植。常用的有松柏类、南洋杉、冷杉、大王椰子、假槟榔、苏铁、桂花、玉兰、碧桃、银杏、蜡梅、龙爪槐等,或者可用能进行整形修剪的树种进行人工造型,以便从形体上取得规整对称的效果,如整形的大叶黄杨、石楠、海桐等也常用做对植。

对植常用于房屋和建筑前、广场入口、大门两侧、桥头两旁、石阶两侧等(见图 4-14),起衬托主景的作用,或形成配景、夹景,以增强透视的纵深感。例如,公园门口对植两株体量相当的树木,可以对园门及其周围的景物起到很好的引导作用;桥头两旁的对植则能增强桥梁构图上的稳定感。对植也常用在有纪念意义的建筑物或景点两边,这时选用的对植树种在姿态、体量、色彩上要与景点的思想主题相吻合,既要发挥其衬托作用,又不能喧宾夺主。

图 4-14　对植

两株树的对植一般选用同一树种,姿态可以不同,但动势要向构图的中轴线集中。也可以用两组树丛形成对植,这时选择的树种要比较近似,栽植时避免呆板的绝对对称,但在视觉上应形成均衡的效果。

对植可以分为对称对植和拟对称对植。对称对植要求在轴线的两侧对应栽植同种、同规格、同姿态树木，多用于宫殿、寺庙和纪念性建筑前，体现庄严肃穆的气氛。拟对称对植要求体量均衡，并不要求树种、树形完全一致，给人以严整的感觉，同时又有活泼的效果。

（三）列植

树木成带状的行列式种植称为列植（见图4-15），有单列、双列、多列等类型。

图4-15 列植

列植主要用于公路、铁路、城市街道、广场、大型建筑周围、防护林带、农田林网、水边种植等。园林中常见的灌木花径和绿篱从本质上讲也是列植，只是株行距很小。列植应用最多的是道路两旁，起到美化、遮阴和防护的作用。在道路旁列植的树木称为行道树。就行道树而言，既可单树种列植，也可两种或多种树种混用。栽植行道树时应注意节奏与韵律的变化，如西湖苏堤中央大道两侧以无患子、重阳木和三角枫等分段配置，效果很好。在形成片林时，列植常采用变体的三角形种植，如等边三角形、等腰三角形等。

行道树列植宜选用树冠形体比较整齐一致的种类。株距与行距的大小应视树的种类和所需要遮阴的郁闭程度而定。一般大乔木株行距为5～8 m，中小乔木为3～5 m，大灌木为2～3 m，小灌木为1～2 m。完全种植乔木，或将乔木与灌木交替种植皆可。常用树种中，大乔木有油松、圆柏、银杏、国槐、白蜡、元宝枫、毛白杨、柳杉、悬铃木、榕树、臭椿、垂柳、合欢等；小乔木和灌木有丁香、红瑞木、小叶黄杨、木槿等。绿篱可单行种植，也可多行种植，株行距一般30～50 cm，多选用圆柏、侧柏、大叶黄杨、黄杨、小檗、木槿、蔷薇、小叶女贞、黄刺玫等分枝性强、耐修剪的树种，以常绿树为主。列植树木要保持两侧的对称性，平面上要求株行距相等，立面上树木的冠径、胸径、高矮则要大体一致，当然这种对称并不一定是绝对对称，如株行距不一定绝对相等，可以有规律地变化。列植树木形成片林，可作背景或起到分割空间的作用，通往景点的园路可以用列植的方式引导游人的视线。

（四）丛植

由2～3株至10～20株同种或异种的树木按照一定的构图方式组合在一起，使其林冠线彼此密接而形成一个整体的外轮廓线，这种配置方式称为丛植。在自然式园林中，丛植时最常用的配置方式之一,可用于桥、亭、台、榭的点缀和陪衬,也可专设于路旁、水边、庭院、草坪或广场一侧,以丰富景观色彩和层次。

树丛景观主要反映自然界小规模树木群体形象美。这种群体形象美又是通过树木个体之间的有机组合与搭配来体现的,彼此之间既有统一的联系,又有各自形态变化。在空间景观构图上,树丛常作局部空间的主景,或配景、障景、隔景等,同时也兼有遮阴作用。以遮阴为主要目的的树丛常选用乔木,并多用单一树种,如白杨、朴树、樟树、橄榄,树丛下也可适当配置耐阴花灌木。以观赏为目的的树丛,为了延长观赏期,可以选用几种树种,并注意树种的季相变化,最好将春季观花、秋季观果的花灌木以及常绿树种配合使用,并可于树丛下配置常绿地被。例如,在华北地区,"油松－元宝枫－连翘"树丛或"黄栌－丁香－珍珠梅"树丛可布置于山坡,"垂柳－碧桃"树丛则可布置于溪边池畔、水榭附近,形成桃红柳绿的景色,并可在水体内种植荷花、睡莲、水生鸢尾;在江南,"松－竹－梅"树丛布置于山坡、石间是我国传统的配置形式,谓之"岁寒三友"。

丛植形成的树丛既可作主景,也可以作配景。作主景时四周要空旷,宜用针阔叶混植的树丛,有较为宽阔的观赏空间和通道视线,栽植点视线较高,使树丛主景突出。树丛配置在空旷草坪的视点中心上,具有极好的观赏效果;在水边或湖中小岛上配置,可作为水的焦点,能使水面和水体活泼而生动;公园进门后配置一丛树丛,既可观赏,又有障景作用。在中国古典山水园中,树丛与山石组合,设置于粉墙前、廊亭侧或房屋角隅,组成特定空间内的主景是常用的手法。除作主景外,树丛还可以作假山、雕塑、建筑物或其他园林设施的配景,如用做小路分歧的标志或遮蔽小路的前景,峰回路转,形成不同的空间分割。同时,树丛还能作背景,如用樟树、女贞、油松或其他常绿树丛植作为背景,前面配置桃花等早春观花树木或宿根花卉,均有很好的景观效果。

我国画理中有"两株一丛的要一俯一仰,三株一丛的要分主宾,四株一丛的株距要有差异"的说法,这也符合树木丛植配置的构图原则。在丛植中,有两株、三株、四株、五株以至十几株的配置。

1. 两株配合

树木配置图上必须符合多样统一的原则,既要有调和,又要有对比。因此,两株树的组合,首先必须由其通相,同时又有其殊相,才能使二者既有变化,又有统一。凡是差别太大的两种树木,如棕榈和马尾松就对比太强、不太协调,很难配置在一起(见图 4-16)。

一般而言,两株丛植宜选用同一种树种,但在大小、姿态、动势等方面要有所变化,才能生动活泼。正如明代画家龚贤所说:"二株一丛,必一俯一仰,一欹一直,一向左一向右,一有根一无根,一平头一锐头,二根一高一低。""二树一丛,分枝不宜相似,即十树五树一丛,亦不得相似。"这说明两株相同的树木配在一起,在动势、姿态和体量上要有差异、对比才能生动活泼。

两株的树丛,其栽植的距离不能与两树冠径的 1/2 相等,必须靠近,其距离要比小树冠小得多,这样才能成为一个整体。如果栽植距离大于成年树的树冠,那就变成两株独树而不是一个树丛。不同种的树木,如果在外观上十分相似,也可以考虑配置在一起,如桂花和女贞为同科不同属的植物,但外观相似,又同为常绿阔叶乔木,配置在一起感到十分调和,不过在配置时应把桂花放在重要位置,女贞作为陪衬,否则就降低了桂花的观赏性。

同一个树种下的变种和品种，一般差异很小，可以一起配置，如红梅与绿萼梅相配，就很调和。但是，即便是同一种的不同变种，如果外观上差异太大，仍然不适合配置在一起。

(a) 立面图　(b) 平面图

图 4-16　两株树丛植

2. 三株配合

三株树丛配合中，可以用同一个树种，也可以用两种，但最好同为常绿树或同为落叶树，忌用三个不同种（如果外观不易分辨不在此限）。龚贤说："古云：三树一丛，第一株为主树，第二、第三为客树"。"三株一丛，则二株宜近，一株宜远以示别也。近者曲而俯，远者宜直而仰。""三株不宜结，亦不宜散，散则无情，结是病。"三株配置，树木的大小、姿态都要有对比和差异，可全为乔木，也可乔灌结合。在平面布置上要把三株树置于不等边三角形的三个角顶上，立面以一树为主，其余两侧为辅，构成主从相宜的画面。三株忌在一直线上，也忌等边三角形栽植。三株树中体量最大的一株和最小的一株要靠近些，成为一小组，中等一株要远离一些，使其成为另一小组，但两个小组在动势上要呼应，构图才不致分割（见图 4-17）。

3. 四株配合

四株树丛的配合，可采用同一树种或两种不同的树种，但应同为乔木或同为灌木，取得调和的效果。如果应用三种以上的树种，或大小悬殊的乔木、灌木，就不易调和。如果是外观极相似的树木，可以超过两种。原则上四株树丛的组合不要乔木、灌木合用。当树种完全相同时，在形态、姿态、大小、距离、高矮上，应力求不同，栽植点标高地也可以有所变化。

四株树组合的树丛，不能种在一条直线上，要分组栽培，但不能两两组合，也不要任何三株成一直线，可分为两组或三组。分为两组，即三株较近一株较远离；分为三组，即两株一组，另一株稍远，再一株远离（见图 4-18）。

树种相同时，在树木大小排列上，最大的一株要在集体的一组中，远离的可用大小排列在第二、三位的一株；当树种不同时，其中三株为一种，一株为另一种，这另一种的一株不能最大，也不能最小，这一株不能单独成一个小组，必须与其他种组成一混交树丛。在这一组中，这一株应与另一株靠拢，并居于中间，不要靠边。

4. 五株配合

五株同为一个树种的组合方式，每株树的组合方式，每株树的体形、姿态、动势、大小、

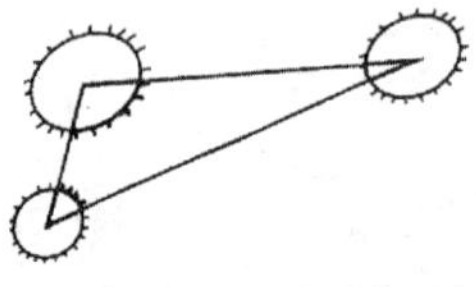

图 4-17　三株树丛植

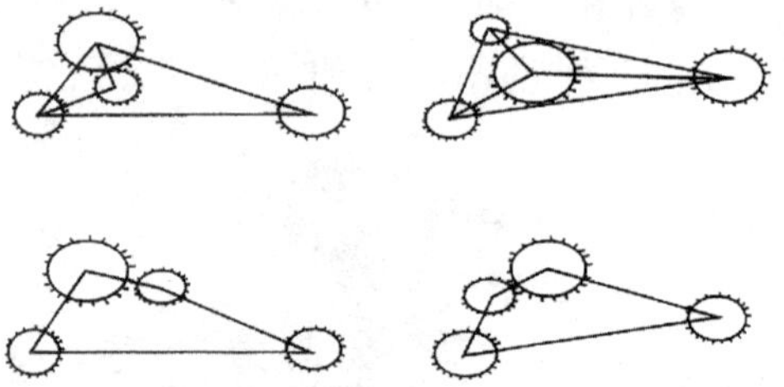

图 4-18　四株树丛植

栽植距离都不应相同。最理想的分组方式为 3∶2，就是三株一小组、两株一小组，如果按照大小分为 5 个号，三株的小组应该是 1、2、4 号成组，或 1、3、4 号成组，或 1、3、5 号成组。总之，主体必须在三株的那一组中。组合原则三组的小组与三株的树丛相同，两株的小组与两株的树丛相同，但是这两小组必须各有动势。另一种分组方式为 4∶1，其中单株树木，不宜最大或最小，最好是 2、3 号树种，两个小组距离不宜过远，动势上要有联系。五株树丛由两个树种组成，一个树种为三株、另一个树种为两株合适，否则不易协调。如三株桂花配两株槭树配合容易均衡，如果四株黑松配一株丁香，就很不协调。

五株由两个树种组成的树丛，配置上可分为一株和四株两个单元，也可分为两株和三株两个单元。当树丛分为 1∶4 两个单元时，三株的树种应分置两个单元中，两株的一个树种应置一个单元中，不可把两株的那个树种分配为两个单元。或者，如有必要把两株的树种分为两个单元，其中一株应配置在另一树种的包围之中（见图 4-19、图 4-20）。

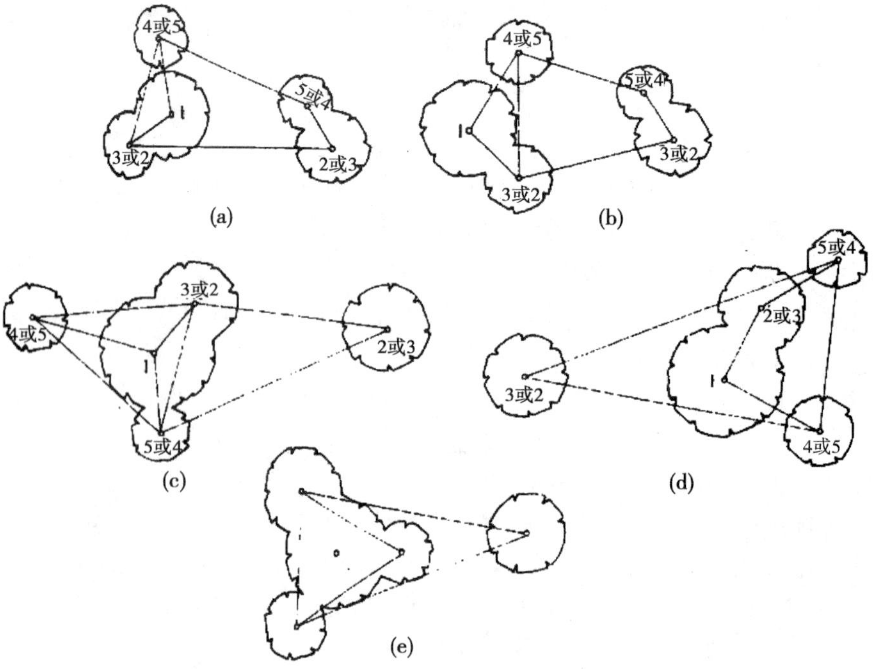

图 4-19　五株树丛植

图 4-20　五株树丛植实例

5. 五株以上的树丛

树木的配置,株数越多就越复杂,但分析起来,孤植树是一个基本,两株丛植也是一个基本,三株由两株和一株组成,四株又由三株和一株组成,五株则由一株和四株或两株和三株组成。理解了五株配置的道理,则六七八九株同理类推。例如,六株配置可以按照两株和四株的组合,七株配置可以按照三株和四株或两株和五株的组合,八株配置可以按照三株对五株,九株配置可以按照四株对五株或者三株对六株(见图 4-21)。芥子园画谱中说:"五株即熟,则千株万株可以类推,交搭巧妙,在此转关。"其关键仍在调和中要求对比差异,差异中要求调和,所以株数越少,树种越不能多用。

(五)群植

群植指成片种植同类或多种树木,常由二三十株以至数百株的乔灌木组成。可以分为单纯树群和混交树群。单纯树群由一种树构成。混交树群是树群的主要形式,完整时从结构上可以分为乔木层、亚乔木层、大灌木层、小灌木层和草本层。乔木层选用的树种树冠姿态要特别丰富,使整个树群的天际线富于变化,亚乔木层选用开花繁茂或叶色美丽的树种,灌木一般以花木为主,草本植物则以宿根花卉为主。树群所表现的主要是群体美,观赏功能与树丛类似,在公园中可作为主景,应布置在有足够观赏视距的开朗场地上,如靠近林缘的大草坪上、宽广的林中空地、水中的小岛上、宽广水面的水滨、小山的山坡土丘上等。树群规模不宜太大,构图上要四面空旷;组成树群的每株树,在群体的外貌上,都起到一定的作用;树群的组合方式,一般采用郁闭式成层的结合。树群内部通常不允许游人进入,因而不利于作庇荫休息之用,但是树群的北面,以及树冠开展的林缘部分,仍可供庇荫休息之用。树群也可作背景,两组树群配合还可起到框景的作用。

(六)林植

林植是由单一或多种树木在较大面积内,呈片林状地种植乔灌木,从而构成林地或森

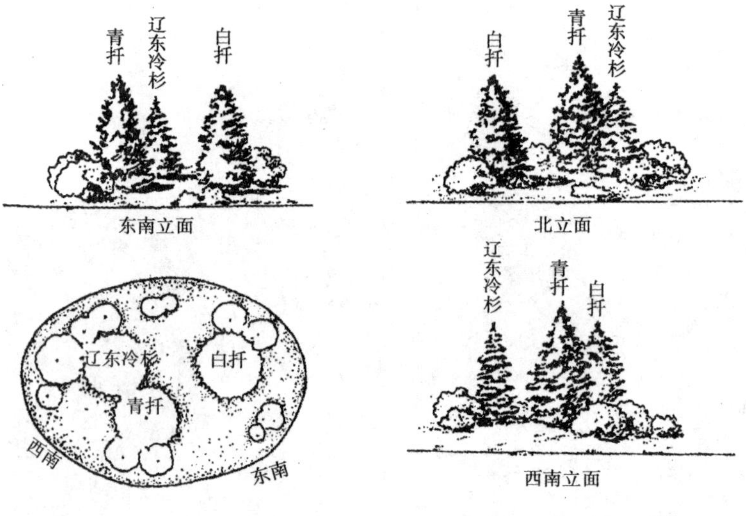

图 4-21　多株树丛植

林景观，多出现于自然风景区、大型自然公园、工矿场区的防护带、城市外围的绿化带等，通常有纯林、混交林等结构。在一般城市环境中，林植可构成一般的树林和林带，其结构可分为疏林和密林两大类，其设计要求也有所不同。

1. 疏林

疏林指水平郁闭度在 0.4 ~ 0.6 的风景林，多为纯乔木林，它舒适、明朗，适于游人活动，园林中运用较多。疏林按游人密度的不同，可设计成以下三种形式。

(1)草地疏林：在游人密度不大、游人进入活动不会踩死草地情况下设置。草地疏林设计中，树林株行距应在 10 ~ 20 m，不小于成年树树冠直径，其间也可设林中空地。树种选择要求以落叶树为主，树荫疏朗的伞形冠比较合适，树木生长健壮抗性强。所用草种应含水量少、组织坚固、耐旱，如禾本科的狗牙根和野牛草等。

(2)花地疏林：在游人密度大、不进入活动的情况下设置。此种疏林要求乔木间距大些，以利于林下花卉植物生长。林下花卉可单一品种，也可多品种进行混交配置。花地疏林内应设自然式道路，以便游人进入游览。道路密度以 10% ~ 15% 为宜。

(3)疏林广场：在游人密度大、又需要进入疏林活动的情况下设置。林下全部为铺装广场。

2. 密林

密林是指水平郁闭度在 0.7 ~ 1.0 的风景林，可分为单纯密林和混交密林。

(1)单纯密林：是由一个树种组成，简洁、壮观，但缺乏垂直郁闭景观和季相交替景观。为此在需要的情况下，可尽量利用起伏地形造林。风景林的外缘适当配置些树群、树丛和孤植树。林下可选用耐阴植物。

(2)混交密林：是由多种树木采取块状、带状或点状混交的方式形成的密林。设计中应注意，成层结构于密林的不同部位作不同处理，林缘部分垂直成层结构要突出，适当地段安排 2 层结构，以将游人视线引入林层内，并安排林高 3 倍以上的观赏视距，为诱导游人;主干路及小溪旁可配置自然式的花灌木带,形成林荫花径。同时应注意,密林的水平郁闭度不应均匀分布。

(七)绿篱

绿篱又称植篱或树篱,是由同一种树木(多为灌木)作近距离密集列植成篱状的树木景观。绿篱在园林中主要起分隔空间、范围、场地,遮蔽视线,衬托景物,美化环境以及防护等作用。在园林中常用的绿篱有黄杨、女贞、红叶小檗、龙柏、侧柏、木槿、黄刺玫、蔷薇、竹子等具萌芽力强、发枝力强、愈伤力强、耐修剪、耐阴力强、病虫害少的植物。

1. 绿篱的分类

根据高度可分为:绿墙,高1.6 m以上,能够完全遮挡住人们的视线;高绿篱,在1.2 ~ 1 .6 m,人的视线可以通过,但人不能跨越而过,多用于绿地的防范、屏障视线、分隔空间、作其他景物的背景;中绿篱,高0.5 ~ 1 .2 m,有很好的防护作用,多用于种植区的围护及建筑基础种植;矮绿篱,0.5 m以下,花镜镶边、花坛、草坪图案花纹。

根据功能要求与观赏要求可分为常绿绿篱、花篱、观果篱、刺篱、落叶篱、蔓篱与编篱等,例如花篱,不但花色、花期不同,而且还有花的大小、形状、有无香气等的差异而形成情调各异的景色。

依修剪整形可分为不修剪篱和修剪篱,即自然式和整形式。前者一般只施加少量的调节生长势的修剪,后者则需要定期进行整形修剪,以保持体形外貌。在同一景区,自然式植篱和整形式植篱可以形成完全不同的景观,必须善于运用。绿篱的基本形式根据人们的不同要求,进行修剪。规则式绿篱每年须修剪数次。为了使绿篱基部光照充足,枝叶繁茂,其断面常剪成正方形、长方形、梯形、圆顶形、城垛形、斜坡形(见图4-22)。修剪的次数因树种生长情况及地点不同而异。

绿篱的种植密度一般应根据使用目的、不同树种、苗木规格和种植地带的宽度来确定。矮绿篱,通常为单行直线或几何曲线栽植,株距一般为15 ~ 30 cm,宽度为30 ~ 50 cm,高度为10 ~ 50 cm;中绿篱,成单行或双行直线或几何曲线栽植,株距一般为30 ~ 50 cm,单行栽植宽度为40 ~ 80 cm,双行栽植行距为25 ~ 50 cm,宽度为50 ~ 100 cm,高度为50 ~ 120 cm。双行栽植点的位置成三角形交叉排列。矮绿篱及中绿篱,一般选用2 ~ 3年生快长树苗,如女贞、小蜡等,在栽植时离地面5 cm处剪去,促其分枝,然后每年修剪,逐年长至计划高度。高绿篱,株距50 ~ 75 cm,单行式宽度为50 ~ 80 cm,双行式行距为40 ~ 80 cm,宽度为80 ~ 100 cm,高度为120 ~ 160 cm,双行式呈三角形交叉排列。绿墙,多双行栽植,株距1 ~ 1.5 m,行距50 ~ 100 cm,宽度1.5 ~ 2.0 m,高度为1.6 m以上,双行栽植呈三角形交叉排列。

2. 作用与功能

(1)围护作用:园林中常以绿篱作防范的边界,可用刺篱、高篱或绿篱内加铁刺丝。绿篱可以组织游人的游览路线,按照所指的范围参观游览。不希望游人通过的可用绿篱围起来。

(2)分隔空间和屏障视线:园林中常用绿篱或绿墙进行分区和屏障视线,分隔不同功能的空间。这种绿篱最好用常绿树组成高于视线的绿墙。如把儿童游戏场、露天剧场、运动场与安静休息区分隔开来,减少互相干扰。在自然式布局中,有局部规则式的空间,也

图 4-22　法国维朗德里花园的矮篱

可用绿墙隔离，使强烈对比、风格不同的布局形式得到缓和。

（3）作为规则式园林的区划线：以中篱作分界线，以矮篱作为花境的边缘、花坛和观赏草坪的图案花纹。采取特殊的种植方式构成专门的景区。近代又有“植篱造景”，是结合园景主题，运用灵活的种植方式和整形修剪技巧，构成犹如奇岩巨石绵延起伏的园林景观（见图 4-23）。

（4）作为花境、喷泉、雕像的背景：园林中常用常绿树修剪成各种形式的绿墙，作为喷泉和雕像的背景，其高度一般要与喷泉和雕像的高度相称，色彩以选用没有反光的暗绿色树种为宜，作为花境背景的绿篱，一般均为常绿的高篱及中篱。

（5）美化挡土墙：在各种绿地中，在不同高度的两块高地之间的挡土墙，为避免立面上的枯燥，常在挡土墙的前方栽植绿篱，把挡土墙的立面美化起来。

3. 绿篱植物的选择

各种绿篱有不同的选择条件，但是总的要求是，该种树木应有较强的萌芽更新能力和较强的耐阴力，以生长缓慢、叶片较小的树种为宜。一般绿篱的树种应有以下条件：生长势强，耐修剪；底部枝条与内侧枝条不易凋落；叶子细小，枝叶稠密；适应当地生态条件，抗病虫害、尘埃、煤烟等。

二、花卉的造景设计

广义的花卉是指能够开花的所有植物，无论草本和木本统称花卉。花卉在园林中起

图 4-23　绿篱造景

着血和肉的作用，人们常把花卉用来制作花境、花池、花坛、花箱、花篮等，绿化道路、广场、公园、建筑物、水体、山体等。

（一）花坛

花坛的最初含义是在具有几何形轮廓的植床内种植各种不同色彩的花卉，运用花卉的群体效果来体现图案纹样，或观赏盛花时绚丽景观的一种花卉应用形式。它以突出鲜艳的色彩或精美华丽的纹样来体现其装饰效果。常布景在建筑广场的中心、公园入口的空旷处、道路的交叉口等，在园林中常作为主景或配景。

传统意义上的花坛是一种花卉应用的特定形式，与广义的花卉种植有所区别，因此花坛一般具有以下特征：

（1）花坛通常具有几何形的栽植床，因此属于规则式种植设计，多用于规则式园林构图中。

（2）花坛主要表现花卉组成的平面图案纹样或华丽的色彩美，不表现花卉个体的形态美。

（3）花坛多以时令性花卉为主体材料，因而需随季节更换材料，保证最佳的景观效果。气候温暖地区也可用终年具有观赏价值且生长缓慢、耐修剪、可以组成美丽图案纹样的多年生花卉及木本花卉组成花坛。

早期的花坛具有固定地点，几何形植床边缘用砖或石头镶嵌，形成花坛的周界，且以平面地床或沉床为主。随着时代的变迁和文化交流的频繁，花坛形式也在变化和拓宽，主要表现在以下几个方面：

（1）花坛规模扩大。

（2）形式上突破平面俯视近赏，出现了在斜面、立面及三维空间设置的花坛。观赏角度出现多方位的仰视与远望，给视觉以多层次的立体感。

（3）由静态的构图发展到连续的动态构图。

（4）由室外园林空间扩展到室内，尤其是展览温室、室内花园等。

1. 花坛的类型

以花坛表现的主体内容不同进行分类是花坛最基本的分类方法,也是最常用的。据此可将花坛分为盛花花坛(花丛花坛)、模纹式花坛。

1) 盛花花坛(花丛花坛)

盛花花坛主要表现和欣赏观花的草本植物花朵盛开时花卉本身群体的绚丽色彩以及不同花色种或品种组合搭配所表现出的华丽的图案和优美的外貌。这类的花坛设置和栽植较粗放,没有严格的图案要求。但是,必须注意使植株高低层次清楚、花期一致、色彩协调。一般以一二年生草花为主,也可配置开花繁茂的木本花卉,还可适当配置一些盆花(见图4-24)。花丛花坛的观赏价值高,但草花花坛一般观赏期短,为保持花坛的观赏效果,需要经常更换草花。在生长季节草花花坛需要更换花卉2～4次,重点部位的花坛保持经常有花。花坛常用的草本花卉春季有三色堇、雏菊、金盏菊、桂竹香、紫罗兰、矢车菊、飞燕草、石竹类;夏季有百日草、矮牵牛、凤仙花、鸡冠花、萱草等;秋季有翠菊、凤仙花、百日草、一串红、菊花等。花坛常用的木本花卉有牡丹、月季、杜鹃、梅花等低矮的花灌木类。

1—海桐;2—微型月季;3—芝草;4—紫色鸭跖草;5—雏菊

图4-24　盛花花坛

还有一些花丛花坛呈现带状,即花坛的宽度或短轴超过1 m,且长、短轴的比例超过3～4倍时称为带状花丛花坛,或称为花带(见图4-25、图4-26)。带状花丛花坛通常作为配景,布置于带状种植床,如道路两侧、建筑基础、墙基、岸边或草坪上,有时也作为连续风景中的独立构图。带状花坛既可由单一品种组成,也可由不同品种组成图案或成段交替种植。根据环境的特点,花带可以为规则式矩形栽植床,也可以是流线型,甚至两边不完全平行。

2) 模纹花坛

模纹花坛主要表现和欣赏由观叶或花叶兼美的植物所组成的精致复杂的图案纹样。植物本身的个体美和群体美都居于次要地位,而由植物所组成的装饰纹样或空间造型是

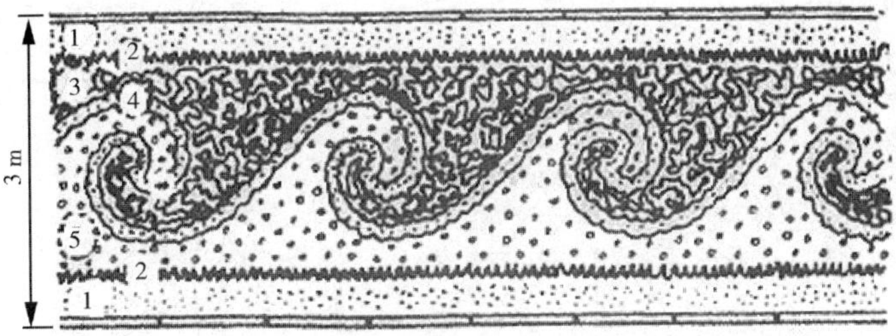

夏秋开花

1—半支莲;2—孔雀草;3—紫色鸭跖草;4—美女樱;5—福禄考

图 4-25　两面观赏带状花坛

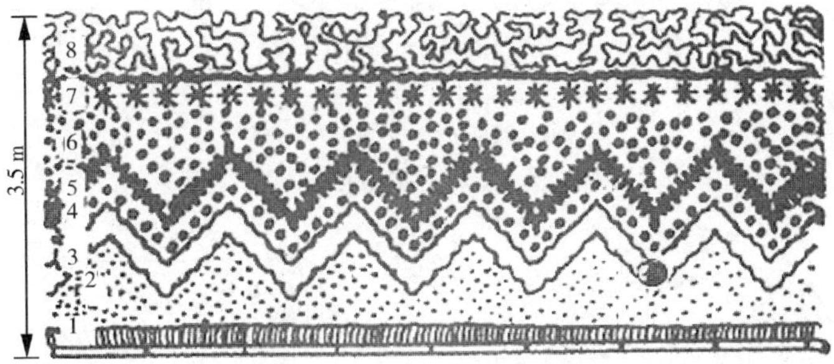

春夏开花

1—雏菊;2—锦团石竹;3—滨菊;4——一串红;5—金鱼草;6—麦秆菊;

7—玉带草;8—大叶黄杨

图 4-26　单面观赏带状花坛

模纹式花坛的主要表现内容。因内部纹样及所使用的植物材料不同、景观不同可分以下几种。

(1)毛毡花坛:主要用低矮观叶植物,组成精美复杂的装饰图案,花坛表面修剪平整呈细致的平面或和缓曲面,整个花坛宛如一块华丽的地毯,故称为毛毡花坛(见图 4-27)。不同色彩的五色苋品种因低矮、枝叶细密、耐修剪而成为毛毡花坛最理想的构成材料。低矮、整齐的其他观叶植物或花小而密、花期长而一致的低矮观花植物也可用于此类花坛。

(2)彩结花坛:主要用锦熟黄杨和多年生花卉如紫罗兰、薰衣草等,按一定图案纹样种植起来,模拟绸带编成的彩结式样而来,图案线条粗细相等,由上述植物组成构图轮廓,条纹间可用草坪为底色或用彩色砂石填铺。有时也种植色彩一致、高低一致的时令性草本花卉,装饰效果更强。

(3)浮雕花坛:与毛毡花坛的区别在于通过修剪或配置高度不同的植物材料,形成表面纹样凸凹分明的浮雕效果。

目前,还有一些不同类型的花坛,如花丛花坛与模纹花坛结合、平面花坛与立体造型花坛结合以及花坛与水景、雕塑等结合而形成的综合花坛景观(见图 4-28)。

另外,还可依据布局方式对花坛进行分类,包括独立花坛、花坛群、连续花坛群。

独立花坛是指作为局部构图中的一个主体而存在的花坛,所以独立花坛是主体花坛,可以是花丛式花坛、模纹式花坛。独立花坛通常布置在建筑广场中央、街道或道路的交叉

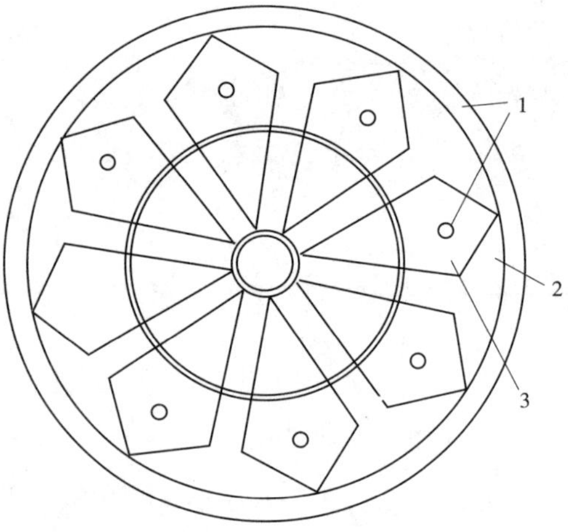

1—小叶红；2—小叶绿；3—白草

图 4-27　毛毡花坛

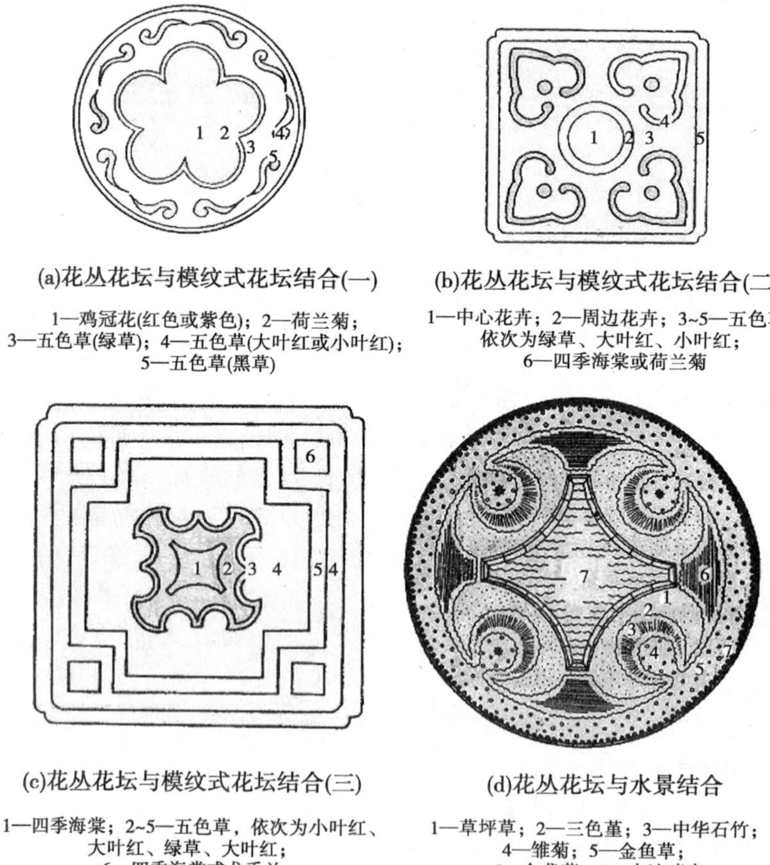

(a)花丛花坛与模纹式花坛结合(一)

1—鸡冠花(红色或紫色)；2—荷兰菊；
3—五色草(绿草)；4—五色草(大叶红或小叶红)；
5—五色草(黑草)

(b)花丛花坛与模纹式花坛结合(二)

1—中心花卉；2—周边花卉；3~5—五色草，
依次为绿草、大叶红、小叶红；
6—四季海棠或荷兰菊

(c)花丛花坛与模纹式花坛结合(三)

1—四季海棠；2~5—五色草，依次为小叶红、
大叶红、绿草、大叶红；
6—四季海棠或龙舌兰

(d)花丛花坛与水景结合

1—草坪草；2—三色堇；3—中华石竹；
4—雏菊；5—金鱼草；
6—金盏菊；7—水池喷泉

图 4-28　各式花坛

口、公园的进出口广场上、建筑正前方、由花架或树墙组成的绿化空间等处。在花坛群或花坛组群构图中，独立花坛是主体和构图中心。因此，带状花坛不宜作为静态风景的独立花坛。独立花坛的外形平面总是对称的几何形，或单面对称，或多面对称。独立花坛面积不能太大，因为内部没有道路，游人不能进入。独立花坛可设置于平地上或斜坡上，花坛的中央可以没有突出的处理，也可以用修剪造型的常绿树作为中心，或者以雕像、喷泉或立体造型花坛作为中心。

当多个花坛组成不可分割的构图整体时，称为花坛群（见图4-29）。花坛之间为铺装场地或铺设以草坪，排列组合是对称的或是规则的。对称地排列在中轴线两侧的称为单面对称的花坛群，多个花坛对称地分布在许多相交轴线的两侧称为多面对称的花坛群。花坛群具有构图中心，通常独立花坛、水池、喷泉、纪念碑、雕塑等都可以作为花坛群的构图中心。花坛群内部的铺装场地及道路可供游人活动及近距离欣赏花坛。大规模的铺装花坛群内部还可以设置座椅，以供游人休息。花坛群主要设置于大面积的建筑广场或规则式的绿化广场上，如天安门广场的花坛群。

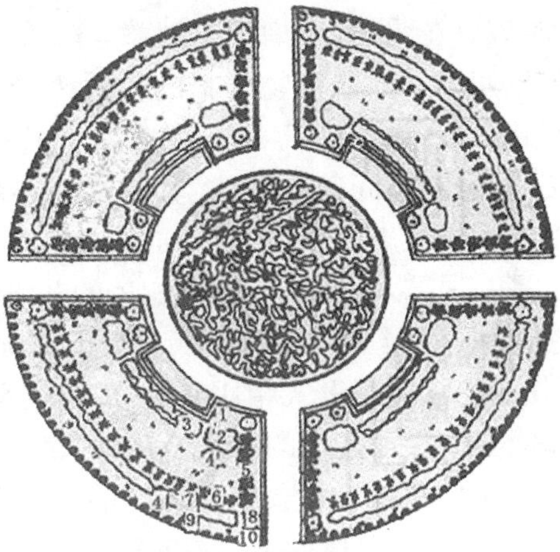

1—杜鹃；2—翠菊；3—波斯菊；4—福禄考；5—百日草；6—一串红；7—霍香蓟；8—彩叶草；9—孔雀草；10—鸡冠花

图4-29　花坛群

许多个独立花坛或带状花坛，成直线排列成一行，组成一个有节奏规律的不可分割的构图整体时，便称为连续花坛群。连续花坛群是连续风景的构成，通常布置于道路两侧或宽阔道路的中央以及纵长的铺装广场，也可布置于草地上。连续花坛群的演进节奏，可以用2种或3种不同的个体花坛来交替演进，在节奏上有反复演进和交替演进，整个花坛则呈连续构图，可以有起点、高潮、结束，而在起点、高潮和结束处常常应用水池、喷泉或雕像来强调，各独立花坛外形既有变化，又有统一的规律，观赏者移动视点才能观赏到花坛的整体效果。

花坛还可以有很多分类方法，如以花坛的平面位置可将花坛分为平面花坛、斜坡花坛、台阶花坛等；以功能不同可分为观赏花坛、主题花坛、标记花坛以及基础装饰花坛；根据花坛所使用的植物材料可以将花坛分为一二年生花卉花坛、球根花卉花坛、宿根花卉花坛、五色草花坛、常绿灌木花坛以及混合式花坛等。

2. 花坛对植物材料的要求

（1）盛花花坛的主要植物材料：主要由观花的一二年生花卉和球根花卉组成，开花繁茂的多年生花卉也可以使用。要求株丛紧密，整齐；开花繁茂，花色鲜明艳丽，花序呈平面开展，开花时见花不见叶，高矮一致；花期长而一致。如一二年生花卉中的三色堇、雏菊、百日草、万寿菊、金盏菊、翠菊、金鱼草、紫罗兰、一串红、鸡冠花等，多年生花卉中的小菊类、鸢尾类等，球根花卉中的郁金香、风信子、美人蕉、大丽花的小花品种等，都可以用做盛花花坛的布置。

（2）模纹花坛的主要植物材料：由于模纹花坛需要长时期维持图案纹样的清晰和稳定，因此宜选择生长缓慢的多年生植物（草本、木本均可），且以植株低矮，分枝密，发枝强，耐修剪，枝叶细小为宜，最好高度低于 10 cm，尤其是毛毡花坛，以观赏期较长的五色苋类等观叶植物最为理想，花期长的四季秋海棠、凤仙类也是很好的选材。另外，株型紧密低矮的雏菊、景天类、孔雀草、细叶百日草等也可选用。

3. 花坛的设计

花坛设计的原则首先应该以花为主，考虑生态效益。随着时代的发展，花坛的形式日趋多样，花坛中也越来越多地使用其他非植物材料的构件等，但任何时候，花卉都是构成花坛的主体材料。其次，应该合理组织空间。花坛除去其观赏和装点环境的功能外，因其位置不同，常常具有组织交通、分隔空间等功能，尤其是交通环岛花坛、道路分车带花坛、出入口广场花坛等，必须考虑车行及人流量，不能造成遮挡视线、影响分流、阻塞交通等问题。再次，花坛设计和陈设是一项艺术活动，应遵循相关的艺术规律才能设计出美丽的花坛。同时，花坛设计需考虑地域、气候、季节等因素，遵循科学原理，正确选择植物材料。作为设计者还应考虑到与其他花卉应用形式相比，花坛需要较高的维护管理费用。因此，设计花坛时，应本着尽量降低养护管理费用的原则，宜繁则繁，该简即简。

花坛常设于需要重点美化的地段。因此，周围环境的构成要素包括建筑、道路、广场以及背景植物与花坛有密切的关系。总体而言，在整个规则式园林构图中花坛起两个作用：主景和配景。无论是主景还是配景，花坛与周围环境之间的关系都存在着协调和对比的关系，包括空间构图上的对比，如水平方向展开的花坛与规则式广场周围的建筑物、装饰物、乔灌木等立面的和立体的构图之间的对比；色彩的对比，如周围建筑和铺装与花坛在色相饱和度上的对比以及周围植物以绿为主的单色与花坛的多彩色的对比；质地的对比，例如周围建筑物与道路、广场以及雕塑及墙体等硬质景观与花坛的植物材料的质地对比等。但是，花坛设计时，也要考虑协调与统一的方面。作为主景的花坛其外形必然是规则式的，其本身的轴线应与构图整体的轴线相一致。花坛或花坛群的平面轮廓应与广场的平面轮廓相一致。花坛的风格和装饰纹样应与周围建筑物的性质、风格、功能等相协调。如动物园入口广场的花坛以动物形象或童话故事中的形象为主体就很相宜，而民族风格的建筑广场的花坛则宜设计成富有民族特色的图案纹样。作为雕塑、纪念碑等基础装饰的配景花坛，花坛的风格应简约大方，不应喧宾夺主（见图 4-30）。

花坛大小一般不超过广场面积的 1/5 ~ 1/3。平地上图案纹样精细的花坛面积愈大，观赏者欣赏到的图案变形愈大，因此短轴的长度最好在 8 ~ 10 m。图案简单粗放的花坛直径可达 15 ~ 20 m。草坪花坛面积可以更大些。方形或圆形的大型独立花坛，中央图案

图 4-30　花坛的不同外形

可以简单些，边缘 4 m 以内图案可以丰富些，对观赏效果影响不会很大。如广场很大，可设计为花坛群的形式，交通岔道的转盘花坛是禁止入内的，且从交通安全出发，直径需大于 30 m。为了使具有精致图案的模纹花坛不致变形，常常将中央隆起，成为向四周倾斜的弧面或斜面，上部以其他花材点缀，精致的纹样布置于侧面。也可以将单面观的平面花坛布置于斜面上。斜面与地面的夹角愈大，图案变形愈小，与地面完全垂直时，在适当高度内图案可以不变形，但给施工增加难度，因此一般多做成 60°。一般的模纹花坛可以布置在斜度小于 30°的斜坡上，这样比较容易固定。

花坛表现的是平面的图案，由于视角关系离地面不宜太高。一般情况下单体花坛主体高度不宜超过人的视平线，中央部分可以高一些。为了排水和主体突出，避免游人践踏，花坛的种植床应稍高出地面，通常 7 ~ 10 cm。为了利于排水，花坛中央拱起，保持 4% ~10% 的排水坡度。

为了使花坛的边缘有明显的轮廓，且使种植床内的泥土不致因水土流失而污染路面或广场，同时为了使游人不致因拥挤而踩踏花坛，花坛种植床周围常以边缘石保护，且边缘石也具有一定的装饰作用。边缘石的高度通常 10 ~ 15 cm，大型花坛最高也不超过 30 cm。种植床靠边缘石的土面须稍低于边缘石。边缘石的宽度应与花坛的面积有合适的比例，一般介于 10 ~ 30 cm。边缘石可以有各种质地，但其色彩应该与道路和广场的铺装材料相调和，色彩要朴素，造型要简洁。

花坛的内部图案纹样设计，盛花花坛的图案纹样应该主次分明、简洁美观。忌在花坛中布置复杂的图案和等面积分布过多的色彩。模纹花坛纹样应该丰富和精致，但外形轮廓应简单（见图 4-31）。由五色草类组成的花坛纹样最细不可窄于 5 cm，其他花卉组成的纹样最细不少于 10 cm，常绿灌木组成的纹样最细在 20 cm 以上，这样才能保证纹样清晰。

4. 花坛的色彩设计

花坛色调配合适当，即使少数植物种类搭配简单，也会使人有明快舒适的感觉；如配

图 4-31　不同图案纹样的花坛

合不当，则显得杂乱或者沉闷。花坛色彩设计除遵循一般色彩搭配规律外，还应注意以下几点：

（1）同一色调或近似色调的花卉种在一起，易给人以柔和愉快的感觉。例如万寿菊、孔雀草都是橙黄色，种在一起，给人以鲜明活泼的印象。

（2）对比色，成对比色的花卉在同一花坛内不宜数量均等，应有主次，通常以一种色彩作出花坛的纹样，而以其对比色作为色块填充于纹样内，能取得较好的效果。

（3）白色的花卉除可以衬托其他颜色花卉外，还能起着两种不同色调的调和作用。白色花卉常用于在花坛内勾画出纹样鲜明的轮廓线。

（4）花坛一般应有一个主调色彩，其他颜色的花卉则起着勾画图案线条轮廓的作用。所以一般除选用 1 ~ 3 种主要花卉外，其他种花卉则为衬托，使得花坛色彩主次分明。忌在一个花坛或一个花坛群中花色繁多，没有主次，即使立意和构图再好，但因色彩变化太多而显杂乱无章，也会失去应有的效果。

（5）应根据四周环境设计花坛色调，如在公园、剧院和草地上则应选择暖色的花卉作为主体，使人感觉鲜明活跃，而办公楼、纪念馆、图书馆、医院等处，则应选用淡色的花卉作为花坛的主体材料，使人感到安静幽雅。另外，需考虑花坛背景的颜色，如红色的墙前，不宜布置以红色为主色调的花坛，蓝色、紫色等深色调也不适宜，而应选择黄色、白色等较亮的颜色作为主色调；相反，白色的背景前，宜布置饱和度高、鲜明艳丽的色彩作为主色，才可形成色彩对比的效果。

（二）花境

花境是源自于欧洲的一种花卉种植形式。在欧洲园林中，早期宿根花卉的布置方式主要以围在草地或建筑的周围成狭窄的花缘式种植。19 世纪后期，自然式的花园受到推崇，模拟自然界中林地边缘地带多种野生花卉交错生长的状态，运用艺术设计的手法，开始将宿根花卉按照色彩、高度及花期搭配在一起成群种植，开创了景观优美的被称为花境的一种全新的花卉种植形式。如今随着历史的发展，花境的形式和内容发生了许多变化，用于花境的植物种类也越来越多，但花境基本的设计思想和形式仍被传承下来。

花境是园林中从规则式构图到自然式构图的一种过渡的半自然式的带状种植形式，以表现植物个体所特有的自然美以及它们之间自然组合的群落美为主题。它一次设计种植，可多年使用，并能做到四季有景。另外，花境不但具有优美的景观效果，尚有分隔空间和组织游览路线之功能。花境是介于规则式和自然式之间的坡面型带状花卉种植床，其内部植物种植是自然式，其基本构成单位是一组花丛，每组花丛由 5 ~ 10 种花卉组成，每种花卉集中栽植。其池缘可以是规则的直线,也可以是自然的曲线,花境依地形而造,其宽度以其内配置植物的高矮而定,植物矮小者可较窄;反之,则应宽些。花境主要表现花丛平面和立面的自然美,是竖向和水平方向的综合景观表现。平面上不同种类是块状混交;立面上高低错落,既表现植物个体的自然美,又表现植物自然组合的群落美。

1. 花境的种类

依设计形式可分单面观赏花境、双面观赏花境、对映式花境。

(1)单面观赏花境:供游人从一侧观赏的花境,叫单面观赏花境。单面观赏花境为传统的应用设计形式,多邻近道路设置,并常以建筑物、矮墙、树丛、绿篱等为背景,前面为低矮的边缘植物,整体上前低后高,供单方向观赏,近游人的一面植物低矮,越往远处植株越高,一般宽度为 1 ~4 m。

(2)双面观赏花境:中部高两侧低,形成双面斜坡,供游人两侧观赏的花境叫双面观赏花境。多设置在道路、广场和草地的中央,这种花境没有背景。植物配置要求中间植物高,两侧植物渐矮,宽度一般为 3 ~6 m。

(3)对映式花境:在园路轴线的两侧、广场、草坪或建筑周围设置的呈左右两列式相对应的两个花境(见图 4-32)。在设计上统一考虑,作为一组景观,多用拟对称手法,力求富有韵律变化之美。

图 4-32　对映式花境

2. 花境种植设计

1)植物选择

花境因所用植物材料不同而有多种类型,但通常花境宜选择适应性强、耐寒、耐旱、当地自然条件下生长强健且栽培管理简单的多年生花卉为主。一般选择花期长、色彩艳丽、观赏价值高的植物,例如芳香植物、花形独特的植物、花叶果均美的植物。常用的多年生宿根和球根花卉有兰花、菊花、芍药、鸢尾、大丽花、美人蕉、万年青、麦冬、沿阶草等;常用的地被植物有葱兰、红花酢浆草、白三叶、络石等;常用的灌木有月季、牡丹、梅花、金丝桃、含笑、栀子、红花継木、火棘、南天竹、枸骨、贴梗海棠、夹竹桃、红瑞木等。根据花境的具体位置,还应考虑花卉对光照、土壤及水分等的适应性。例如,花境中可能会因为背景或上层乔木造成局部半阴的环境,这些位置宜选用耐阴植物。观赏性是花境花卉的重要特征。通常要求植于花境的花卉开花期长或花叶兼美,种类的组合上则应考虑立面与平面构图相结合,株高、株形、花序形态等变化丰富,有水平线条与竖直线条的交错,从而形成高低错落有致的景观。种类构成还需色彩丰富,质地有异,花期具有连续性和季相变化,从而会使整个花境的花卉在生长期次第开放,形成优美的群落景观。

2)色彩设计

花境的色彩主要由植物的花色来体现,同时植物的叶色,尤其是少量观叶植物叶色的运用也很重要。

宿根花卉是色彩丰富的一类植物,加上适当选用些球根及一二年生花卉,使得色彩更加丰富。在花境的色彩设计中可以巧妙地利用不同花色来创造景观效果。如把冷色占优势的植物群放在花境后部,在视觉上有加大花境深度、增加宽度之感;在狭小的环境中用冷色调组成花境,有空间扩大感。利用花色可产生冷、暖的心理感觉,花境的夏季景观应使用冷色调的蓝紫色系花,以给人带来凉意;而早春或秋天用暖色的红、橙色系花卉组成花境,可给人暖意。在安静休息区设置花境宜多用冷色调花;如果为增加热烈气氛,则可多使用暖色调的花。

花境色彩设计中主要有4种基本配色方法:单色系设计、类似色设计、补色设计、多色设计。设计中根据花境大小选择色彩数量,避免在较小的花境上使用过多的色彩而产生杂乱感。

花境的色彩设计中还应注意,色彩设计不是独立的,必须与周围的环境色彩相协调,与季节相吻合;在某个特定的时期,开花植物(花色)应散布在整个花境中,而不是集中于一处。也须避免局部配色很好,但整个花境观赏效果差。较大的花境在色彩设计时,可把选用花卉的花色用水彩涂在其种植位置上,然后取透明纸罩在平面种植图上,标出某季节花花卉的花色,检查其分布情况及配色效果,可据此修改,直到使花境的花色配置及分布合理为止(见图4-33、图4-34)。

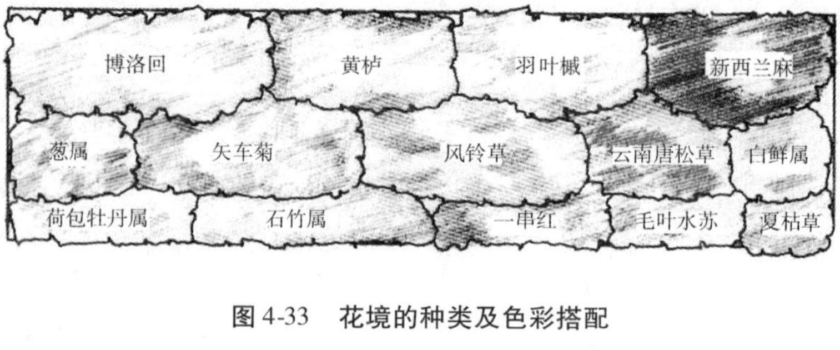

图4-33　花境的种类及色彩搭配

3)季相设计

花境的季相变化是它的特征之一。理想的花镜应四季有景可观,寒冷地区应做到三季有景,花境的季相是通过种植设计来实现的。利用花期、花色及各季节所具有的代表植物来创造季相景观(见图4-34),如早春的报春、夏日的福禄考、秋天的菊花等。花境中植物开花应连续不断,以保证各季的观赏效果。

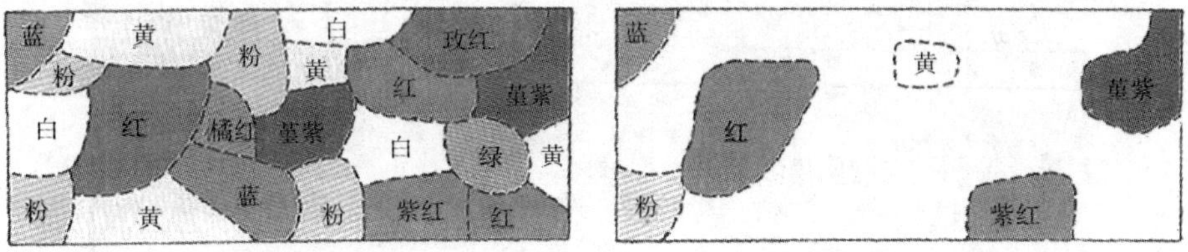

(a)花境花色分布 (b)某季节花色分布

图4-34 花境的色彩及季相设计示意图

4)平面设计

平面种植采用自然块状混栽方式,每块为一组花丛,各花丛大小有变化。为使开花植物分布均匀,又不因种类过多而造成杂乱,可把主花材植物分成数丛栽植在花境的不同位置(见图4-35)。

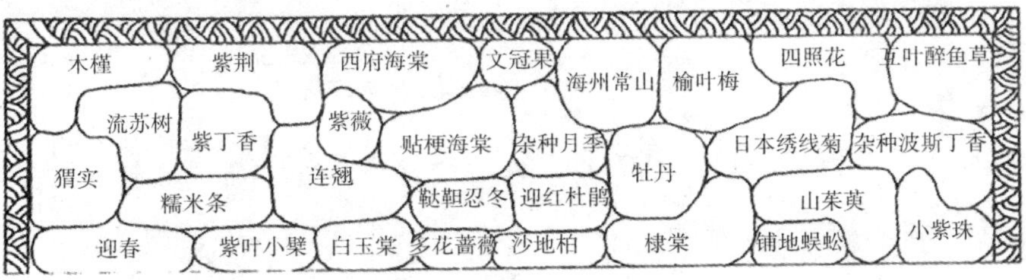

图4-35 花境平面设计图

5)立面设计

花境要有较好的立面观赏效果,充分体现群落的美观。立面设计应充分利用植株的株形、株高、花序及质地等观赏特性,使植株高低错落有致、花色层次分明,创造出丰富美观的立面景观(见图4-36、图4-37)。

花境种植后,随时间推移会出现局部生长过密或稀疏的现象,需及时调整,以保证其景观效果。早春或晚秋可更新植物(如分株或补栽),并把秋末覆盖地面的落叶及经腐熟的堆肥施入土壤。管理中注意灌溉和中耕除草。混合式花境中灌木应及时修剪,保持一定的株形与高度。花期过后及时去除残花等。精心管理的花境,可以保持3~5年的观赏效果,灌木花境可以更长。

3. 花池、花台、花箱、花篮的植物配置与造景

1)花池

简单来说,花池就是种植花卉或灌木的用砖砌体或混凝土结构围合的小型构造物,池内填种植土,其边缘略高于地面,是一种规则式的平面型花卉种植床。一般都配置在广场、庭院、路边、水边等,起美化和装饰的作用,若是长形的花池,又可称做花带。花池一般丛植花期一致、开花繁茂的一二年生草花,表现花团锦簇的艳丽景观,或花卉与乔木、灌木相结合,以花卉为主;若以乔灌木为主的则称为树池。

2)花台

花台是指用砖石砌成、高度40~100 cm、具有规则几何轮廓的平面型花卉种植床,古

图 4-36　对映式花境的立面效果

图 4-37　单面花境的立面效果

典园林中称为花台，现代常称为立体花坛。花台中的植物多为多年生草花花卉或具有较高观赏价值的花灌木，如芍药、菊花、美人蕉、牡丹、鸡爪槭、红枫、龙爪槐、白兰等。花台中也可以配置假山石、小水池、树木等做成盆景样式，可作主景和配景。

3）花箱、花篮

花箱是比花篮大的用于种植花卉的器皿，放置于地面。花篮是空透式的用于种植花卉的提篮，可以悬挂，也可以放置于台面。花箱和花篮都便于移动，常配置观赏价值较高的观花或观叶花卉、灌木、藤本植物等。

三、攀缘植物的配置与造景

攀缘植物是指茎蔓细长、不能直立但能沿支撑物攀缘而上的植物，也称藤本植物。藤本植物具有生长快、占地少、可充分利用空间等特点。因此，藤本植物在绿化上可以经济利用土地和空间，在较短的时间内达到较大的绿量，解决在城市中某些局部因建筑拥挤、空地狭窄而无法用乔木、灌木进行绿化的矛盾，还可丰富园林构图的立面景观。用攀缘植物攀附建筑物墙面后，还可以有效地降低夏季强烈阳光下的墙体温度，因此能发挥防热、庇荫和降温的作用。藤本植物覆盖墙面的室内温度可比没有绿化的低3～4 ℃，湿度增加20%～30%。另外，藤本植物覆盖在建筑物表面，可以降低噪声和减少尘沙对建筑物的侵袭。

有些藤本植物具有吸盘或气生根，如爬山虎、五叶地锦、络石、扶芳藤、凌霄、常春藤等，这些吸盘和气生根上分泌黏液，吸附能力极强，在白粉墙、石板、砖面甚至瓷砖上都能吸附，所以在建筑墙面绿化最好选择具有吸盘或气生根的藤本植物。因为，它们靠吸盘和气生根直接吸附于墙面，无需支架，并且吸附得很牢固，也很平整美观，藤蔓生长强劲，能很快覆满墙面（见图4-38）。这类植物中有些具有变色叶，如五叶地锦，秋天还可以观赏叶色的变化，景观和生态效果俱佳。另外，还可攀附于岩石、亭、廊、花架、栅栏、树干和地面等处。不仅富有山林野趣，还丰富景观，覆盖地面或岩石上的这类藤本植物，还可以防止水土流失。

图4-38　墙面绿化

大部分藤本植物不具有气生根和吸盘，有的有茎卷须，有的连卷须也没有。没有吸盘和气生根的藤本植物，一般靠藤蔓和卷须缠绕于支柱体上才能直立生长，否则只能贴地而生。有的藤蔓或卷须缠绕附着能力不强，风雨雪压容易倒伏，所以这类藤本植物在立体绿化造景中，还需要立架，甚至还要绑扎。藤本植物配置与造景要根据不同的环境特点、藤本植物的生物学特征、生态习性和观赏价值、设计意图，科学地选择植物种类并进行合理的配置。如位于主要出入口的花墙、亭、廊、花架、栅栏、竹篱等处，可以选择蔷薇、木香、凌霄、紫藤、金银花、扶芳藤、绿萝等，既美观又可遮阳。藤本植物中，有的四季常青，有的冬季落叶；有的耐寒又能抗热；有的喜阳光，喜肥沃土壤；有的耐干旱、耐瘠薄。植物配置与造景时，要因地制宜、适地适树。

棚架、篱架的植物配置，可采用同一种植物，一株或多株栽植于棚架周围的立柱旁，也可以用形态类似的几种植物配置在一起。为了弥补多年生植物幼年植株体量小，不能覆盖棚架的缺陷，加快体现绿化效果，可以临时种植一些生长速度快的草本蔓性植物覆盖棚架，而将藤本植物暂时放在地面上生长，待生长到一定体量后再上棚架攀缘。

棚架以观花、观景为主，兼有遮阳功能。依植物材料不同，棚架的造型和承重能力也应有区别。对草本或观花藤本植物，可以选择造型轻巧的构件；而对枝叶特别茂密和挂果多的藤本植物，则选择混凝土构件或金属构件。利用构架布置的藤本植物，已成为园林绿化中的独立景观。如游廊、花架、拱门、灯柱、栅栏、阳台等（见图 4-39），种植上各种不同的藤本植物，构成繁花似锦、硕果累累的植物景观，既可以赏花观果，又提供了纳凉游憩的场所。既美化了环境，又改善了生态。有些藤本植物可以建成独立景观，如木香，可独立种植，用圆形棚架设立柱，也可结合建筑物相互衬托，增加美观。用藤本植物装饰阳台，可增添许多生机，既美化了楼房，又把人与自然有机地结合起来。此外，藤本植物还是一种天然保护层，可以减少围护结构直接受大气的影响，避免表面风化，延缓老化。因此，藤本植物有其独特的功能和美化作用，有着愈来愈大的绿化发展空间。

图 4-39　栅栏上的攀缘植物

同时，藤本植物还广泛应用在立交桥的绿化、阳台绿化以及覆盖地面保持水土等方面。随着社会的发展，城市交通量日益增加，高架路、立交桥成为许多城市的一道风景线。在城市市区的立交桥占地少，一般没有多余的绿化空间，可用藤本植物绿化桥面，增添绿色。如北京、天津等城市用地锦、常春藤等绿化立交桥面，美化了环境，提高了生态效益。另外，与大、小乔木及灌木协调配置，从而增加林木的层次性。园林中的山石多以藤本植物点缀，使之显得生机盎然，并且还可遮盖山石的局部缺陷。随着城市住宅迅速增加，充分利用阳台空间进行绿化极为必要，它能降温增湿、净化空气、美化环境、丰富生活。由于阳台空间有限，攀绕型植物充分发挥了自己的优势，成为阳台绿化的好材料。

四、竹类的配置与造景

中国种植的竹子主要有两种类型,一种为生产型,一种为观赏型。前者以获取经济效益为主要栽培目的,后者以美化园林、庭院为主要栽培目的。观赏竹以奇、美取胜。"奇"者干型奇特,如龟甲竹、佛肚竹、方竹等;"美"者则竹茎干色泽鲜艳斑斓,如斑竹、毛花竹、金镶玉竹、黄金嵌碧玉竹、碧玉嵌黄金竹、紫竹等。

竹虚心劲节,倩影妖娆,婀娜多姿,逸致清高,凌霜而不凋,四时而常茂,常运用于园林造景。可丛植,也可林植,用做主景、配景、障景、背景、对景、框景等。竹常与人居环境相伴而生,我国自古以来就有宅旁种竹的习惯。苏轼说:"宁可食无肉,不可居无竹。"较大的竹类常以竹林形式配置在房前屋后、入口通道两侧,模仿民间田园生活景象,或与果园、菜园、花园相结合,创造"竹林深处有人家"的幽静环境,起导景作用。或配置在庭院一角,景墙外、窗前、溪边、池塘边、假山上、亭畔、花架下、路旁,起对景、框景、漏景、夹景等作用,作主景、配景或背景。矮小的竹类,如凤尾竹(孝顺竹)、箬竹、紫竹、佛肚竹、水竹等观赏竹,或与山石相配做成竹石小景,或做成竹篱境界都很相宜,也可修剪造型,配置于草坪中。紫竹紫干绿叶,扶疏成林,既适宜在院落山石之间丛植点缀,又可片植成林,用于制作盆景亦饶有风趣。竹与松、梅搭配,古朴文雅。总之,所有竹类配置环境都与人居环境密切相连。

因大多数竹类根茎分蘖能力强,很容易蔓延扩大,所以在竹类植物配置中,应注意地面控制,常常以砖、石砌筑围栏,或以水泥地面铺装来控制其蔓延范围。

统一空间如公园绿化、人行步道的街景等,以大面积竹林面植或线植、带状的列植,可使公共开放空间中的景致和谐统一。强调空间部分竹类,如佛肚竹、金丝竹、香妃竹等,其茎干或色彩特别引人注目,植于空间的视觉焦点处,常引起人们的注意,成为景观和观赏处的中心点。协调空间用竹类做绿篱,如观音竹双行列植于草坪或建筑物的周围,不但会使景物更加明显,增加多样化的美感,而且还与修剪过的植物造型外观相呼应,使周围环境更为协调。分隔空间亦采用绿篱形式,将景区划分为大小不同的空间,并根据因地制宜的原则,选用各种高度不等的竹类,将绿地布局分隔成各种观赏或者功能区域。围绕主景加添人工布置材料添景,具有实用和美观价值。如用竹建造的"竹亭"。

在园林置景中,如寺庙园林多取其佛性而喜植紫竹、观音竹、圣音竹等;一般园林中的墙根、假山坡脚与竹篱,则取矮生形的箬竹;而景区景点的曲折通幽之处,则往往取用密集多姿、秀雅宜人的凤尾竹、琴丝竹等;居住生活区庭院、公共绿地等常用"岁寒三友"松、竹、梅,不但取其形美,更重其意境美。与观赏树木的配置方法一样,竹类不论自然式或整齐式栽培,不外下述几法:

(1)群植(面植)。群植是株数较多的一种栽植方法,常在小路转弯处、大面积草地旁、建筑物后方及园林中较大的一隅,大面积栽植成林,创造出绿竹成荫、万竿参天的景观效果。

(2)丛植。较大面积的庭院内的竹林及构成林相者皆为丛植,即用一种或若干种较大的丛生形态竹类混栽而成,以不等边三角形栽植方法为主,同时配置于美丽别致的景区，或交织栽种一二年生草花。

(3)列植。列植是沿着规则的线条等距离栽植的方法，可协调空间，显出整齐美，以强调局部的风景，使之更显庄严宏伟。一般用于园林区界四周，以划清边界，但应注意视线通透，稍有曲度，勿流于呆板。

(4)隅植。为了使建筑物与四周自然物更好地联系起来，以增加美观，即用观赏性强且四季常绿的竹类，如佛肚竹营造景观。

(5)孤植(单植)。有些异竹，丰姿绰约，具有神秘的色彩和高雅、奇特的形态，如佛肚竹、黑竹、湘妃竹、花竹、金竹、玉竹以及从头到脚呈现出黄、蓝、白、绿、灰五种颜色的五色竹，单独种植以显示特性。

(6)盆栽。在缩龙成寸、聚景于钵的盆景中，竹是极佳的品类。纳小竹三五枝于一盆，并配石景造型，则可充分表现自然空间的抽象美，展现出一幅立体的风景画；也可在盆竹中栽松、梅，使成"岁寒三友"。

(7)地被栽植。以竹类为地被植物搭配草坪，具有延续视觉的效果，也可借地被植物衬托而组合成同一单元，耐修剪的种类可剪成短而厚实的高度，耐阴者栽种于乔木、灌木之下，叶片具观叶效果者可作配色之用。

五、草坪及地被植物的造景设计

(一)地被植物的造景设计

地被植物是指那些株丛密集、低矮，经简单管理即可用于代替草坪覆盖在地表、防止水土流失，能吸附尘土、净化空气、减弱噪声、消除污染并具有一定观赏和经济价值的植物。它不仅包括多年生低矮草本植物，还有一些适应性较强的低矮、匍匐型的灌木和藤本植物。许多耐阴的藤本植物如络石、常春藤、野豌豆、竹节草、菟丝子等也作地被植物。

地被植物不仅用于林下，还可以单独配置于较大面积的林间空地。它除用于覆盖地面、保持水土外，还可作装饰。由于地被植物养护简单，不需要经常修剪，因此具有草坪植物所不及的特殊价值。地被植物除具有草坪植物的所有功能外，有的具有美丽的花朵，有的具有鲜艳的果实，有的具有特异的叶色，所以具有很高的观赏价值和生态价值。由于地被植物的生态习性不同，各有其生长、发育、开花、休眠期，因而有极丰富的季相变化。

地被植物种类繁多，生态各异，可以适应各种不同的环境条件，构成各种不同类型的地被，主要有混合草种植的自然草甸型、单纯草种植的草坪型、单纯藤本型、藤本和草本混合型。地被植物的配置方式有单独配置和置于乔木、灌木林下配置两种。

在选择地被植物之前，必须先了解其生态习性，如对环境的适应能力，抗旱、抗热、抗寒、耐湿、耐阴及耐酸碱程度等。了解这些适应性后，再根据生长速度和充分成长之后的体积，估算栽植距离及达到完全覆盖地面所需要的时间。地被植物造景时，要注意地被植物对水分的要求，同时又要与周围环境相协调。平时的养护主要是清除杂草和枯枝落叶，进行适当的水肥管理。同时注意禁止游人践踏，待条件成熟时再定期开放。

常见的地被植物有麦冬、沿阶草、车前草、苜蓿草、红花酢浆草、黄花酢浆草、白三叶、马蹄筋、野豌豆、猫爪草、鸡爪草、野石竹、千里光、石蒜、虎耳草、蛇莓、苔藓、地钱、蕨类植物、美女樱、铺地柏、枸杞、葛藤、络石、长春藤、八角金盘、地被菊、金针菜、鸢尾等。

北方地区由于受气候条件的影响，园林景观的季节性变化非常明显，这为地被植物的选择应用提供了很大的空间。如何选择恰当的地被植物增加北方园林景观的美感，延长游憩和观赏期显得颇为重要。北方园林中适于地被植物栽植的地点大致有以下几个方面：

(1)栽培条件差的地方如土壤贫瘠、砂石多、阳光郁闭或光照不足、风力强劲、建筑物残余基础地等场所，地被植物可起到消除死角的作用。

(2)某些不允许践踏之处可借地被植物阻止入内。

(3)养护管理不方便的地方，如水源不足、剪草机械不能入内、分枝很低的大树下等地块，选用覆盖能力强、耐粗放管理的地被很适宜。

(4)不经常有人活动的地块，多集中在边角处或景点较少园路未完全延伸到的地方，地被植物可在一定程度上弥补整体景观的缺憾。

(5)出于衬托景物的需要，如雕塑溪边花坛花境镶边处，可用地被植物加强立体景观效果。

(6)杂草猖獗的地方，可利用适应性强生长迅速的地被植物人为建立起优势种群抑制杂草滋生。

此外，对于园林中乔灌木林下大片的空地，选择耐阴性好、观赏期长、观赏价值较高又耐粗放管理的地被种类，不仅能增加景观效果又不需花太多的人力物力去养护，如北京天坛公园柏树林下成片的二月兰，早春开出蓝色的小花甚为美观。

(二)草坪的造景设计

草坪是用多年生矮小草本植株密植，并经修剪的人工草地。草坪是近年来的一个"热门植物景观"，它一般设置在屋前、广场、空地和建筑物周围，供观赏、游憩或作运动场地之用。草坪按用途可分为游憩草坪、观赏草坪、运动场草坪、交通安全草坪和保土护坡草坪。用于城市和园林中草坪的草本植物主要有结缕草、野牛草、狗牙根、地毯草、钝叶草、假俭草、黑麦草、早熟禾、剪股颖等。

草坪首先是用于城市绿化、美化和组成园林的绿化景观。在国际上，将草坪作为衡量现代化城市环境质量和文明程度的重要标志之一。这些用于城市广场、街道、庭院、园林景点的草坪称为观赏草坪或园林草坪(见图4-40、图4-41)。由于长势一致，低矮整齐，纤细茂密，柔韧鲜嫩，素静雅致，青翠美观，能使人忘却忧伤，乐而忘返、回归自然的乐趣；在广阔的景点原野草坪上，使人心胸开阔，豪情奔放，点燃向往新生活的激情。其次是用于足球、网球、高尔夫球等球类以及赛马场的运动竞技草坪，采用耐践踏又有适当弹性的草坪，使雨天少泥泞，晴天少扬尘，青绿宜人，眼观柔和。再次是绿化环境，保持水土的环保草坪，采用耐瘠、耐旱或耐湿、耐寒或耐热又耐践踏的草种，能在恶劣的环境中生长，如公路、铁路边或江河、水库边的护坡、护堤草坪，起到了保持水土的作用，又与其他的许多草坪一起，发挥调节气候、净化空气、降低噪声、吸附灰尘、防止风沙等的绿化作用。

在实际应用中，草坪有以下几种类型。

图 4-40　观赏草坪(一)

图 4-41　观赏草坪(二)

(1)广场绿地:广场绿地是一个城市园林绿化水平的集中体现,因此其草坪质地的要求较高。在选择草种时,一般要求叶片细腻、质地密集、美观效果俱佳的草种,以便起到对城市建筑群落“净化、简化、统一视觉的作用”。

(2)体育运动场草坪:如足球场草坪不仅可以为观众和竞赛者提供良好的感观享受,更有助于运动员在比赛中发挥球技、减少比赛受伤的机会。这就要求足球场草坪应有极强的耐践踏能力、再生能力等特点。

(3)高尔夫球场草坪:高尔夫球场草坪区域有果岭、发球台、球道、高草区等。果岭草坪仅有 3 mm 高,质地稠密,富有弹性,犹如地毯。人们说高尔夫球场的草是草坪业中各类不同类型草的集中表现,被称为是草坪行业中的最高境界。

(4)公园草坪:草坪是公园的重要组成部分,公园草坪常与园林林木、园林小品等构成优美的景观环境,为人们提供休闲、观赏、运动等户外娱乐活动场所。草坪作为园林景观,除具有调节湿度、光合作用、释放氧气等生态功能外,还要有不与树木、乔灌木大量争地的特点。它为公园里各种建筑、风景起到了"净化"和"简化"、统一视觉的作用,因此要求公园里的草具有耐阴性强、质地细致、绿期长、易养护等特点。

(5)公路护坡草坪:用于公路护坡的草坪,不仅可以防止公路边坡的水土流失,同时可以改善道路的景观,减缓驾驶员的疲劳。对于一些无法栽植树木的陡坡地带,则需要用强化绿化技术,如高压喷播技术来实现。用于公路护坡的草坪具有抗旱性强、覆盖能力强、耐粗放管理等特点。常用的草种有虎尾草、细叶小米草、高羊茅、黑麦草、白三叶、假俭草、冰草等。

(6)河岸护堤草坪:江河流域植被受到破坏和河堤抗洪不利是造成洪灾的原因之一,而以草为主体的草被植被层在水土保持和固堤护坝中起到了重要的作用。在荷兰,种草被认为是最佳的水土保持方法。试验证明,草在保持水土、抑制地表径流方面所起的作用十分显著。草及其根系可吸收大量降水并能大大延缓在强降雨过程中地表径流的快速形成,因此在选择草种时,应根据不同的生态条件选择根系发达、分蘖力强、抗性好、耐水渍并易于管理的草种。

草坪的建植方法有种子繁殖和营养繁殖两种,建植时根据当地的条件和要求成坪的时间以及草坪草的形态、生长特性而选择不同的建植方法。种子繁殖法建植草坪成本低、劳力消耗少,但成坪所需时间较长。营养繁殖法包括铺草皮块、塞植、蔓植等,其中铺草皮块成本高,但建植速度快。

六、水生植物的造景设计

能在水中生长的植物,统称为水生植物。广义的水生植物包括所有沼生、沉水或漂浮的植物。

(一)水生植物的分类

根据水生植物的生活方式,一般将其分为挺水植物、浮叶植物、漂浮植物和沉水植物。

1. 挺水植物

挺水型水生植物植株高大,花色艳丽,绝大多数有茎、叶之分;直立挺拔,下部或基部沉于水中,根或地茎扎入泥中生长,上部植株挺出水面。挺水型植物种类繁多,常见的有荷花、千屈菜、菖蒲、水葱、梭鱼草、花叶芦竹、香蒲、泽泻、旱伞草、芦苇等。

2. 浮叶植物

浮叶型水生植物的根状茎发达,花大,色艳,无明显的地上茎,或茎细弱,不能直立,叶片漂浮于水面上。常见种类有王莲、睡莲、萍蓬草、芡实、荇菜等。

3. 漂浮植物

漂浮型水生植物种类较少,这类植株的根不生于泥中,株体漂浮于水面之上以观叶为主，为池水提供装饰和绿荫。又因为它们既能吸收水里的矿物质，同时又能遮蔽射入水中的阳光，所以也能够抑制水体中藻类的生长。漂浮植物的生长速度很快，能更快地提供水面的遮盖装饰。但有些品种生长、繁衍得特别迅速，可能会成为水中一害，如水葫芦等。所以，需要定期用网捞出一些，否则它们就会覆盖整个水面。另外，也不要将这类植物引入面积较大的池塘，因为如果想将这类植物从大池塘当中除去将会非常困难。

4. 沉水植物

沉水型水生植物根茎生于泥中，整个植株沉入水中，具发达的通气组织，利于进行气体交换。叶多为狭长或丝状，能吸收水中部分养分，在水下弱光的条件下也能正常生长发育。其对水质有一定的要求，因为水质浑浊会影响其光合作用。花小，花期短，以观叶为主。

（二）水生植物的种植设计

水生植物应根据不同种类或品种的习性进行种植。在园林施工时，栽植水生植物有两种不同的技术途径：一是水池建造时，在适宜的水深处砌筑种植槽，再加上腐殖质多的培养土，将水生植物植入土中；二是将水生植物种在容器中，再将容器沉入水中。种植器一般选用木箱、竹篮、柳条筐等，一年之内不致腐烂。选用时应注意装土栽种以后，在水中不致倾倒或被风浪吹翻。一般不用有孔的容器，因为培养土及其肥效很容易流失到水里，甚至污染水质。不同水生植物对水深要求不同，容器放置的位置也不相同。一般是在水中砌砖石方台，将容器放在方台的顶托上，使其稳妥可靠。另一种方法是用两根耐水的绳索捆住容器，然后将绳索固定在岸边，压在石下。如水位距岸边很近，岸上又有假山石散点，要将绳索隐蔽起来，否则会影响景观效果。以上介绍的两种方法各有利弊。用容器栽植水生植物再沉入水中的方法更常用一些，因为它移动方便，但北方冬季须把容器取出来收藏以防严寒，在春季换土、加肥、分株的时候，作业也比较灵活省工。而且，这种方法能保持池水的清澈，清理池底和换水也较方便。

水生植物造景应用时需注意，首先要以乡土植物品种进行配置为主。水生植物尽管种类繁多，但切忌滥用。不同的地域环境选择不同的植物品种进行配置。在人工湿地建设时更应把握这个原则。而对于一些新奇的外来植物品种，在配置前，应该参考其在本地区或附近地区的生长表现后再行确定，防止盲目配置而造成的施工困难。其次，种植水生植物时，种类的选择和搭配要适宜。选择时要充分了解各种水生植物的生长特性，注意株型大小、色彩搭配与植株的观赏风格等协调一致，以及与周围环境相互融合。可以是单纯一种，如在较大水面种植荷花等；也可以几种混植，混植时的植物搭配除要考虑植物生态要求外，在美化效果上还要考虑主次之分，以形成一定的特色。再次，不同的水位深度选择不同的植物类型及植物品种配置栽种，不同生长类型的植物有不同适宜生长的水深范围。最后，在设计时，设计者应该预料到各种配置植物的生长旺季以及越冬时的苗情，防止在栽种后即出现因植株生长未恢复或越冬植物太弱而不能正常越冬的情况。因此，在进行植物配置选择时，应该先确定设计栽种的时间范围，再根据此时间范围并以植物的生长特性为主要依据，进行植物的设计与选择。在水体中种植水生植物时，不宜种满一池，如果满栽使水面看不到倒影，失去扩大空间作用和水面平静感觉；也不要沿岸种满一圈，而应该有疏有密，有断有续。

本章知识拓展

设计制图基本知识

一、绘图工具及其使用

(一)图板、丁字尺及三角板

图板由双面胶合板组成,四周边框镶有硬质木条。图板用于固定图纸,是制图的基本工具,规格有0号(1 200 mm×900 mm)、1号(900 mm×600 mm)和2号(600 mm×450 mm)三种,制图时应根据图纸大小,选择适宜的图板。图板板面要求平整,软硬适度,板侧边要求平直,特别是工作边更要平整。应避免在图板上乱刻乱划或在阳光下暴晒,不得加压重物,以防变形。

丁字尺由互相垂直的尺头和尺身组成,主要用来画水平线及配合三角板画线,目前使用的丁字尺大多选用有机玻璃制作,尺身上有刻度的一侧称为工作边。丁字尺分1 200 mm、900 mm和600 mm三种规格。为了保证所画线条的质量,使用时一要避免用丁字尺靠近图板上下边作图,二要尽量使丁字尺头紧贴图板的工作边,作过长的水平线时需用左手辅助以固定尺身。画完一条水平线再画另外一条,要移动丁字尺,这时必须用左手把住尺头,紧靠图板直边上下移动,不得用右手帮助推动。另外,过长的斜线也可以用丁字尺来画。丁字尺身要求平展、工作边平直、刻度清晰准确,尺头与尺身必须连接牢固,不松动,因此丁字尺应挂放或平放,不能斜倚放置或加压重物。

丁字尺与图板的配合使用见图4-42。

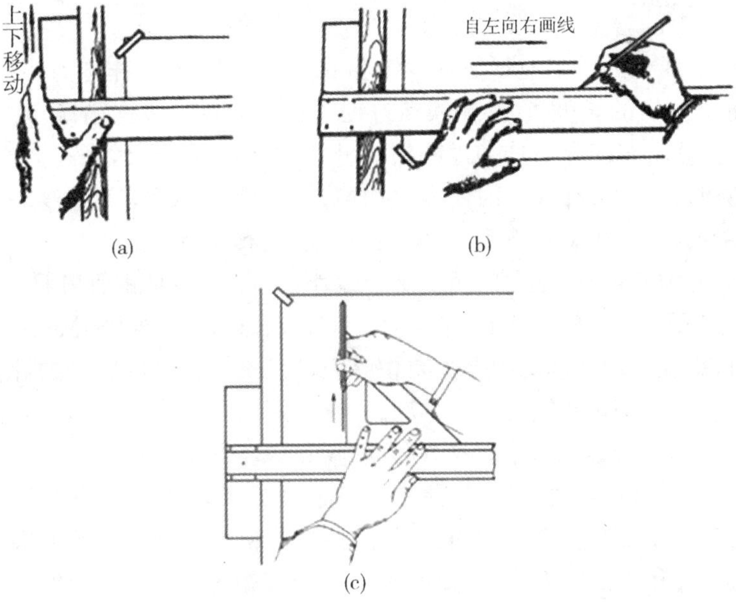

图4-42　丁字尺与图板的配合使用

三角板有 45°角、60°角两种。三角板与丁字尺配合使用可作垂线和一些常见角度的斜线。一般的平行线组和垂线既可用三角板绘制,也可与丁字尺配合绘制。

用丁字尺和三角板作图时应避免不正确的作图方法。例如:不要用丁字尺在图板非工作边作垂线;用丁字尺和三角板作线组时,应按自上而下、从左到右的作图顺序,不宜颠倒;不能用丁字尺的工作边裁图纸。

丁字尺、三角板配合画多种线见图 4-43。

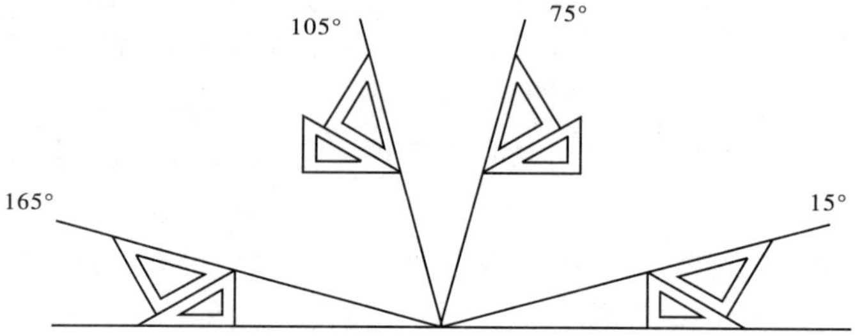

图 4-43　丁字尺、三角板配合画多种线

(二)绘图笔

绘图笔有绘图铅笔、绘图墨水笔、直线笔和绘图小钢笔等。

绘图铅笔是绘图的重要工具之一,种类较多,其型号是以铅芯的软硬程度来划分的,H 表示硬,B 表示软,HB 表示不软不硬。H 或 B 前面的数字越大,表示越硬或越软。

制图常用 4H ~ B,但在具体制图过程中还要根据图纸、所绘的直线条和空气的温湿度加以调整,相应地加大浓度和深度。2B 以上的绘图铅笔多用于素描,但也有不少设计人员喜欢用 3B 以上的软铅在拷贝纸上作草图或构思方案。

为了保证所绘线条的质量应尽量减少铅芯的不均匀磨损,在作图前要将铅笔削尖,并使笔芯保持 5 mm 左右的长度,在绘制线条过程中将笔向运笔方向稍倾,并在运笔过程中轻微地转动铅笔,使笔芯能相对均匀地磨损。另外,因用力不同,线条还会产生深浅变化,为了使同一线条深浅一致,在作图时用力要均衡,并保持平稳的运笔速度。铅笔的运笔方向水平线为从左到右,垂线为从下到上,笔尖与尺边距离保持一致。

绘画墨水笔也称针管笔,是专门用来画墨线用的,除笔尖是钢管针且内有通针外,其余部分的构造与普通钢笔基本相同。笔尖针管有多种规格,供绘画时选用。针管的粗细决定所绘线条的宽度。设计制图中至少要备有粗、中、细三种不同管径的针管笔。

使用时如发现流水不畅,笔身上下晃动,当听到管内有撞击声时,表明管心已通,即可继续使用。用绘画墨水笔绘图时,笔身方向要与图纸基本垂直,让笔头针管管口边缘都接触纸面。将笔尖正对铅笔稿线,并尽量使尺边贴近。为了避免尺缘沾上墨水洇开弄脏图线,可以在尺底面用胶带贴上厚度相同的纸片,使尺面稍许高出图面约 1 mm,作图时笔应略向运笔方向倾斜,并保持用力均匀,速度平衡。用较粗的针管笔作图时,下笔和收笔均不宜停顿。

直线笔又称鸭嘴笔。笔尖的螺钉可以用来调整两叶片间的距离,从而达到所画线型的粗度。

（三）圆规及分规

圆规是画圆和圆弧的工具，一条腿安装针脚，另一条腿可装上铅芯、钢针、直线笔三种插脚。圆规在使用前应先调高针脚，使针尖稍微长于铅笔芯或直线笔的笔尖，取好半径，对准圆心，并使圆规略向旋转方向倾斜，按顺时针方向从右下角开始画圆。画圆或圆弧都应一次完成。

分规是等分线段和量取线段的工具，两腿端部均装有固定钢针。使用时，要先检查分规两腿的针尖靠拢后是否平齐。用分规将已知线段等分时，一般应采用计算并试分的方法。

（四）比例尺及曲线板

比例尺又称三棱尺。尺上刻有几种不同比例的刻度，可直接用它在图纸上绘出物体按该比例的实际尺寸，不需要计算。常用的比例尺有六种比例刻度。绘画时千万不要把比例尺当做三角板用来画直线。

比例是图上距离与实际距离之比，比值越大比例就越大。相同物体用不同比例绘制时，比例越大，图上尺寸就越大。当按1∶1绘制时，图上尺寸与原物体尺寸相同，为足尺。

曲线板也称云板，形状有多种，是描绘曲线的专用工具。其轮廓形状是以各种数学曲线（椭圆、抛物线、双曲线等）的一部分连接而成的。描绘曲线时，应先定出曲线上若干点，并徒手将各点顺序轻轻连成曲线，再根据曲线形状，从一端开始，选择曲线板上形态相同一段靠近已知各点画出该曲线。用曲线板描绘曲线时，应从曲率大的部分开始，一般将曲线分成几段，每段至少应有3～4个点与曲线板上所选轮廓线吻合，而且前后两段应有一部分重合。为保持曲线连接光滑，前后两段之间可留少许空隙，最后徒手光滑连接。

（五）其他工具

1. 模板

模板可用来辅助作图、提高工作效率。模板的种类非常多，一类为专业模板，如工程结构模板、家具制图模板等，这种模板上一般刻有该专业所常用的一些尺寸、角度和几何形状。另一类为通用模板，如圆模板、椭圆模板等。用模板作直线时笔要稍向运笔方向倾斜，作圆或椭圆时，画笔应该尽量与纸面垂直，且紧贴图形边缘。作墨水线图时，为了避免墨水渗到模板下弄脏图纸，可以用胶带粘上垫纸粘到模板下，使模板稍稍离开图面。

2. 橡皮和擦图片

橡皮就不多说了，使用时，先干净橡皮，然后用最少的次数将线条擦干净。

擦图片有塑料和不锈钢两种，后者较好。擦线条时，用擦图片上适合的口子对准需要擦除的部分，将不需要擦的部分盖住，用橡皮擦除缺口中的线条，保留好其余的线条。

3. 纸张、透明胶带和绘图眼钉

设计制图主要用制图纸和描图纸两种纸张。质量较好的制图纸具有整个纸面平整均匀、经得起擦拭、不会因空气湿度变化而产生过大的变形，用墨水绘制线条时不会洇开等特点。质量较好的描图纸纸面透明性好、均匀平展、容易关墨。图纸固定于图板上时，应用透明胶带或绘图钉，不得用力揿图钉，否则将损伤图板板面，影响正常制图工作。

4. 小刀、单面刀片和双面刀片

作线条的铅笔应用小刀削，图板上的图纸应用单面刀片裁，描图纸上的画错的墨线或墨迹应用双面刀片刮，且刮图时，应放平图纸，下垫三角板，轻轻刮除。

二、基本制图常规

为了做到制图基本统一，清晰简明，保证图面质量，提高制图效率，符合设计、施工、存档要求，以适应工程建设需要，设计制图中的建筑及有关工程图样均应遵守国家制定的各种制图标准。

（一）图纸幅面、标题栏及会签栏

1. 图纸幅面

园林制图采用国际通用的 A 系列幅面规格的图纸。A0 幅面的图纸称为零号图纸（0#），A1 幅面的图纸称为壹号图纸（1#）等。相邻幅面的图纸的对应边之比符合开平方关系。图纸幅面的规格及尺寸，见表 4-1、图 4-44。

表 4-1　图纸幅面的规格及尺寸　　（单位：mm）

尺寸代号	幅面代号				
	A0	A1	A2	A3	A4
$B \times L$	841 × 1 189	594 × 841	420 × 594	297 × 420	210 × 297
非装订边缘宽度 a	10			5	
装订宽度 b	25				

参数说明：B 为标准图纸宽度；L 为标准图纸长度；a 为非装订边各边缘到相应框线的距离；b 为装订宽度，横式图纸左侧边缘、竖式图纸上侧边缘到图框线的距离。

当图的长度超过图幅长度或内容较多时，图纸需要加长。加长量为原图纸边长的1/8的倍数。仅 A0 到 A3 号图纸可以加长，且只能长边加长。

为了便于管理图纸和交流，通常一项工程的设计图纸应以一种规格的幅面为主，除用做目录和表格的 A4 号图纸外，不宜超过两种，以免幅面参差不齐。

图框的形式有两种：一是横式，装订边在左侧；另一为竖式，装订边在上侧。

2. 标题栏和会签栏

标题栏又称图标，用来简要地说明图纸的内容。标题栏中应包括设计单位名称、工程项目名称、设计者、审核者、描图员、图名、比例、日期和图纸编号等内容。涉外工程的标题栏内，各项主要内容的中文下方应附有译文，设计单位的上方或左方应加“中华人民共和国”字样。标题栏除 A4 图幅位于图的下方外，其余均位于左下角。

标题栏的尺寸应符合《建筑制图标准》规范规定，长边为 180 mm，短边为 40 mm、30 mm、50 mm；需要会签的还需要会签栏，尺寸为 75 mm × 20 mm。会签栏是各专业负责人签字用的表格，栏内应填写会签人员所代表的专业、姓名、日期（年、月、日）。一个会签栏不够时，可另加一个，两个会签栏应并列。不需会签的图样可不设会签栏。

（二）线条的类型和交接

制图中常见的线条类型有实线、虚线、点画线和折断线，线条不同用途也不同，一般而言，实线代表可见轮廓线，虚线一般为不可见轮廓线或其他，点画线一般为中心线、对称线或其他，双点画线一般为假想轮廓线、成型前原始轮廓线或其他，折断线（波浪线）一般为

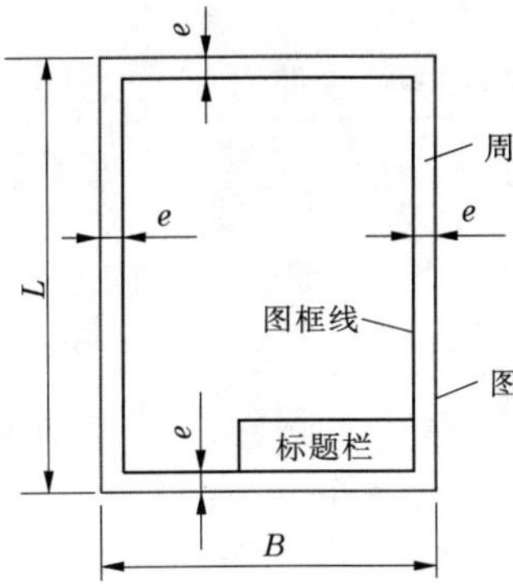

(a)不留装订边的图框格式

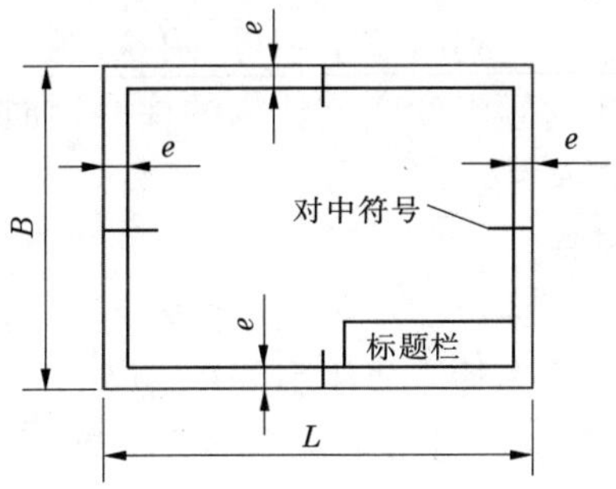

(b)不留装订边、带对中符号的图框格式

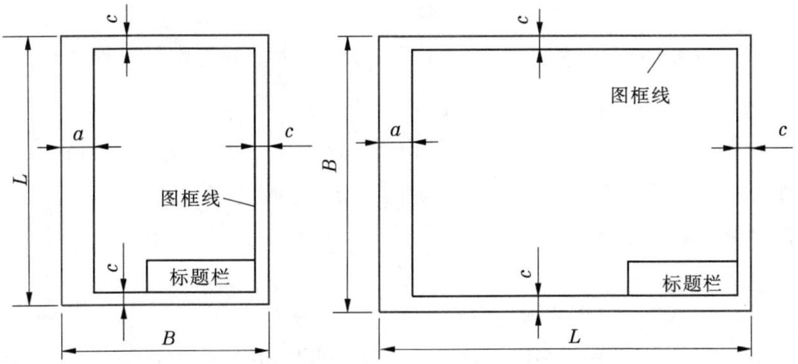

(c)留装订边的图框格式

图 4-44 A 系列图纸幅面及尺寸

断开界线。线形不同,其绘制与交接要求也不同。绘制时应注意:

虚线、点画线或双点画线线段长度与间距应各自相等。点画线线段的端点不应是点。

直线的相交或连接应该明确、肯定。实线与实线相交于一点,或略微有点出头。虚线、点画线应相交于线段的中部。

两圆或圆弧相接时,可先作两圆半径之和的线段,然后分别以该线段端点为圆心或圆弧,使相接部位吻合,以免相接部位线条变粗。

直线应沿曲线接点处切线方向与曲线相接。制图时应先作曲线、后接直线。直线和曲线的粗细应一致,接点应平滑。

所绘图线不应穿过文字、数字和符号,若不能避免时应将线条断开,保证文字、数字和符号的清晰。

(三)字体

1. 汉字

图纸中的汉字,应采用国家正式颁布的简化字,并用长仿宋体书写。大标题或图册封面汉字等可定为黑体字或其他字体。字号即字体的高度。

2. 数字及字母的写法

工程图纸中常用到的拉丁字母、阿拉伯数字和罗马数字的书写都可根据需要写成正体或斜体。斜体的倾斜度应该从字的底线逆时针向上倾斜 75°。

（四）标注与索引

1. 线段的标注

线段的标注包括尺寸界限、尺寸线、起止符号和尺寸数字。当尺寸界线靠得太近时，可将尺寸标注在界线外侧或用引线标注。图中的尺寸单位应统一，除标高和总平面图中 m 标注外，其他单位均用 mm 为单位。所有尺寸宜标注在图线以外，不宜与图线、文字和符号相交。

2. 圆（弧）和角度标注

圆和圆弧的尺寸标注在内侧，尺寸数字前需加注半径符号 R 或直径符号 D、Ø。过大的圆弧尺寸线可用折断线，过小的可用引线。圆（弧）、弧长和角度的标注都应使用箭头起止符号。

3. 标高标注

标高标注有两种方式。一是将某一水平面如室内地面作为起算的零点，主要用于个体建筑物图样上。标高符号为细实线绘的倒三角形，其尖端应指至被注的高度，倒三角形的水平引线为数字标注线。标高数字应以 m 为单位，注写到小数点后第三位。二是以大地水准面或某准点为起算零点，多用在地形图总平面图中。标注方法与第一种相同，但标高符号用涂黑的三角形。

4. 索引

在绘制施工图时，为了便于查阅需要详细标注和说明的内容，应标注索引。索引符号为直径 10 mm 的细实线圆，过圆心作水平细实线直径将圆分为上下两部分，上侧标注详图编号，下侧标注详图所在图纸的编号。涉及标准图集的索引，下侧标注数字表明图所在图集的页码，上侧标注数字表明详图所在页码中的编号，并应在引线上标注该图集的代号。

5. 指北针及比例尺

在景观设计制图中必须有指北针及比例尺的标示。有时，可将它们合成一个图案。

注意　A：简单，不必太突出，但应容易找到；

B：具有明确而清楚的箭头部分；

C：指向图样上方，最好与水平线成固定的角度（30°、60°、90°）；

D：不可指向图样下方。

三、设计制图的步骤与方法

要提高制图的质量和效率，除必须熟悉制图的标准、规格及正确熟练地使用绘图工具外，还应按一定的制图步骤进行。

（一）准备

（1）做好准备工作，将铅笔按照绘制不同线型的要求削好；将圆规的铅芯磨好，并调整好铅芯与针尖的高低，使针尖略长于铅芯；用干净软布把丁字尺、三角板、图板擦干净；

将各种绘图用具按顺序放在固定位置,洗净双手。

(2)分析要绘制图样的对象,参阅有关资料,对所绘图样的内容、要求做到心中有数。

(3)根据所画图纸的要求,选定图纸幅面和比例。在选取时,必须遵守国家标准的有关规定。

(4)将大小合适的图纸用胶带纸固定在图板上。固定时,应使丁字尺的工作边与图纸的水平边平行。最好使图纸的下边与图板下边保持一个丁字尺的宽度距离。

(二)用铅笔绘制底稿

(1)按照图纸幅面的规定绘制图样,并在图纸上按规定位置给出标题栏。

(2)合理布置图面,综合考虑标注尺寸和文字说明的位置,定出图形的中心线或外框线,避免在一张图纸上出现太空或太挤的现象,使图面匀称美观。

(3)画图形的主要轮廓线,然后再画细部。画草稿时最好用较硬的铅笔,落笔尽可能轻、细,以便修改。

(4)画尺寸线、尺寸界线和其他符号。

(5)仔细检查,擦去多余线条,完成全图底稿。

(三)加深图线、上墨或描图

1. 加深图线

用铅笔加深图线应选用适当硬度的铅笔,并按下列顺序进行:

(1)先上后下,先左后右;先细后粗,先曲后直;先水平线后垂线与斜线。

(2)同类型、同规格、同方向的图线可集中画出。

(3)画起止符号,填写尺寸数字、标题栏和其他说明。

(4)仔细核对、检查并修改已完成的图纸。

2. 上墨

上墨是在绘制完成的底稿上用墨线加深图线,步骤与用铅笔加深基本一致,一般使用绘图墨水笔。

3. 描图

在工程施工过程中往往需要多份图纸,这些图纸通常采用描图或晒图的方法进行。描图是用透明的描图纸覆盖在铅笔图上用墨线描绘,描图后得到底图再通过晒图可得到所需要份数的复制图样(俗称蓝图)。描图时应注意以下几点:

(1)将原图用丁字尺校正位置后粘贴在图板上,再将描图纸平整地覆盖在原图上,用胶带纸把两者固定在一起。

(2)描图时应先描圆或圆弧,从小圆或小圆弧开始,然后再描直线。

(3)描图时一定要耐心、细致,切忌急躁和粗心。图板要放平,墨水瓶千万不可放在图板上,以免翻倒玷污图纸。手和用具一定要保持清洁干净。

(4)描图时若画错或有墨污,一定要等墨迹干后再修改。修改时可用刀片轻轻地将画错的线或墨污刮掉。刮时底下可垫三角板,力度要轻而均匀。千万不要着急,以免刮破描图纸。刮过的地方要用橡皮擦掉痕迹,最后用软橡皮擦干净并压平后重描。重描时不要注墨太多。

思考练习

4-1　建筑的基础种植应选择何种类型植物？采用什么样的配置方法？

4-2　墙面垂直绿化植物选择应具备什么条件？

4-3　水面植物配置应注意哪些问题？

4-4　水岸植物配置应该如何设计？

4-5　请分析不同类型园林水体的植物配置要点。

4-6　园林中假山可分为哪些类型？

4-7　谈谈不同类型的园林山体应如何进行植物配置。

4-8　浅谈花坛的类型，分析不同类型花坛配置时应注意哪些问题。

4-9　简述乔灌木在园林中的应用形式。

4-10　分析不同株数的树木丛植时的要点，并绘制四棵树、五棵树丛植平面设计图。

4-11　花境主体部分的种植设计应注意什么？

4-12　分析草坪及地被植物在园林中的应用要点。

4-13　浅谈竹类在现代园林景观中的应用。

4-14　根据你所见过的攀缘植物应用形式，采用攀缘植物为教学楼的墙面绿化设计一个方案。

4-15　如何选择合适的水生植物种植在不同类型的水体中？

第五章　园林植物造景

学习目标

知识目标:(1)了解城市环境中园林植物的范围和绿化类型。
(2)掌握城市环境植物造景的要求。
(3)熟悉园林植物在环境中的应用。

能力目标:(1)能够进行城市绿地中的植物造景设计。
(2)能够进行室内植物的装饰设计。

学习重点:应从园林植物景观设计、植物选择、园林植物造景形式等方面学习园林植物在城市道路和广场绿地、居住区绿地、单位附属绿地、屋顶花园以及室内装饰中的应用。

学习难点:在不同的环境如何合理进行园林植物造景。

第一节　城市道路绿地中的植物造景

城市道路是一个城市的骨架,而城市道路绿化水平的好坏,不仅影响着整个城市形象,而且还能反映出城市绿化的整体水平。城市道路绿地是城市园林绿地系统的重要组成部分。它给城市居民提供了安全、舒适、优美的生活环境,而且在改善城市小气候、保护环境卫生、丰富城市景观、组织城市交通以及社会效益等方面有着积极作用,而道路绿化的好坏对城市面貌起决定性的作用,它是城市文明的重要标志之一。城市道路绿地在城市中以线条的形式广泛分布于全城,连着城市中分散的"点"和"面"的绿地,从而形成完善的城市园林绿地系统。

一、道路绿地作用

(一)改善城市环境

(1)净化空气。街道绿化可以净化大气,减少城市空气中的烟尘,同时利用植物吸收二氧化碳和二氧化硫等有害气体,放出氧气。

(2)降低噪声。由于现代工业、交通运输、航空事业的发展,噪声对环境的污染日益严重。在街道和建筑前合理配置绿化带,就可以大大降低噪声。

(3)降低辐射热。道路绿化可以调节道路附近的温度、湿度、减低风速等,在改善街道小气候方面具有良好的作用。

(4)保护路面。路面因常受日光的强烈照射而易受损,既影响了交通,又使路面遭到严重的破坏,因此道路绿化在改善小气候的同时,也对路面起到了保护作用。

(二)组织交通

在城市道路规划中,中央分车带、快慢分车带、交通岛、立体交叉、广场、停车场等处的绿化都可以起到组织城市交通,保证行车速度和交通安全的作用。

(三)美化市容

城市道路绿地是一个沿着纵轴方向演进的风景序列。其两旁不仅有建筑立面的变化,还有树木、花卉、草坪等高低大小姿态的变化。特别是位于街道中间的分车绿带,使街道富有横向的层次感和纵向的节奏感。

(四)休息散步

城市街道绿化除行道树和各种绿化带外,还有面积大小不同的街道绿地、城市广场绿地、公共建筑前的绿地。这些绿地内经常设有园路、广场、坐凳、小型休息建筑等设施。街道绿化可为附近居民提供锻炼身体的地方。

(五)其他作用

道路交通绿地可以起到防灾、备战作用,比如平时可以作为防护林带,防止火灾;地震时可以搭棚自救等。

二、城市道路绿地规划设计原则

城市道路绿地是道路空间的景观元素之一。道路绿地不单纯考虑功能上的要求,作为道路环境中的重要视觉因素就必须考虑现代交通条件下的视觉特点,综合多方面的因素进行协调,力求创造更加优美的城市绿地景观。

(一)道路绿地要求与城市道路的性质、功能相适应

现代化的城市道路交通已发展成为一个多层次的复杂系统。由于城市的布局、地形、气候、地质、水文及交通方式因素的影响产生不同的城市道路网。城市道路网由不同性质与功能的道路所组成。由于交通的目的不同,不同环境的景观元素要求也不同,道路建筑、绿地、小品以及道路自身的设计都必须符合不同道路的特点。

商业街、步行街的绿化,如果树木过于高大,种植过密,就不能反映商业街繁华的特点。又如居住区道路,与交通干道相比,由于功能不同,道路尺度也不同,因此绿地植物的选择、植物的种植高度、树形的变化、种植方式和设计形式也有不同的考虑。

(二)道路绿地应起到应有的生态功能

(1)城市绿地犹如天然过滤器,可以滞尘和净化空气。草坪的飘尘浓度仅为裸露地面的1/5。

(2)城市道路绿地中的行道树尤其是乔木具有遮蔽降温功能。太阳光辐射到树冠时,20% ~25%的热量反射回天空,35%被树冠吸收,加上树木的蒸腾作用所消耗的热量都有助于降温。据测定,夏季有树荫的地方,一般比没有树荫的地方温度要低3 ~6 ℃。

(3)城市绿地植物可以增加空气湿度。据测定,草坪植物的叶面积一般为地面面积的20倍左右,通过茎、叶的蒸腾作用,能使周围空气的水分增加20%左右。

(4)城市道路绿化中树木能吸收二氧化硫等有害气体,并能杀灭细菌,制造氧气。

(5)城市道路绿地可以隔音和吸收噪声。据南京市测定,18 m宽的林带(两行桧柏一行雪松)可使噪声减少16 dB,36 m宽的林带可使噪声减少30 dB 。

(6)城市道路绿地用低矮的绿篱或灌木可以遮挡汽车眩光。

(7)城市道路绿地还可以防风、防雪、防火。

(三)道路绿地设计要符合行人的行为规律与视觉特性

城市道路空间是供人们生活、工作、休息、互相交往与货物流通的通道。考虑到我国城市道路交通的构成情况和未来发展前景,在交通中有各种不同出行目的的人群,为了研究道路空间的视觉环境,需要对道路交通空间活动人群,根据其不同出行目的与乘坐不同交通工具所产生的行为规律及视觉特性加以研究,并从中找出规律,作为城市道路景观与城市环境设计的一个依据。

(四)城市道路绿地要与街景环境相协调,形成优美的城市景观

城市街景由许多景观元素构成,各种景观元素的作用、地位都应恰如其分。一般情况下绿地应与道路环境中的其他景观元素协调,单纯地作为行道树而栽植的树木往往收不到好的效果。城市道路绿地设计应符合美学的要求。通常道路两侧的栽植应看成是建筑物前的种植,应该让人们从各方面都能看到良好的景观效果。城市道路绿地除具有特殊功能方面的要求外,还应根据道路性质、街道建筑、气候及地方特点要求等作为道路环境整体的一部分来考虑,这样才能收到良好的效果。城市道路环境往往容易雷同,采取不同的绿化方式将有助于加强道路特征,区分不同的道路,一些道路也往往以其绿地而闻名于世。在现代交通条件下,要求道路具有连续性,而绿地有助于加强这种连续性,同时绿地有助于加强道路的方向性,并以纵向分隔产生距离感。

道路绿地不仅要与街景中其他元素相互协调,而且要与地形、沿街建筑等紧密结合,使道路在满足交通功能的前提下,与城市自然景色(地形、山峰、湖泊、绿地等)、历史文物(古建筑、古桥梁、塔、传统街道巷等)以及现代建筑有机地联系在一起。要把街道与环境作为一个景观整体加以考虑并作出统一的设计,创造有特色、有时代感的城市环境景观。

(五)城市道路绿地要选择适宜的园林植物,形成优美、稳定的城市景观

城市道路绿地中的各种园林植物,因树形、色彩、香味、季相等不同,在景观、功能上也有不同的景观效果。根据道路景观及功能上的要求,要实现三季有花、四季常青,就需要在植物的选择与多植物栽植方式的协调,达到植物的多样统一。道路绿地直接关系着街景的四季景观变化,要使春、夏、秋、冬四季具有丰富季相变化。应根据人们的视觉特性及观赏要求处理好绿化时植物种植的间距、树木的品种、树冠的形状以及树木成年后的高度和修剪等问题。

不同的城市可以有不同的道路绿地形式与树种选择。目前一些城市的市花、市树均可作为地方的象征,如郑州的法国梧桐、南京的雪松、南方的棕榈树绿地都富有浓郁的地方特色。这种特色使本地人感到亲切,外地人特别喜欢。但是,在选择一个城市的绿化树种时也应避免单一化,因为单一化不但在养护管理上造成困难,还会使人感到单调。一个城中应以某几个树种为主,分别布置在几条城市干道上,同时也要有一些次要的绿化树种。例如北京市城区主要城市干道的行道树以法国梧桐、毛白杨、槐树为主,次要树种还有油松、元宝枫、银杏、合欢等。在不同的立地条件下选择不同的树种可使城市面貌丰富多彩。

城市道路的级别不同,绿地也应有所区别。主干道的绿地标准应较高,在形式上应较丰富。如北京的东直路、长安街、三里河路均为城市主要干道,也是首都机场通向国宾馆的大道,采取了较高的绿化标准。在城市次要干道上的绿化带相应可少一些,也可比较简单,有时只种两排高大的行道树。

（六）城市道路绿地应与街道上的交通、建筑、附属设施和地下管线等协调考虑

为了交通安全，城市道路绿地中的植物不应遮挡司机在一定距离内的视线，不应遮蔽交通管理标志，要留出公共车站的必要范围，以及保证乔木有相当高的分枝点，不致刮碰到大轿车的车顶。在可能的情况下利用绿篱或灌木遮挡汽车的眩光。要对沿街各种建筑对绿地的个别要求和全街的统一要求进行协调。其中包括对重要公共建筑的美化和对居住建筑的保护与美化作用。

（七）城市道路绿地设计应考虑到城市土壤条件、植物养护管理水平等因素

土壤、气候和养护管理水平是影响和决定植物生长的重要因素。所以，在进行城市道路绿地绿化设计时，要充分进行考虑才能保证城市景观的长久性。有相当多的城市内土壤成分比较复杂，一般不利于植物生长，而换土、施肥又会受到限制，其他方面如浇水、除虫、修剪也会受到管理手段、管理水平和能力的限制，这些因素在设计上也应兼顾。

三、城市道路绿地类型

道路绿地是城市道路环境中的重要景观元素。城市道路的绿化以“线”的形式可以使城市绿地连成一个整体，起到美化街景，衬托和改善城市面貌的作用。因此，城市道路绿地的形式直接关系到人对城市的印象。

根据不同的种植目的，城市道路绿地可分为景观栽植与功能栽植两大类。

（一）景观栽植

景观栽植主要是从绿地的景观角度来考虑栽植形式，可分为以下几种。

（1）密林式：沿路两侧栽植浓茂的树林，以乔木为主，配以灌木、常绿树种和地被植物。具有明确的方向性，一般在城乡交界、环绕城市或结合河湖处布置。密林式的形式夏季能够遮阴，具有良好的生态效果（见图5-1）。

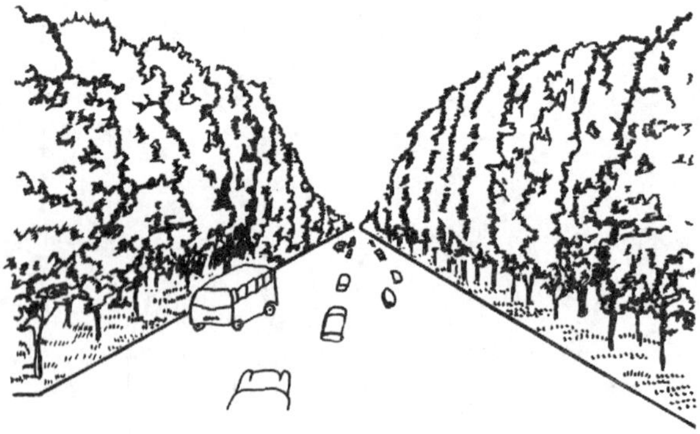

图5-1　密林式景观栽植

（2）自然式：这种绿地设计手法主要模拟自然景色，比较自由，一般根据地形与环境来决定。用于建造小游园、街心花园、路边公园的建设。沿街在一定宽度内布置自然树丛，树丛由不同植物种类组成，具有高低、浓密和各种形体的变化，形成生动活泼的气氛（见图5-2）。这种形式能很好地与附近景物配合，增强了街道的空间变化，但夏季遮阴效果不如城市街道上整齐式的行道树。在路口、拐弯处的一定距离内要减少或不种灌木，以免妨碍司机视线。自然式的优点是容易与周围环境相结合，街道景观效果好。

图 5-2　自然式景观栽植

(3)花园式：沿着路外侧布置成大小不同的绿化空间，有广场，有绿荫，并设置必要的园林设施和园林建筑小品，供行人和附近居民逗留小憩和散步，亦可停放少量车辆和设置幼儿游戏场等。道路绿地可分段与周围的绿化相结合，在城市建筑密集、缺少绿地情况下，这种形式可在商业区、居民区内使用，在用地紧张、人口稠密的街道旁可多布置孤植乔木或绿荫广场，弥补城市绿地分布不均匀的缺陷。花园式的优点是布局灵活，用地经济，具有一定的使用和绿化功能(见图 5-3)。

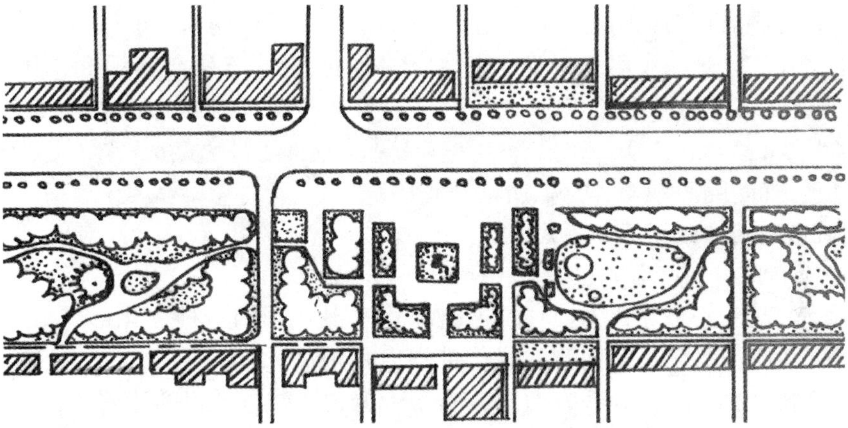

图 5-3　花园式景观栽植平面图

(4)田园式：道路两侧的园林植物都在视线下，大都种植草坪，空间全面敞开。在郊区直接与农田、菜园相连；在城市边缘也可与苗圃、果园相邻。这种形式开朗、自然，富有乡土气息。在路上高速行车，视线较好，可以欣赏田园风光。主要适用于城市公路、铁路、高速干道的绿化。田园式的优点是视线开阔，交通流畅。

(5)滨河式：道路的一面临水，空间开阔，环境优美，是市民游憩的良好场所。在水面不十分宽阔、对岸又无风景时，滨河绿地可布置得较为简单，树木种植成行成排，沿水边应设置较宽的绿地，布置游人步道 、草坪、花坛、座椅等园林设施和园林小品。游人步道应尽量靠近水边，或设置小型广场和临水平台，满足人们的亲水感和观景要求。

(6)简易式：沿道路两侧各种植一行乔木或灌木，形成“一条路，两行树”的形式，它是街道绿地中是最简单、最原始的形式。

总之，由于交通绿地的绿化布局取决于道路所处的环境、道路的断面形式和道路绿地的宽度，因此在现代城市中进行交通绿地绿化布局时，要根据实际情况，因地制宜地进行绿化布置，才能取得好的效果。

（二）功能栽植

功能栽植是通过绿化栽植来达到某种功能上的效果。一般这种绿化方式都有明确的目的。如为了遮蔽、装饰、遮阴、防噪声、防风、防雪、地面的植被覆盖等。但道路绿地功能并非唯一的要求，不论采取何种形式都应考虑到视觉上的效果，并成为街景艺术的组成部分。

（1）遮蔽式栽植：遮蔽式栽植是考虑需要把视线的某一个方向加以遮挡，以免见其全貌。城市的挡土墙或其他结构物影响道路景观时，即可种一些树木或攀缘植物加以遮挡。

（2）遮阴式栽植：我国许多地区夏天比较炎热，道路上的温度很高，所以对遮阴树的种植十分重视。不少城市道路两侧建筑多被绿化遮挡。不管出自何种原因，遮阴树的树种对改善道路环境，特别是夏天降温效果十分显著。但要注意栽植物与建筑的距离，以免影响建筑的通风及采光需要。

（3）装饰栽植：装饰栽植可以用在建筑用地周围或道路绿化带、分隔带两侧作局部的间隔与装饰之用。它的功能是作为界限的标志，防止行人穿过、遮挡视线、通风、防尘、调节局部日照等。

（4）地被栽植：即用地被栽植覆盖地表，如草坪等，可以防尘、防土、防止雨水对地表的冲刷，在北方还有防冻作用。由于地表性质的改变，对小气候也有缓和作用，地被的绿色可以调节道路环境的景色，同时反光少，不眩目，如与花坛的鲜花形成对比，色彩效果则更好。

（5）其他：如防噪声栽植，防风、防雨栽植等。

（三）城市道路绿化断面布置形式

1. 一板两带式

即一条车行道，两条绿化带。这是道路绿化中最常用的一种绿化形式。中间是车行道，在车行道两侧为绿化带。两侧的绿化带中以种植高大的行道树为主。这种形式的优点是：简单整齐，用地经济，管理方便。但当车行道过宽时行道树的遮阴效果较差，景观相对单调。对车行道没有进行分隔，上下行车辆、机动车辆和非机动车辆混合行驶时，不利于组织交通。此种形式多用于城市支路或次要道路。在车流量不大的街道，特别是小城镇的街道绿化多采用此种形式（见图 5-4）。

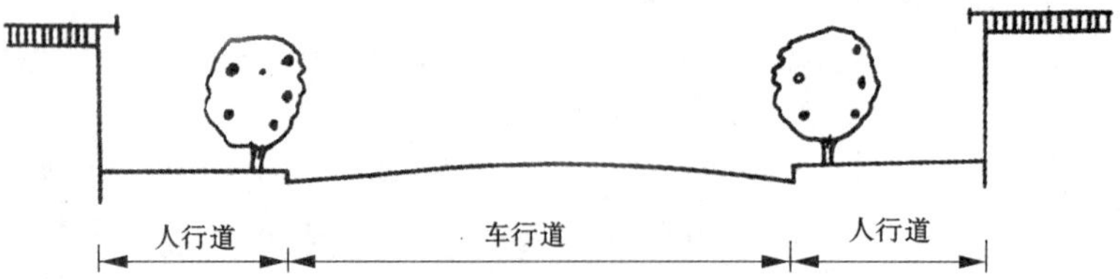

图 5-4　一板两带式道路绿化断面图

2. 两板三带式

两板三带式即分成单向行驶的两条车行道和两条绿化带，中间用一条分车绿化带将上行车道和下行车道进行分隔，构成两板三带式绿化带。这种形式适于道路较宽的情况，绿化带数量较大,生态效益较显著,多用于高速公路和入城道路。此种形式有较好的景观效果,同时车辆分为上、下行驶,减少了行车事故发生概率。但由于各种不同车辆同时混合行驶,还不能完全解决互相干扰的矛盾(见图5-5)。

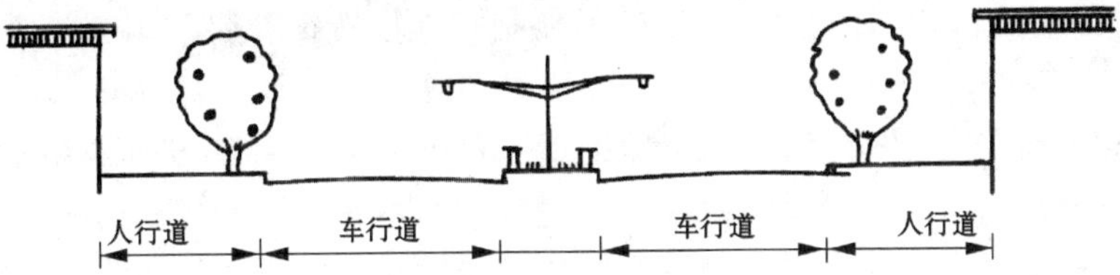

图5-5　两板三带式道路绿化断面图

3. 三板四带式

三板四带式即利用两条分车绿化带把车行道分成三块,中间为机动车道,两侧为非机动车道,连同车行道两侧的绿化带共为四条绿化带,故称三板四带式。此种形式占地面积大,却是城市道路绿化较理想的形式,其绿化量大,夏季庇荫效果好,组织交通方便,安全可靠,解决了各种车辆混合行驶互相干扰的矛盾,尤其在非机动车辆多的情况下更为适宜,并有减弱城市噪声和防尘的作用。此种形式多用于机动车、非机动车、人流量较大的城市干道(见图5-6)。

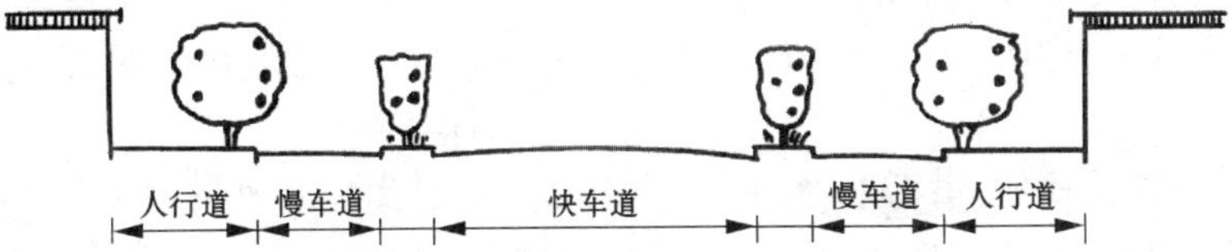

图5-6　三板四带式道路绿化断面图

4. 四板五带式

利用中央分车绿化带把车行道分为上行和下行车道,然后把上、下行车道又分为上、下行快车道和上、下行慢车道,三条分车绿带将车道分为四条,而加上车行两侧的绿化带共有五条绿化带,使机动车与非机动车均形成上行、下行各行其道,互不干扰,保证了行车速度和交通安全。但用地面积较大,若城市交通较繁忙而用地又比较紧张时,则可用栏杆分隔,以便节约用地(见图5-7)。

图5-7　四板五带式道路绿化断面图

5. 六板七带式

六板七带式是用中央分车带分隔上行车道和下行车道,然后把上行车道用绿化带分隔上行快车道和上行慢车道。同样把下行车道用绿化带分隔为下行快车道和下行慢车道,又在上、下行慢车道旁用绿化带分隔出公共汽车专用道,连同车行道两侧的绿化带共为七条绿化带。此种形式占地面积最大,城市景观效果最佳,对改善城市环境有明显作用，同时对组织城市交通最为理想。此种形式只适合于新建城市用地条件允许情况下的道路绿化。

6. 其他形式

按城市道路所处位置、环境条件特点，因地制宜地设置绿化带，如山坡道、水道的绿化设计。

城市道路绿化的形式多，究竟以哪种形式为好，必须从实际出发，因地制宜，不能片面追求形式，讲求气派。尤其在街道狭窄，交通量大，只允许在街道的一侧种植行道树时，就应当从行人的庇荫和树木生长对日照条件的要求来考虑，不能片面追求整齐对称。

四、城市道路绿带的植物造景设计

城市道路绿地中带状绿地的设计包括人行道绿化树的设计、分车绿带的设计、花园式林荫道的设计、滨河绿地的设计等。

（一）人行道绿化树种植设计

从车行道边缘到建筑红线之间的绿化地段统称为“人行道绿化带”。这是城市道路绿化中重要组成部分，它的主要功能是夏季为行人遮阴、美化街景、装饰建筑立面。

人行道绿化带上种植乔木和灌木的行数由绿化带宽度决定。在地上、地下管线影响不大时，宽度在 2.5 ~6 m 以上的绿化带，种植一行乔木和一行灌木；宽度大于 6 m 时，可考虑种植两行乔木，或将大小乔木、灌木以复层方式种植。宽度在 10 m 以上的绿化带，其株行数可多些，树种也可多样，甚至可以布置成花园林荫路。

人行道绿化带的设计，可分为规则式、自然式、规则式与自然式相结合的形式。根据地形条件确定采用哪种设计形式，应以乔灌木的搭配、前后层次的处理，以及单株丛植交替种植的韵律变化为基本原则。近年来人行道绿化带设计多用自然式布置手法，种植乔木、灌木、花卉和草坪，外貌自然活泼而新颖。但是，为了使道路绿化既整齐统一又自由活泼，人行道绿化带的设计以规则与自然的形式最为理想。其中的乔木、灌木、花卉、草坪应根据绿化带面积大小、街道环境的变化而进行合理配置（见图 5-8、图 5-9）。

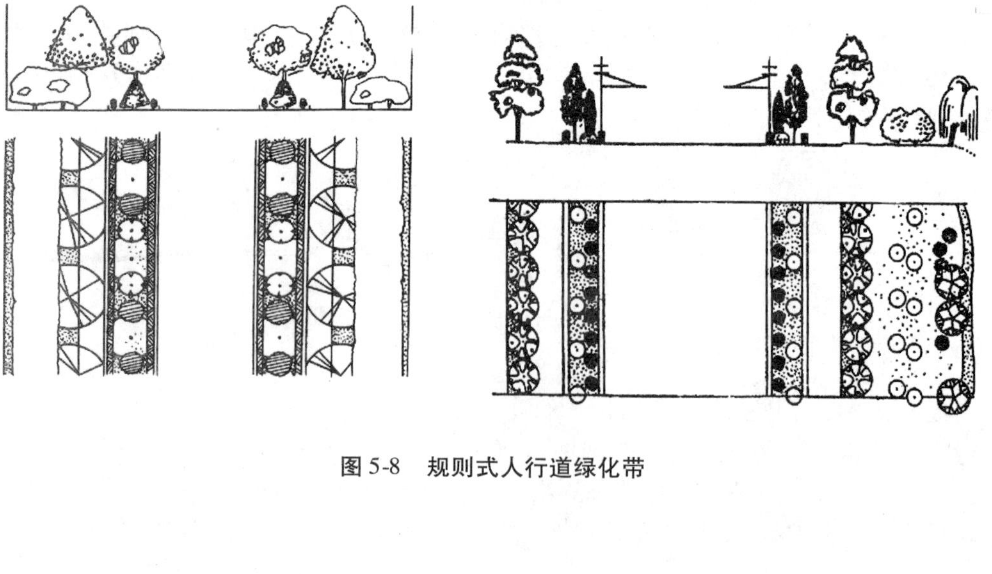

图 5-8　规则式人行道绿化带

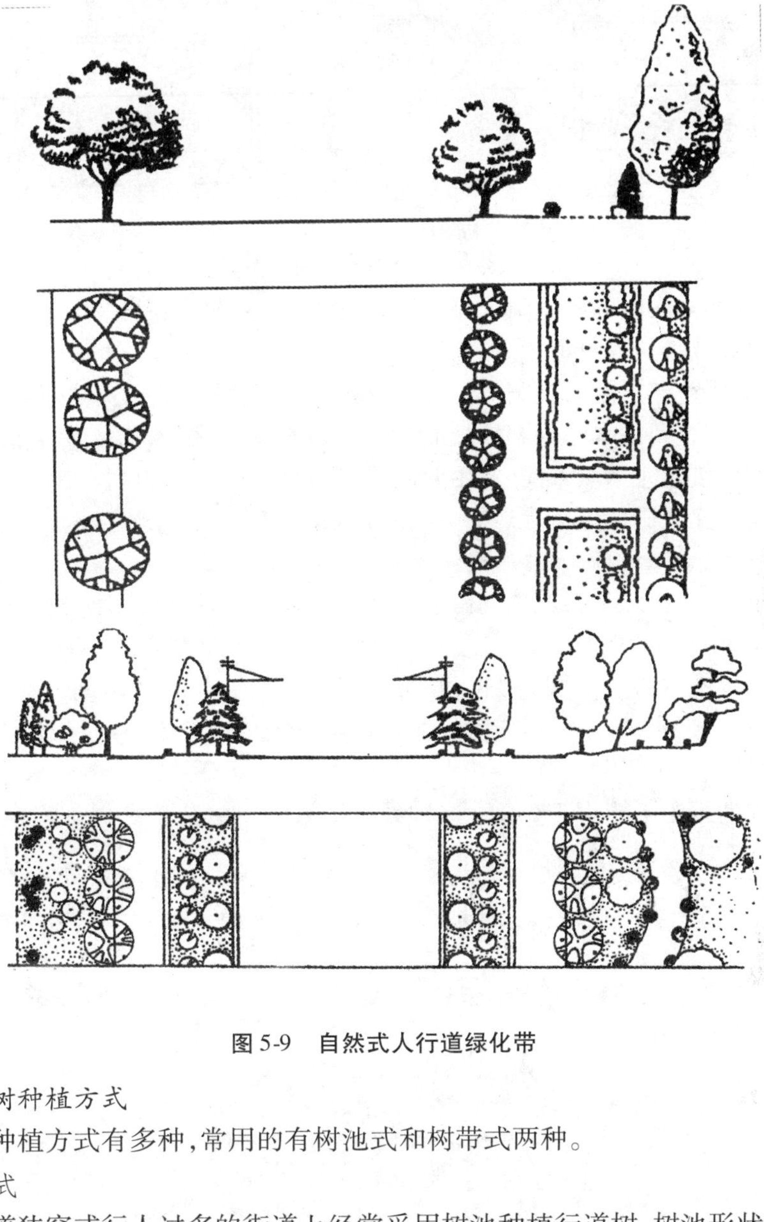

图 5-9 自然式人行道绿化带

1. 行道树种植方式

行道树种植方式有多种，常用的有树池式和树带式两种。

1）树池式

在人行道狭窄或行人过多的街道上经常采用树池种植行道树，树池形状可方可圆，其边长或直径不得小于 1.5 m，一般正方形树池以 1.5 m×1.5 m 较合适；长方形树池的短边不得小于 1.2 m，长短边之比不得超过 2∶1，长方形以 1.2 m×2 m 为宜；圆形树池的直径不小于 1.5 m 为好。方形和长方形树池容易和城市道路及两侧建筑物取得协调，所以应用较多，圆形常用于城市道路圆弧转弯处（见图 5-10）。

行道树的栽植位置应位于树池的几何中心，对于圆形树池更为重要，方形或长方形树池虽然允许偏于一侧，但也要符合技术规定，从树干到靠近车行道一侧的树池边缘不小于 0.5 m，距车行道边缘石不小于 1 m。

为了防止行人踩踏池土，影响水分渗透和土壤空气流通，可以把树池周边做得高出人

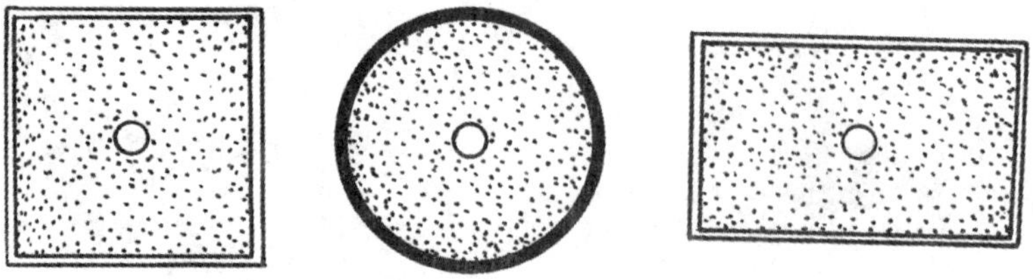

图 5-10　常用树池式示意图

行道 8 ~ 10 cm 的边牙,但有影响雨水流入池内这一点,因此在不能保证按时浇水或缺雨地区,常把树池设计得与人行道相平,树池中土壤应稍低于地面,一方面便于雨水流入,另一方面避免树池中土流出来污染路面,如能在树池上铺设透空的保护池盖则更为理想。

树池盖一般由金属或水泥预制板做成,经久耐用,式样美观,为了便于清除树池内的杂草、屑物和翻松土壤时拿取方便,常用两扇或三扇合成,放在搁架上,既有利于保护树池土不被池盖压实,又可避免土壤受热灼炙树木根系。

2)树带式

种植带是在人行道和车行道之间留出一条不加铺装的种植带。种植带的宽度一般不少于 1.5 m。种植带在人行横道处或人流比较集中的公共建筑前面中断。树带式一般适用于交通、人流量不大路段,树带下铺设草皮,以维护清洁,但要留出铺装过道,以便人流通行或汽车停车。近年来,一些城市除在车行道两侧种植行道树外,还在人行道的轴线上设置种植带。种植带可以种植草皮、花卉、灌木、防护绿篱,还可以种植乔木与行道树共同形成林荫小道,但行距不能小于 5 m。这种处理形式在卫生防护和保证安全方面都有一定优点(见图 5-11)。

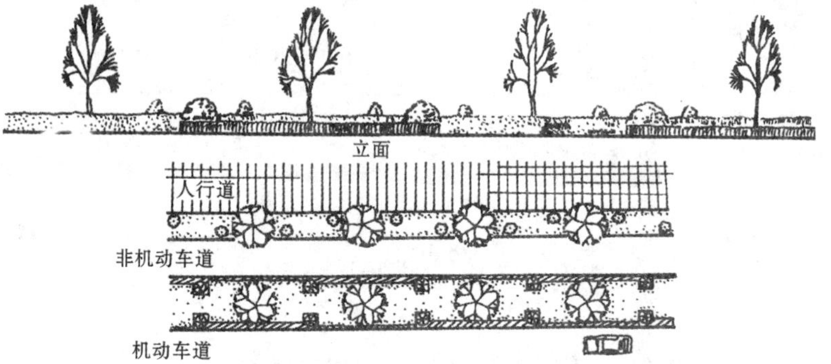

图 5-11　树带式种植

种植带的宽度视具体情况而定,如朝鲜平壤市在主干道两侧的种植宽度为 10 m 左右。我国常见种植宽度的最低限度为 1.5 m,一般种一行乔木用来遮阴,在行道树株距之间还可种植绿篱,以增强防护效果;宽度为 2.5 m 的种植带可种植一行乔木,并在靠近车行道的一侧再种植一行绿篱;5 m 宽的种植带就可交错种植两行乔木,或一行乔木两行绿篱,靠车行道一侧以防护为主,中间空地还可种些花灌木、花卉或草皮。

2. 行道树的选择

城市街道绿化面貌如何,主要取决于选择什么样的树种。尤其是行道树的生长环境条件很差，无论是日照、通风、水分、土壤等因素，根系部分只能在限定的范围内生长，都不能与一般园林和自然中生长的树木相比，除辐射温度高、空气干燥、有害烟尘气体多外，还要受到种种人为和机械的损伤，再加上地上、地下管网线限制，都影响着树木的正常生长和发育。因此，能适应这种环境条件的行道树不多，而且还要满足行道树多种功能的要求，所以对行道树选择要求是比较严格的。在选择时应注意以下几点：

(1)能适应当地生长环境，生长迅速而健壮的乡土树种。

(2)适应城市的各种环境因子，对病虫害抵抗力强，苗木来源容易，成活率高的树种。

(3)树龄要长，树干通直，树枝端正，形体优美，树冠冠大荫浓，花朵艳丽，芳香郁馥，春季发芽早，秋季落叶迟且落叶期短而整齐，叶色富于季相变化的树种为佳。

(4)花果无毒无臭味，无刺，无飞絮，落果少。

(5)耐强度修剪，愈合能力强。目前，因为我国的架空线路还不能全部转入地下，对行道树需要修剪，以避免树木大叶与线路的矛盾。一般树冠修剪成"Y"字形。

(6)深根性，不选择带刺或浅根树种，在经常遭受台风袭击地区更应注意，不要选用萌蘖力强和根系特别发达隆起的树种，以免刺伤行人或破坏路面。

我国地域辽阔，地形和气候变化大，植被类型分布也各不相同，因此各地应选择在本地区生长最多和最好的树种来做行道树。

3. 行道树株距与定干高度

行道树种植的株距直接影响到其绿化功能效果。正确确定行道树的株距，有利于充分发挥行道树的作用，合理使用苗木和管理。一般来说，株距要根据树冠大小来决定。但实际情况比较复杂，影响的因素较多，如苗木规格、生长速度、交通和市容的需要等。行道树的株距如表5-1所示。

表5-1　行道树的株距

树种类型	通常采用的株距(m)			
	准备间移		不准备间移	
	市区	郊区	市区	郊区
快长树(冠幅15 m以下)	3～4	2～3	4～6	4～8
中慢长树(冠幅15～20 m)	3～5	3～5	5～10	4～10
慢长树	2.5～3.5	2～3	5～7	3～7
窄冠幅	—	—	3～5	3～4

行道树定干高度应根据其功能要求、交通状况、道路性质、宽度以及行道树与车行道的距离、树木分枝角度等确定。当苗木出圃时，苗木胸径在12～15 cm为宜，其分枝角度较大的，干高不得小于3.5 m；分枝角度较小者，干高不能小于2 m，否则会影响交通。行道树的定干高度视具体条件而定，以成年树冠郁闭度效果好为佳。

4. 街道宽度、走向与绿化的关系

1) 街道宽度与绿化的关系

决定街道绿化的种植方式有多种因素,但其街道的宽度往往起决定作用。人行道的宽度一般不得小于 1.5 m,而人行道在 2.5 m 以下时很难种植乔灌木,只能考虑进行垂直绿化,但随着街道、人行道的加宽,绿化宽度也逐渐在增加,种植方式亦可随之丰富而有多种形式出现。

为了发挥绿化对于改善城市小气候的作用,一般在可能的条件下绿带占道路总宽度的 20% 为宜,但对于不同地区的要求也可有所差异。例如在旧城区要求一定绿化宽度就比较困难,而在新建区就有条件实现其绿化功能,街道绿化可根据城市规划的要求有较宽的绿带,形式也丰富多彩,既达到其功能要求又美化了城市面貌。

2) 街道走向与绿化的关系

行道树的要求不仅要对行人起到遮阴的效果,而且对临街建筑防止太阳强烈的西晒也很重要。因此,我国中、北部地区东西走向的街道,在人行道的南侧种植行道树,遮阴效果良好,而南北走向的城市街道两侧都应种行道树。在南部地区,无论是东西走向还是南北走向的街道都应该在两侧种植行道树。

一般来说,街道绿化多采取整齐、对称的布置形式,街道的走向如何只是绿地布置时参考的因素之一。要根据街道所处的环境条件,因地制宜地合理规划,做到适地适树。

(二)分车绿带的设计

在分车带上进行绿化,称为分车绿带,也称为隔离绿带。目的是组织交通,分隔上下行车辆。在交通量较少的道路两侧没有建筑或没有重要的建筑地段,分车带上可种植较密的乔木、灌木,形成绿色的墙,这样可以充分发挥隔离作用。当交通量较大,道路两侧分布大型建筑及商业性建筑时,若需要视线完全敞开,在隔离绿化带上应只种植草皮、花卉或分枝点高的乔木。路口及转弯地应留出一定范围不种遮挡视线的植物,使司机能有较好的视线,保证交通安全,在分车带以种植草皮与灌木为主。在一般干道的分车带上可以种植 70 cm 以下的绿篱、灌木、花卉、草皮等。

1. 分车绿带的种植形式

分车绿带位于车行道的中间,在城市道路上位置明显而重要,因此在设计时要注意街景的艺术效果。可以造成封闭的感觉,也可以创造半开敞、开敞的感觉。这些都可以用不同的种植设计方式来达到(见图 5-12 ~ 图 5-15)。分车绿带的种植形式有三种,即分为封闭式种植、半开敞式种植和开敞式种植。其目的都是为了最合理地处理好建筑、交通和绿化之间的关系,使街景统一而富于变化。但要注意变化不可太多,过多的变化会使人感到零乱,缺乏统一,容易分散司机的注意力,从交通安全和街景考虑,在多数情况下,分车绿带以不遮挡视线的开敞式种植较合适。

(1)封闭式种植:造成以植物封闭道路的境界,在分车绿带上种植单行或双行的丛生灌木或慢生常绿树,当株距小于 5 倍冠幅时,可起到绿色隔墙的作用。在较宽的隔离带上,种植高低不同的乔木、灌木和绿篱,可形成多种树冠搭配的绿色隔离带,层次和韵律较为丰富。

(2)开敞式种植:在分车带上种植草皮、低矮灌木或较大株行距的大乔木,以达开朗、

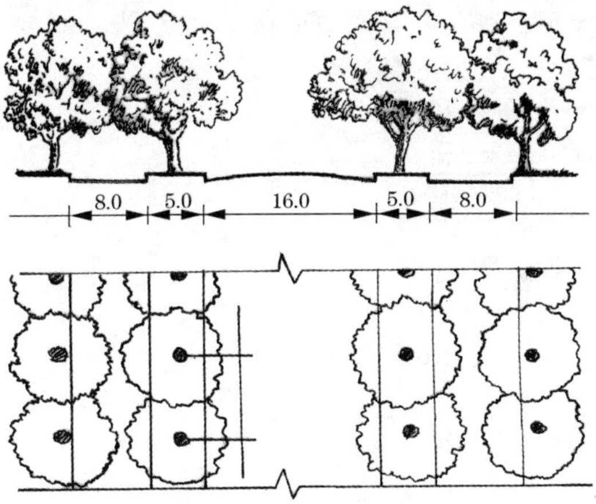

图 5-12　分车带种植实例一

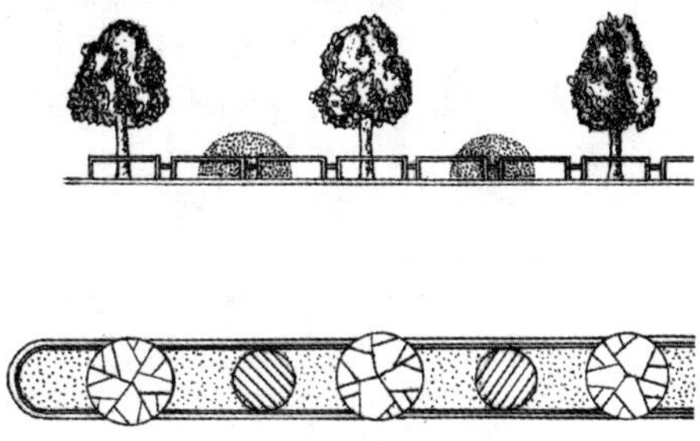

图 5-13　分车带种植实例二

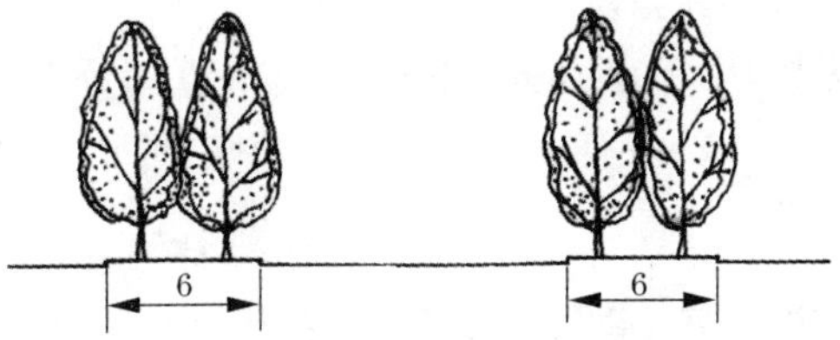

图 5-14　分车带种植实例三

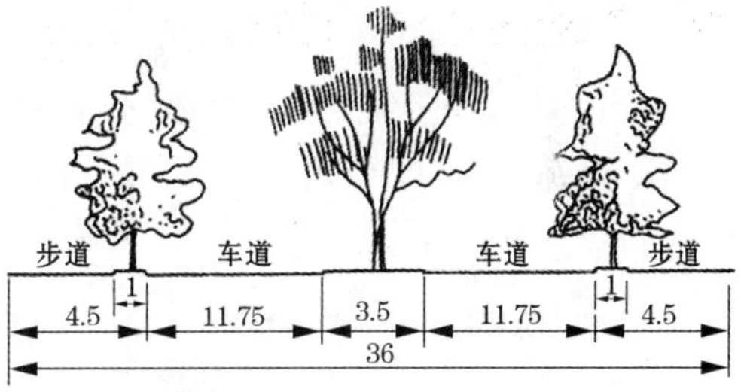

图 5-15　分车带种植实例四

通透境界，大乔木的树干应该裸露。

（3）半开敞式种植：介于封闭式种植和开敞式种植之间，可根据车行道的宽度、所处环境等因素，利用植物形成局部封闭的半开敞空间。

无论采取哪种方式，其目的都是为了合理地处理好建筑、交通和绿化之间的关系，使街道景观统一而富有变化。在一条较长的道路上，根据不同地段的特点，可以交替使用开敞与封闭的手法，这样既照顾到各个地段上的特点，也能产生对比效果。

另外，为了便于行人过街，分车绿带应进行适当分段，一般以 75 ~ 100 m 为宜。尽可能与人行横道、停车站、大型商店和人流集散比较集中的公共建筑出入口相结合。

2. 分车绿带的植物配置形式

（1）乔木为主，配以草坪：高大的乔木成行种在分车绿带上，不仅遮阴效果好，而且还会使人感到雄伟壮观，但较单调。

（2）乔木和常绿灌木：为了增加分车绿带上景观的变化及季相的变化，可在乔木之间再配些常绿灌木，使行人具有节奏和韵律感。

（3）常绿乔木配以花卉、灌木、绿篱、草坪：为达到道路分车绿带形成四季常青又有季相变化的效果，可选用造型优美的常绿树和具有叶色、花色变化的灌木。

（4）草坪和花卉：国内外使用此种形式较多，但是冬季无景可赏。

3. 分车绿带种植设计应注意的问题

（1）分车绿带位于车行道之间：当行人横穿道路时必然横穿分车绿带，这些地段的绿化设计应该根据人行横道线在分车绿带上的不同位置，采取相对应的处理办法。既要满足行人横穿马路的需要，又不致影响分车绿带的整齐美观景观效果（见图 5-16）。

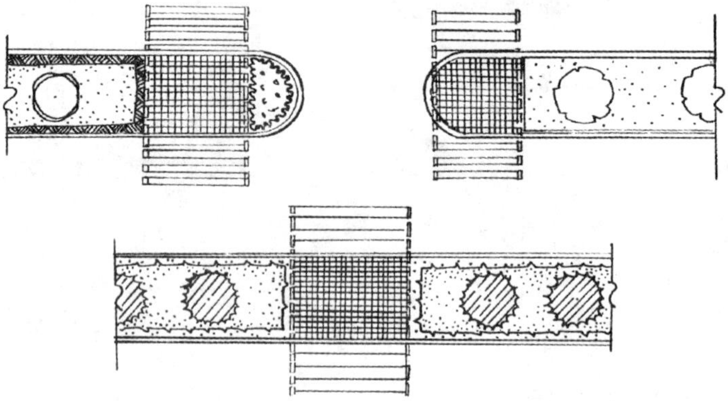

图 5-16　人行横道线与绿带的关系

（2）分车绿带一侧靠近快车道：公共交通车辆的中途停靠站，都在近快车道的分车绿带上设停车站，其长度约 30 m。在靠近停车的一边需要留有 1～2 m 宽的铺装地面，应种植高大的落叶乔木，以利夏季遮阴（见图 5-17）。

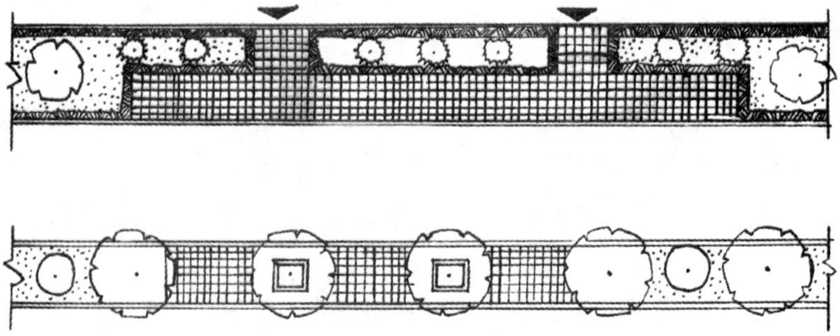

图 5-17　分车绿带上的汽车停靠站

在这个范围内一般不能种灌木、花卉，可种植高大的阔叶乔木，以便在夏季为等车乘客提供树荫。当分车绿带宽在 5 m 以上时，在不影响乘客候车的情况下，可以适当种植草、花卉、绿篱和灌木，并设低栏杆进行保护。

（三）花园式林荫道的绿化设计

花园式林荫道是指那些与道路平行而且具有一定宽度的带状绿地，也可称为街头休息绿地。林荫道利用植物与车行道隔开，在其内部不同地段开辟出各种不同休息场地，并有简单园林设施，供行人和附近居民做短时休息之用。目前在城镇绿地不足的情况下，可起到小游园的作用。它扩大了群众活动场地，同时增加了城市绿地面积，对改善城市小气候、组织交通、丰富城市街景起到一定作用。

1. 林荫道布置的类型

（1）设在街道中间的林荫道：即两边为上下行的车行道，中间有一定的绿化带，这种类型较为常见。此种类型使街道具有一定的对称感，并且具有分车绿带的作用，但多在交通量不大的情况下采用,出入口不宜过多。这种形式的设计要到达林荫路必须横穿街道,所以对人身安全是不利的。

(2)设在街道一侧的林荫道:由于林荫道设在街道的一侧,减少了行人与车行道的交叉,在交通比较频繁的街道上多采用此种类型,创造了更加安静的休息环境。但这种形式使街道缺乏对称感。

(3)设在街道两侧的林荫道:设在街道两侧的林荫道与人行道相连,可以使附近居民不用穿过车行道就可达林荫道内,既安静又使用方便。这种形式对减少尘埃和降低城市噪声有明显的作用,并且使城市街道具有强烈的对称感。但此类林荫道占地过大,目前使用较少,如北京外大街花园式林荫道。

2. 林荫道设计的原则

(1)设置游步道:一般 8 m 宽的林荫道内,设一条游步道;8 m 以上时,设两条以上为宜。

(2)设置绿色屏障:车行道与林荫道绿带之间要有浓密的绿篱和高大的乔木组成的绿色屏障相隔,立面上布置成为外高内低的形式较好(见图 5-18)。

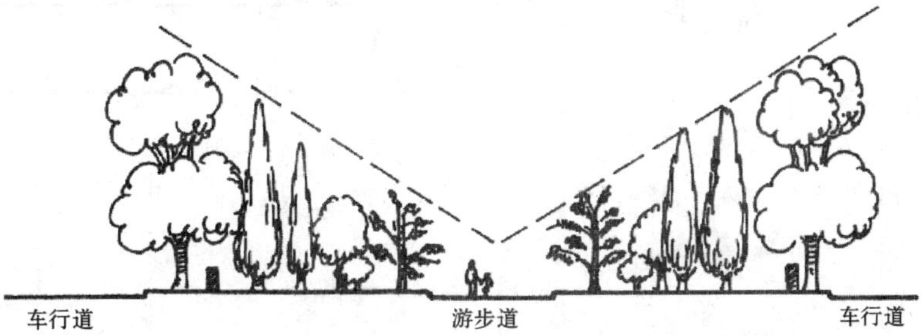

图 5-18　林荫道立面轮廓外高内低示意图

(3)设置建筑小品:在林荫道内可设小型儿童游乐场、休息座椅、花坛、喷泉、宣传栏、花架等建筑小品。

(4)留有方便的出入口:林荫道可在每隔 75 ~ 100 m 处分段设计出入口,人流量大的人行道,在正对大型建筑处应留出入口。出入口的布置应具有特色,对建筑起绿化装饰作用,以增加绿化效果。但是分段也不能过多,否则会影响内部的安静。

(5)植物具有丰富的季相变化:在城市林荫道总面积中,道路广场不宜超过 25%,乔木占 30% ~40%,灌木占 20% ~25%,草本占 10% ~20%,花卉占 2% ~5%。由于南方天气炎热需要更多的浓荫效果,故常绿树占地面积可大些,北方则落叶树占地面积大些。

(6)规划设计布置形式:宽度较大(8 m 以上)的林荫道宜采用自然式布置,宽度较小(8 m 以下)的则以规则式布置为主。

(四)滨河绿地种植设计

滨河绿地是指城市道路的一侧沿江河湖海狭长的绿化用地。其一面临水,空间开阔,环境优美,是城镇居民游憩的地方。可吸引大量游人,特别是夏热和傍晚,是人们散步和纳凉胜地。

滨河绿地设计要根据其功能、地形、河岸线的变化而定。如岸线平直、码头规则对称,则可设计为规则对称的形式布局,如岸线自然曲折变化的长形地带可设计为自然式。不论滨河绿地采用哪一种设计形式都要注意开阔的水面给予人们的开朗、幽静、亲切感觉。在滨河绿地上除采用一般行道树绿地树种外，还可选用适于低湿地生长的树木，如垂柳。树木不宜种得过于闭塞，林冠线也要富于变化，除种植乔木以外，还可种一些灌木和花卉，以丰富景观。如果沿水岸等距离密植同一树种，则显得林冠线单调闭塞，既遮挡了城市景色，又妨碍观赏水景及借景的利用。在低湿的河岸上或一定时期水位可能上涨的水边，应特别注意选择能适应水湿和耐盐碱的树种。滨河路的绿化，除有遮阳功能外，有时还具有防浪、固堤、护坡的作用。斜坡上要种植草皮，以免水土流失，并可起到美化作用。滨河林荫路的游步道与车行道之间应尽可能用绿化带隔开来，以保证游人安静和安全。国外滨河路的绿化一般布置得比较开阔，以草坪为主，乔木种得比较稀疏，在开阔的草地上点缀以修剪成型的常绿树种和花灌木。有的还把砌筑的驳岸与花池结合起来，种植的花卉和灌木形式多样（见图 5-19）。

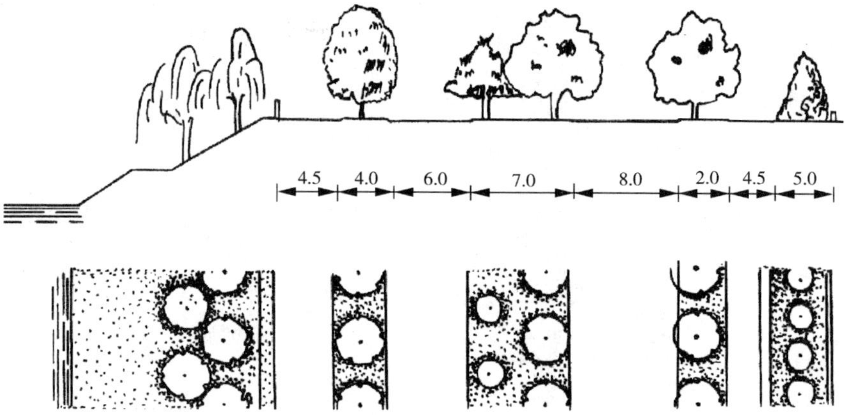

图 5-19　滨河路绿化设计实例

（五）街道小游园设计

小游园是城市居民区最近、利用率最高的园林绿地，与居民日常生活关系最为密切。街道小游园是在城市供居民短时间休息的小块绿地，又称街道休息绿地、街道花园。

1. 城市小游园的作用

（1）城市小游园能装点街景，美化市容。城市小游园一般分布在城市的主干道、次干道两侧，并且以植物造景为主，适当布置园林建筑、园林小品形成一幅优美的画面，而且能与城市的建筑相呼应，装点着城市景观。由于街道小游园的设计形式不同，因而使城市街道绿地的内容更加丰富多彩。

（2）城市小游园可以弥补公园分布不均和使用不便的问题，为广大市民提供游憩环境。街道小游园的服务半径较小，园林设施简单，投资少，见效快。人们既可以欣赏到绿地景观，又有空间活动和休息，居民可就近享受绿化成果。小游园是城市居民娱乐、健身的好场所。

（3）城市小游园可以发挥园林绿地的生态效应，改善城市环境。一般要求城市小游园面积的 80% 以上为绿地。植物的配置以乔木、灌木、花卉相结合为主，植物种类丰富。它提高了城市绿地率，同时在降低温度、吸收尘埃、减弱噪声、净化空气等方面都有明显的作用。

(4)城市小游园的建设可以节约经济，方便居民使用。城市小游园一般占地面积小，设计精巧，设施简单，管理相对来说容易，并且投资少，分布广，绿地属于开放性，居民使用极为方便，为城市创造了良好的社会效益和经济效益。

2. 街道小游园的类型

根据小游园的作用和位置，可将小游园分为以下类型：

(1)区域性的小游园。这种类型的小游园一般位于区、镇中心，能与周围环境相配合，并照顾到行人、交通。这类游园一般进行规则式布局(见图5-20)。

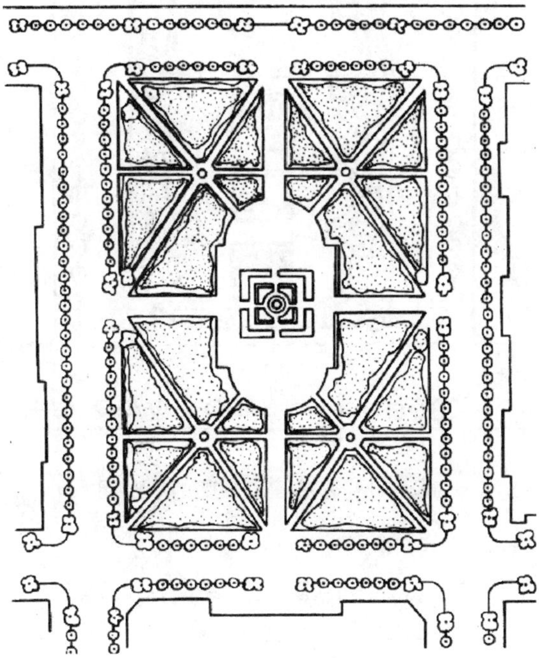

图5-20　区域性小游园

(2)公共建筑物前的小游园。这类小游园主要是起强调建筑物的作用。因此，小游园的规划设计应该服从于该公共建筑物的主轴线，采用规则式设计(见图5-21)。

位于主轴线上有大型的花坛、雕塑、喷泉、假山石等。

(3)街道交叉口的广场小游园。这种小游园的造型取决于街道的方向和组织交通的方法。小游园可以建成能通过行人或不容许行人通行而只起装饰作用的小游园。由三条街道交叉口形成的小游园，为了与道路走向取得协调，应采用三角形结构(见图5-22)。

(4)一侧或两侧临街的小游园。三面建筑物一面临街小游园的设计(见图5-23)。这种小游园常用于医院、机关等事业单位，规划这类小游园时，要与街道的造型和附近的建筑物相协调，小游园内设小型广场，供行人休息。

3. 街道小游园的布局形式

街道小游园绿地大多地势平坦，或略有高低起伏，可设计为规则对称式、规则不对称式、自然式、混合式等多种形式。

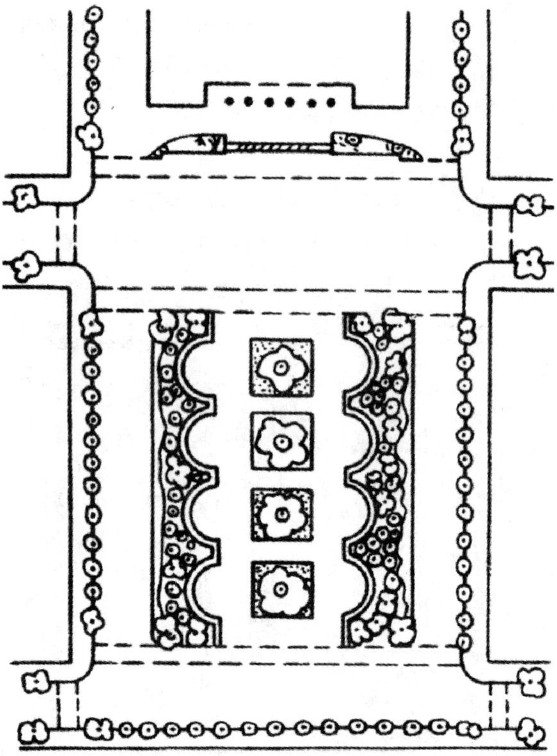

图 5-21　公共建筑物前的小游园

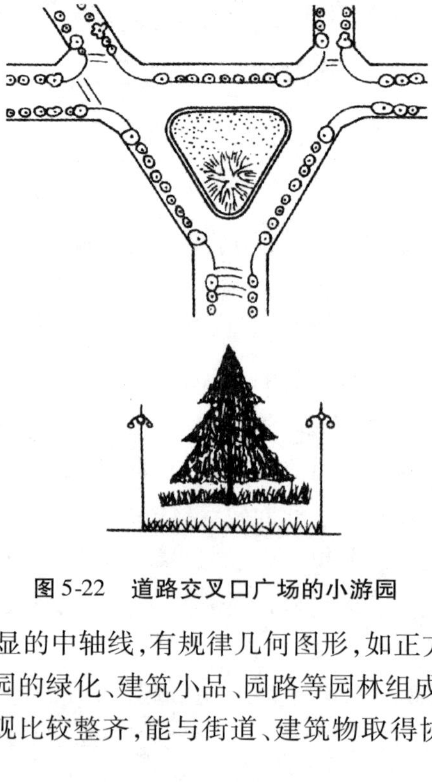

图 5-22　道路交叉口广场的小游园

(1)规则对称式:有明显的中轴线,有规律几何图形,如正方形、长方形、三角形、多边形、圆形、椭圆形等。小游园的绿化、建筑小品、园路等园林组成要素对称或均衡地布置在中轴线两侧。此种形式外观比较整齐,能与街道、建筑物取得协调,给人以华丽、简洁、整

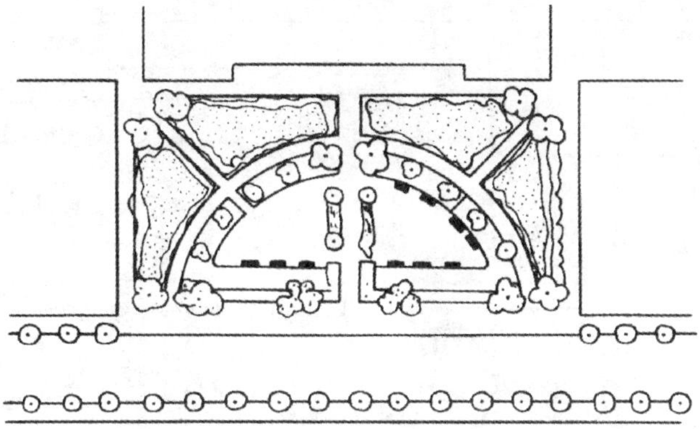

图 5-23　一面临街的小游园设计

齐、明快的感觉。缺点就是不够灵活。特别是在面积不大的情况下还会产生一览无余的效果。但也易受一定的约束，为了发挥绿化对于改善城市小气候的影响，一般在可能的条件下绿带占总宽度的 20% 为宜，也要根据不同地区的要求有所差异（见图 5-24）。

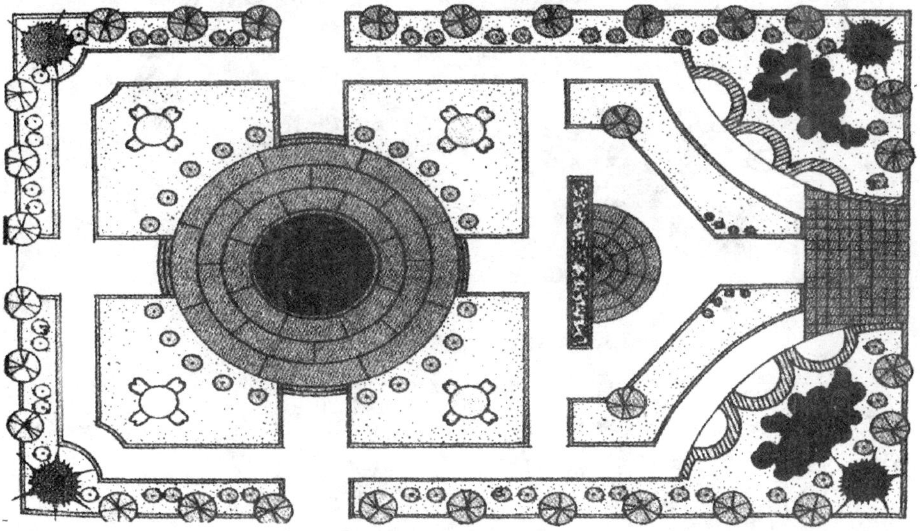

图 5-24　规则对称式小游园

（2）规则不对称式：此种形式整齐而不对称，绿化、建筑小品、道路、水体等组成要素都按一定的几何图案进行布置。但无明显的中轴线。可以根据其功能组成不同的空间，它给人的感觉是虽不对称，但有均衡的效果（见图 5-25）。

（3）自然式：绿地无明显的轴线，道路为曲线，植物以自然式种植为主，易于结合地形，创造自然环境，活泼舒适，如果点缀一些山石、雕塑或建筑小品，更显得美观。这种布置形式布局灵活，自由活泼，富有自然气息（见图 5-26）。

（4）混合式：混合式小游园是规则式与自然式相结合的一种形式，运用比较灵活，内容布置丰富。占地面积较大，能组织成几个空间，联系过渡要自然，总体格局与四周的建筑应协调，不可杂乱（见图 5-27）。

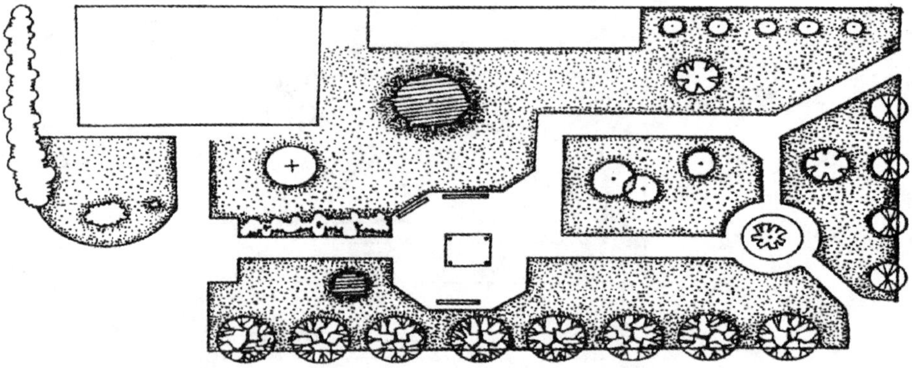

图 5-25 规则不对称式小游园

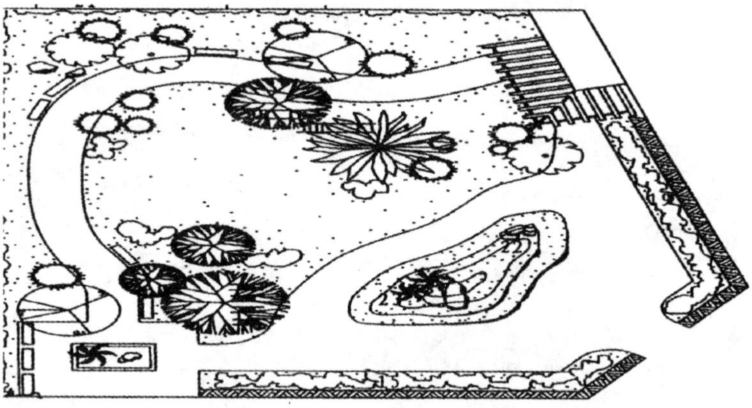

图 5-26 自然式小游园

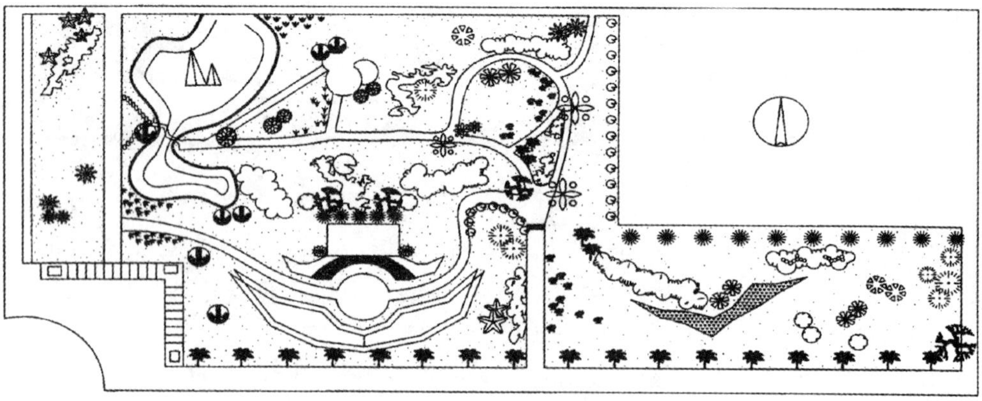

图 5-27 混合式小游园

(六)城市交叉路口与立交桥头绿地规划设计

1. 交叉路口的种植设计

交叉路口是两条或两条以上道路相交之处。为了保证行车安全,在道路交叉口必须为司机留出一定的安全视距。所谓安全视距,是指行车司机发觉对方来车立即刹车而恰好能停车的距离,使司机在这段距离内能看到对面特别是侧方来往的车辆,并有充分的刹车和停车时间,来避免发生撞车事故。根据两条相交道路的两个最短视距,可在交叉口平面图上绘出一个三角形,称为视距三角形(见图5-28)。

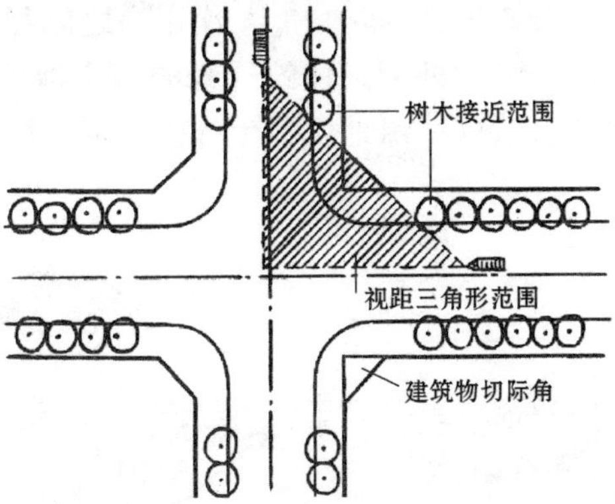

图5-28　视距三角形示意图

在此三角形内不能有建筑物、构筑物、广告牌以及树木等遮挡司机视线的地面物。在视距三角形内布置植物时,其高度不得超过0.65~0.7 m,宜选低矮灌木、丛生花草种植。

2. 交通岛绿地设计

交通岛俗称转盘,设在道路交叉口处(见图5-29)。主要为组织环形交通,使驶入交叉口的车辆一律绕道作逆时针单向行驶。一般设计为圆形,其直径的大小必须保证车辆流量多的主干道路或具有大量非机动车交通、行人众多的交叉口。目前,我国大中城市所采用的圆形中心岛直径一般为40~60 m,一般城镇的中心岛直径也不能小于20 m。中心岛不能布置成行人休息用的小游园、广场或吸引游人的地面装饰物,而常以嵌花草皮、花坛为主或以低矮的常绿灌木组成简单的图案花坛,切忌用常绿小乔木或灌木,以免影响视线。但是,在居住区内部街道由于人流、车流较少,以步行为主。因此,在这种情况下,交通岛往往可以布置成小游园或广场的形式,以方便居住区的人们休闲活动。中心岛虽然也构成绿岛,但比较简单,与大型的交通广场或街心小游园不同。

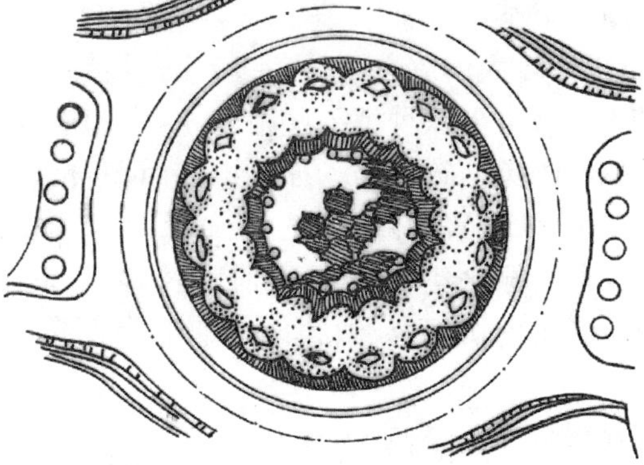

图5-29　交通岛绿地设计示意图

3. 立体交叉道绿地种植设计

道路立体交叉的形式主要有两种，即简单立体交叉和复杂立体交叉。复杂的立体交叉一般由主、次干道和匝道组成，匝道供车辆左、右转弯，把车流导向主、次干道上。为了保证车辆安全和保证规定的转弯半径，匝道和主、次干道之间往往形成几块面积较大的空地，称为绿岛。此外，以立体交叉的外围到建筑红线的整个地段，除根据城镇规划安排市镇设施外，都应该充分绿化起来，这些绿地可称为外围绿地。绿岛和外围绿地构成美丽而壮观的景观（见图5-30）。

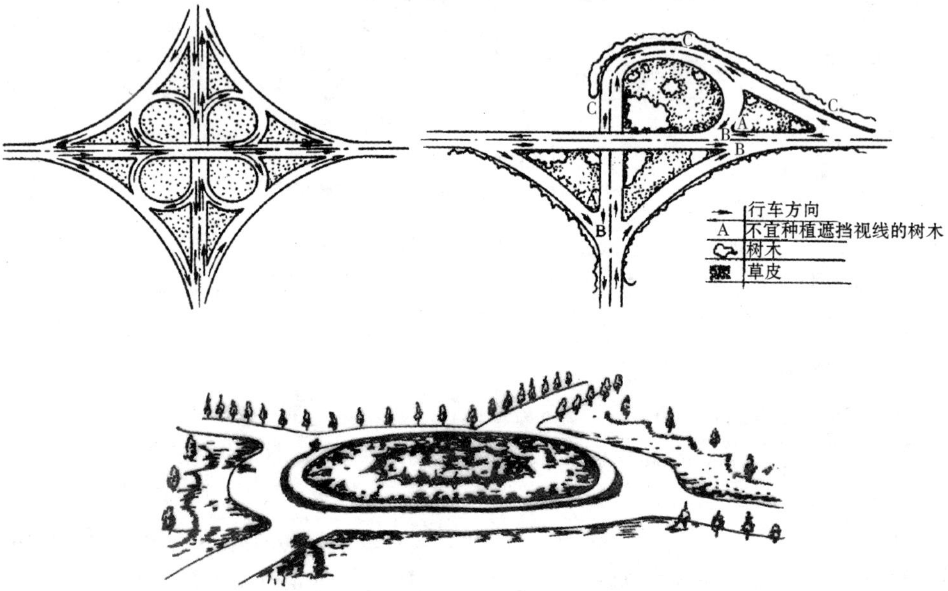

图5-30　苜蓿叶式立体交叉示意图

绿化布置要服从立体交叉的交通功能，使司机有足够的安全视距。在匝道和主、次干道汇集的一段不宜种植遮挡视线的树木。如种植绿篱和灌木时，其高度不能超过司机视线高度，以便能注意到前方的车辆。在弯道外侧，最好种植成行的乔木，以便诱导司机行车方向，同时使司机有一种安全感。

绿岛是立体交叉中面积比较大的绿化地段，一般应种植开阔草坪，草坪上点缀具有较高观赏价值的常绿树和花灌木，也可以种植一些宿根花卉，构成一幅壮观的图景。切忌种植较高的绿篱和大量的乔木，以免阴暗郁闭。如果绿岛面积较大，在不影响交通安全的前提下，可按街心花园的形式布置，设置园路、花坛、座椅等。立体交叉外围绿化树种的选择和种植方式，要和道路伸展方向绿化建筑物的不同性质结合起来，和周围的建筑物、道路、路灯、地下设施及地下各种管线密切配合，做到地下地上合理布置，才能取得较好的绿化效果。

（七）公路、铁路的绿化设计

1. 公路绿化

城市郊区的道路为公路，它联系着城镇、乡村以及通向风景区的道路。公路绿化的主要目的在于美化道路，防风、防尘，并满足行人车辆的遮阳要求，再加上其地下管线设施简单，人为影响因素较少。在绿化设计时应考虑以下几个方面的问题：

(1)公路绿化带常用一板两带式或两板三带式，绿化带根据道路的宽度决定。

(2)公路交叉口应留出足够的视距，在遇到桥梁、涵洞等构筑物时，5 m以内不能种植任何植物。

(3)公路线较长时，应在2～3 km处变换另外一树种，避免绿化单调，增加景色变化，保证行车安全，避免病虫害蔓延。

(4)选择公路绿化树种时要注意乔灌木相结合，常绿与落叶相结合，速生树与慢生树相结合，还应多采用地方乡土树种。

(5)公路绿化应尽可能与生产、农田防护林带相结合，做到一林多用，节省用地。

2. 铁路的绿化设计

铁路绿化是沿着铁路延伸方向进行的，目的是保护铁轨枕木少受风、沙、雨、雷的侵袭，还可保护路基。在铁路两侧进行合理的绿化，可形成优美的景观效果(见图5-31)。

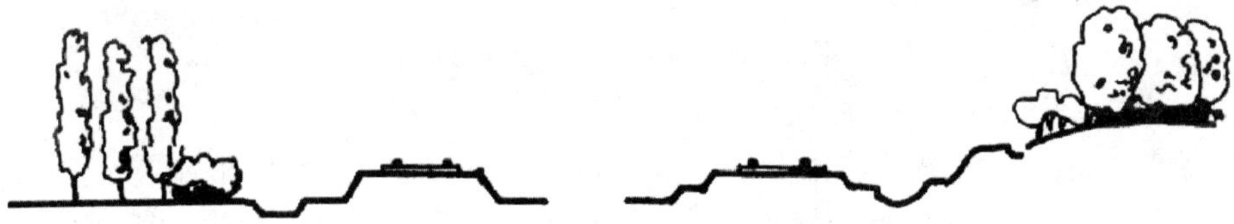

图5-31　铁路绿化断面示意图

(1)种植乔木应距外铁轨10 m以上，种植灌木，应距外铁轨6 m以上，种植地被植物应距外铁轨2～3 m。

(2)在铁路、公路平交的地方，50 m公路视距、400 m铁路视距范围内不得种植阻挡视线的乔灌木。

(3)铁路转弯内径150 m内不得种植乔木，可种植小灌木及草本地被植物。

(4)在距机车信号灯1 200 m内，不得种植乔木，可种植小灌木及地被植物。

(5)在通过市区的铁路，左右应各有30～50 m以上的防护绿化带，以减弱城市噪声对居民的干扰。

(6)在铁路的边坡上，不能种植乔木，可种植草本或低灌木进行护坡，防止水土流失，以保证行车安全。

3. 高速公路的绿地规划设计

随着城市交通发展的进程，高速公路在我国得到了很好的发展。高速公路是具有中央分隔带和具有完全防护设施，专供车辆快速行驶的现代公路。

1)高速公路断面的布置形式

高速公路的横断面包括中央隔离带(分车绿带)、行车道、路肩、护栏、边坡、路旁安全带和护网(见图5-32)。隔离带宽度为2～4.5 m，其内可种植花灌木、草皮、绿篱和较低矮的整形常绿树，较宽的隔离带还可以种植一些自然树丛，但不宜种植成行乔木，以免影响高速行进中司机的视线。为了保证安全，高速公路一般不允许行人穿过，分车带内可装设喷灌或滴灌设施，采用自动或遥控喷水装置。

2)高速公路对绿化的要求

(1)高速公路一般要远离建筑物，它们之间要用较宽的绿带隔开。分车绿带上一般

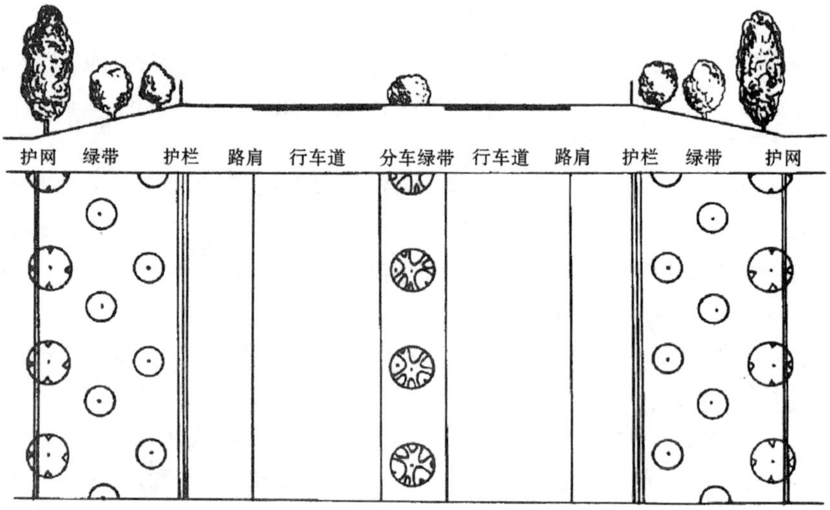

图 5-32　高速公路绿化实例

不种植乔木，以免使司机晃眼而造成交通事故。

(2)高速公路中央隔离带的宽度最少为 2 m，但有些地方受条件限制，为了节约用地也有采用 3 m 的。隔离带中可种植花灌木、草坪、绿篱、低矮整形的常绿的灌木，但要因地制宜，作分段设计处理，以增加路面景观和有利于消除视力疲劳。但隔离带较窄的，为了安全，需要增设防护栏。

(3)当高速公路通过城区时，为了减少对城市环境的污染，要求在干道的两侧种植 20～30 m宽的安全防护林带。

(4)为了保证安全，路肩上不宜栽种树木，可在其外侧边坡上和安全地带上种植树木、花卉和绿篱。大乔木要距路面有足够的距离，不使树影投射到车道上。

(5)高速公路的平面线形有一定距离要求，一般直线距离不应大于 24 km；在直线下坡拐弯的路段应在外侧种植树木，以增加司机的安全感，并可诱导视线。

(6)当高速公路通过城市中心时，需要设立交桥，并且车行道与人行道严格分开。绿化时也不能种植乔木。

(7)在高速公路上，一般每 50～100 km 设立一处高速服务区，供司机和乘客停车休息。设计相应的服务设施，需配以绿化。

3)高速公路绿地种植设计的类型

(1)视线诱导种植：通过绿地种植来预示可预告公路线条形状的变化，以引导司机安全操作，尽可能保证快速交通下的安全，这种诱导表现在平面上的曲线转弯方向、纵断面上的线条形状变化等。所以，这种种植必须有连续性，才能反映线条形状的变化，并且树木要有适宜的高度和位置等才能起到提示诱导的作用。

(2)遮光种植：因为车辆在夜间行驶常常由于对方车灯光引起眩光，所以应采用遮光种植。种植的间距、高度与司机视线的高度以及路灯的照射角度有关。一般小车的要求树高需在 1.5 m 以上，大车在 2.0 m 以上。

(3)明暗适宜的栽植：当汽车进入隧道时，光线明暗急剧变化，瞬间不能适应，看不清前方。一般在隧道入口处栽植高大树木,以使侧方光线形成明暗的参差阴影,使亮度逐渐变化,以缩短适应时间。

(4)缓冲的栽植:为了减缓发生冲击时车辆与司机受到的损伤,种植具有一定宽度和厚度的低矮树群时,可以起到缓冲的作用。

(5)其他栽植:防止危险和行人穿越的隔离种植,防止坡面水土流失的防护种植,遮挡道路边不太美观的景观的背景种植,点缀道路边风景的点景种植等。

第二节　城市广场绿地中的植物造景规划设计

城市广场是城市道路交通体系中具有多种功能的空间,能集中体现城市的艺术面貌。城市广场往往成为表现城市景观特征的标志。现代城市广场是现代城市开放空间体系中最具公共性、最具艺术性、最具活力、最能体现都市文化和文明的开放空间。现代城市广场体现了一个城市的风貌和灵魂,展示了现代城市的生活模式和社会文化内涵。城市广场的概念,是指由建筑物、街道和绿地等围合或限定形成的永久性城市公共活动空间,是城市空间环境中最具公共性、最富有艺术魅力、最能反映城市文化特征的开放空间。

一、城市广场的分类

城市广场的类型多种多样,其中最为常见的是根据广场的功能性质来进行分类的。

(1)以广场的使用功能分为集会性广场、纪念性广场、交通性广场、商业性广场、文化娱乐休闲广场、儿童游乐广场 、附属广场等。

(2)以广场的尺度关系分为特大型广场、中小型广场等。

(3)以广场的空间形态分为开放性广场和封闭性广场。

(4)以广场的材料构成分为以硬质材料为主的广场、以绿化材料为主的广场、以水质材料为主的广场等。

二、现代城市广场绿地规划设计原则

(1)城市广场绿地布局应与城市广场总体布局统一,使绿地成为广场的有机组成部分,从而更好地发挥其主要功能,符合其主要性质要求。

(2)城市广场绿地的功能与广场内各功能区相一致,更好地配合和加强本区功能的实现。如在入口区植物配置应强调绿地的景观效果,休闲区规划则以落叶乔木为主,冬季的阳光、夏季的遮阳都是人们户外活动所需要的。

(3)城市广场绿地规划应具有清晰的空间层次,独立形成或配合广场周边的建筑、地形等形成优美的广场空间体系。

(4)城市广场绿地规划设计应考虑到与该城市绿化总体风格协调一致,结合城市地理区位特征,植物种类选择应符合植物的生长规律,突出地方特色,季相景观丰富。

(5)结合城市广场环境和广场的竖向特点,以提高环境质量和改善小气候为目的,协调好风向、交通、人流等诸多因素。

(6)对城市广场上的原有大树应加强保护,保留原有大树有利于广场景观的形成,有

利于体现对自然、历史的尊重，有利于对广场场所感的接受和利用。

三、城市广场绿地规划设计要求

（一）集会广场

集会广场一般用于政治、文化集会，庆典、游行、检阅、礼仪、民间传统节日等活动。这类广场不宜过多布置娱乐性建筑和设施。集会广场一般都位于城市中心地区。常用的广场几何图形为矩形、正方形、梯形、圆形或其他几何形状的组合。广场中心一般不设置绿地，但在节日又不举行集会时可布置活动花卉、盆花摆放等，以创造节日新鲜、繁荣的欢乐气氛。在主席台、观礼台两侧、背面需绿化，常配置常绿树，树种要与广场四周建筑相协调，达到美化广场及城市的效果。

集散广场绿地设计的基本原则是在满足入口及车辆集散功能的前提下，与主体建筑相协调，构成衬托主题建筑、美化环境、改善城市面貌的丰富景观。基本布局是周边以种植乔木或绿篱为主，场面上种植草坪，设花坛，起交通岛作用，还可设置喷泉、雕塑或山水小品、建筑小品、座椅等（见图 5-33）。

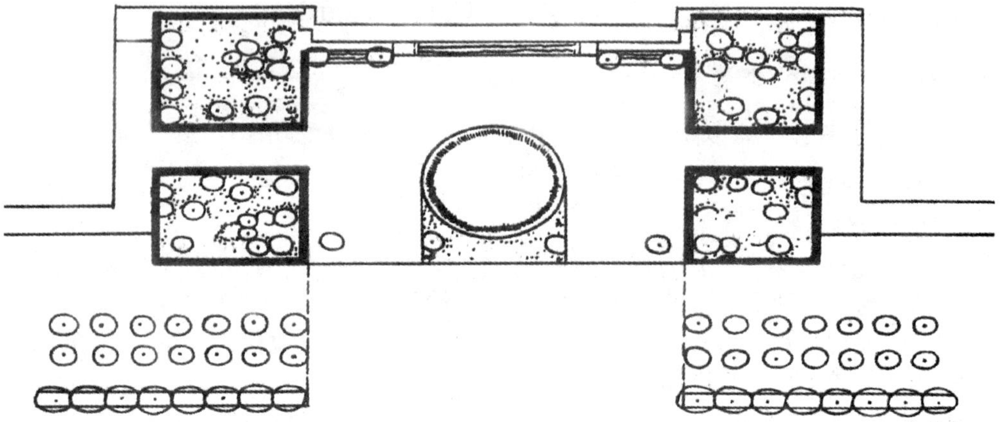

图 5-33　集会广场绿化

（二）纪念广场

纪念广场主要是为纪念某些名人或某些事件的广场。它包括纪念广场、陵园广场、陵墓广场等。纪念广场是在广场中心或侧面设置突出的纪念标志物。其绿地设计，首先，要根据广场的纪念主题形成相应、统一的形式、风格，如庄严、简洁、娴静、柔和等。其次，城市广场绿化要选择具有代表性的树木和花木，如广场面积不大，选择与纪念性相协调的树种，加以点缀、映衬。塑像则宜布置浓重、苍翠的树种，创造严肃或庄重的气氛；纪念堂侧面铺设草坪，创造娴静、开朗的境界（见图 5-34）。

（三）交通广场

交通广场包括站前广场和道路交通广场。交通广场是城市交通系统的有机组成部分，它是连接交通的枢纽，起合理组织交通、集散人流、联系空间、过渡环境及停车的作用。它应满足畅通无阻、联系方便的要求，有足够的面积及空间满足车流、人流的安全需要。

交通广场绿地设计要有利于组成交通网，满足车辆集散要求，种植必须服从交通安

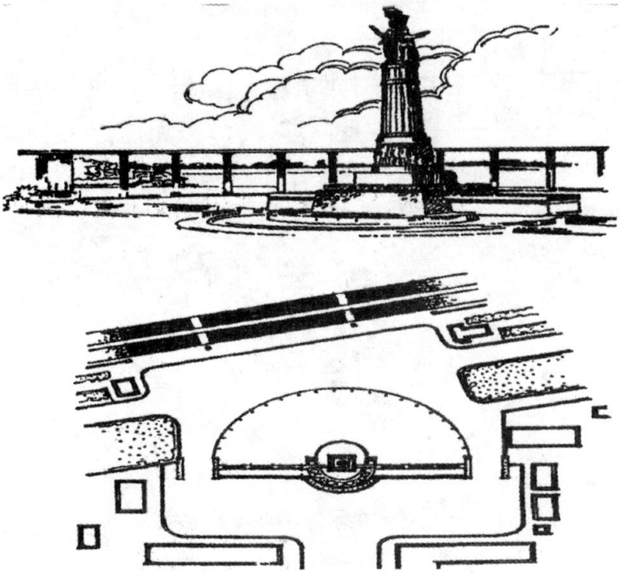

图 5-34　哈尔滨防洪纪念广场

全，构成完整的、色彩鲜明的绿化体系。有绿岛、周边式与地段式三种绿地形式。

绿岛，广场中心的安全岛，可种植乔木、灌木并与绿篱相结合。面积较大的绿岛可设地下通道，围以栏杆。面积较小的绿岛可布置大花坛，种植一年生或多年生花卉，组成各种图案或文字的模纹花坛，或种植草皮，以花卉点缀，让它形成缀花草坪。冬季长的北方城市，可设置雕像或假山石与绿化相结合，形成园林景观。周边式绿化是在广场周围进行绿化，或种植草皮、矮花木，或围以绿篱。地段式绿化是将广场上除行车路线外的地段全部绿化、种植高大乔木外，配植花草、灌木等，形式活泼，不拘一格（见图 5-35）。

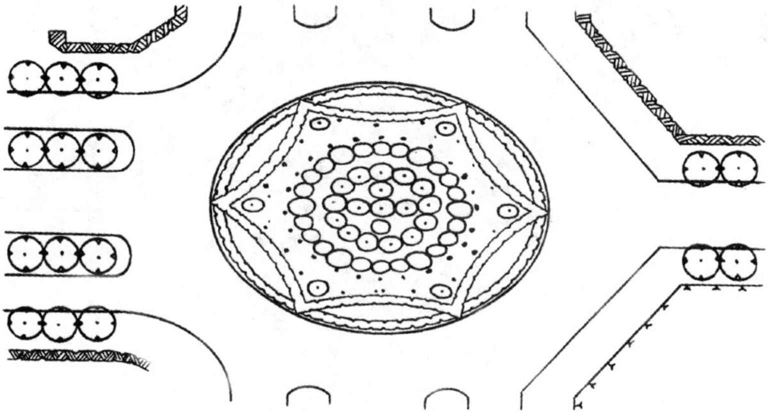

图 5-35　交通广场绿化

（四）文化娱乐休闲广场

在现代城市中，文化娱乐休闲广场已成为广大民众最喜爱的重要户外活动场所，它可有效地缓解市民工作之余的精神压力和疲劳。但在城市中的布置要合理，植物造景要灵活多样（见图 5-36）。

图 5-36　文化娱乐休闲广场绿化效果图

(五)商业广场

商业广场包括集市广场、购物广场,商业广场,大多采用步行街的布置方式,使商业活动区集中,既便于购物,又可避免人流与车流的交叉,同时可供人们休息、散步、饮食等。

商业广场宜布置各个城市中具有特色的广场设施(见图 5-37)。

图 5-37　商业广场设计效果图

四、广场绿地种植设计的基本形式

(一)排列式种植

排列式种植属于整形式,主要用于广场周围或者长条形地带,用于隔离或遮挡,或作背景。单行的绿化栽植,可采用乔木、灌木、花卉相搭配,乔木下面的灌木和花卉要选择耐阴品种,在色彩和体形上注意协调,形成良好的水平景观和立体景观效果。

(二)集团式种植

集团式种植也是整形式的一种,是为避免成排种植的单调感,把几种树组成一个树丛,有规律地排列在一定地段上。这种形式有丰富浑厚的效果,可用花卉和灌木组成树丛,也可用不同的灌木或(和)乔木组成树丛。植物的高低和色彩都富于变化。

(三)自然式种植

自然式种植是指植物的种植不受统一的株行距限制,而是疏落有序地布置,生动而活泼。这种布置不受地块大小和形状限制,可以巧妙地解决与地下管线的矛盾。自然式树丛的布置要密切结合环境,在管理工作上的要求较高。

(四)花坛式(图案式)种植

花坛式就是图案式种植,是一种规则式种植形式,装饰性极强,材料可以选择花卉、地被植物,也可以用修剪整齐的低矮小灌木构成各种图案,它是城市广场最常用的种植形式之一。花坛的位置及平面轮廓要与广场的平面布局相协调,花坛的面积占城市广场面积的比例一般最大不超过广场1/3,最小也不小于1/15。当然,华丽的花坛面积要小些,简洁的花坛面积要大些。为了使花坛的边缘有明显的轮廓,并使种植床内的泥土不因水土流失而污染路面和广场,也为了不使游人因拥挤而践踏花坛,花坛往往利用边缘石和栏杆保护起来,边缘石和栏杆的高度通常为10~15 cm。也可以在周边用植物材料作矮篱,以替代缘石或栏杆。

五、城市广场树种选择的原则

城市广场树种的选择要适应当地土壤与环境条件,掌握选种的原则、要求,因地制宜,才能达到合理、最佳的绿化效果。在进行城市广场树种选择时,一般遵循以下几条原则(标准)。

(1)冠大荫浓:枝叶茂密且树冠开展、枝叶密的树种夏季可形成大片绿荫,能降低温度、避免行人暴晒。

(2)耐瘠薄土壤:城市中土壤瘠薄,受各种管线或建筑物基础的限制和影响,植物体营养面积很少,补充有限。因此,选择耐瘠薄土壤习性的树种尤为重要。

(3)深根性:营养面积小,而根系生长很强,向较深的土层伸展仍能根深叶茂。特别是在一些沿海城市更应选择深根性的树种以抵御暴风袭击而不受损害。而浅根性树种,根系会影响场地的铺装。

(4)耐修剪:广场树木的枝条要求有一定高度的分枝点(一般在2.5 m左右)。侧枝不能刮、碰过往车辆,并具有整齐美观的形象。因此,每年要修剪侧枝,树种需有很强的萌芽能力,修剪以后能很快萌发出新枝。

(5)抗病虫害与污染:要选择能抗病虫害,且易控制其发展和有特效药防治的树种。选择抗污染、吸收污染物的树种,有利于改善环境。

(6)落花、落果少或无飞毛、飞絮:经常落果或有飞毛、飞絮的树种,容易污染行人的衣物,尤其污染空气环境,并容易引起呼吸道疾病。

(7)发芽早、落叶晚且落叶期整齐:选择发芽早、落叶晚的阔叶树种。落叶期整齐的树种有利于保持城市的环境卫生。

(8)耐旱、耐寒:选择耐旱、耐寒的树种可以保证树木的正常生长发育,减少管理上财力、人力和物力的经济投入。北方冬季严寒,春季干旱,致使一些树种不能正常越冬,必须予以适当防寒保护。

(9)寿命长:树种的寿命长短影响到城市的绿化效果和管理工作,要延长树的更新周期,必须选择寿命长的树种。

六、广场植物配置的艺术手法

(一)对比和衬托

运用植物不同形态特征包括高低姿态、叶形叶色、花形花色的对比手法,配合广场建筑其他要素整体地表达出一定的构思和意境。

(二)韵律、节奏和层次

广场植物配置的形式组合应注意韵律和节奏的表现。同时应注重植物配置的层次关系,尽量求得既要有变化又要有统一的效果。

(三)色彩和季相

植物的干、叶、花、果实等色彩丰富,可采用单色和多色组合表现,达到广场植物色彩搭配取得良好图案化效果。要根据植物四季季相,尤其是春、秋的季相,处理好在不同季节中植物色彩的变化,产生具有时令特色的艺术效果。

第三节　居住区绿地植物造景

居住区绿地是城市园林绿地系统中的重要组成部分,是改善城市生态环境的重要环节,由于这类绿地在城市中分布最广,与人的关系最密切,服务对象最广泛,服务时间最长,因而它既是城市居民使用最多的绿色户外活动空间,也是衡量城市现代化水平和居民生活居住环境质量的重要标志。

一、居住区绿地的功能

(1)营造绿色户外环境,体现绿地生态功能。居住区绿化以植物为主体,可形成层次分明、色彩丰富、绿荫覆盖、清新幽静的户外空间,从而在净化空气、减少尘埃、吸收噪声、保护居住区环境等方面发挥良好的作用,同时也有利于遮阳降温、防止西晒,调节气温,降低风速,改善居住区小气候。

(2)塑造优美景观,体现绿地美化环境功能。居住区绿地所塑造的景观空间给人以美的享受。它不仅大大提高了城市居民生活居住的质量和品位,而且有利于城市形象和城市景观空间的创造。

(3)创造多功能的户外活动空间,满足居民的使用功能。居住区绿地通过各种绿化空间、社会交往空间、休闲活动空间及公共设施的创造和建设,形成良好的多功能的户外活动空间,为居民的社会交往创造便利的条件,组织、吸引居民在就近的绿地中游憩、观赏,参与户外活动,使其各得其所。

(4)创造经济效益。在居住区绿地中,既选择有观赏价值的植物,形成优美的景观,又选择有经济价值的植物,可生产提供一定数量的林果、药材等副产品,使观赏、经济、生态三个功能结合起来,取得良好的综合效益。

(5)防护功能。居住区绿地也具有疏散人口、防灾避难、隐蔽建筑的功能。园林植物还能吸收、过滤放射性和有毒有害物质,对居住区环境和居民发挥保护作用。

二、居住区绿地的组成

居住区绿地根据使用情况可以分为公共绿地、宅旁绿地、公共设施绿地和道路绿地等。

(一)公共绿地

公共绿地是为一定居住用地范围内的居民服务,具有一定活动内容和设施的集中绿地,具有公共性质。

(1)居住区公园:居住区公园服务于一个居住区的居民,具有一定的活动内容和设施,为居住区配套建设的集中绿地。居住区公园为全居住区居民就近使用,面积较大,相当于城市的小型公园,以绿化为主体,有简单的功能分区,并与各种活动中心结合布置,以方便居民使用。居住区公园的服务半径为500～1 000 m,最远的居民步行到居住区公园需10 min左右的时间。

(2)居住小区游园:居住小区游园是为一个居住小区的居民服务,而配套建设的集中绿地。游园内设置一定的游憩活动场地和文化体育设施,其位置也要适中,也要与居住小区各种活动中心结合布置,服务半径为300～500 m。

(3)居住组团绿地:这是最接近居民的一类公共绿地,以住宅组团内的居民为服务对象,往往结合住宅组团布置,面积1 000 m^2 左右,离住宅最大步行距离在100 m左右。绿地内除绿化外,特别要设置老年人和少年儿童休息活动的场地,以及为居民开展健身活动的场所和健身器械。

(二)宅旁绿地

宅旁绿地也称宅间绿地,是最基本的绿地类型,多指行列式建筑前后两排住宅之间的绿地,宅旁绿地是居住区绿地中面积最大、分布最广、最接近居民、使用频率最高的一种绿地类型。

(三)公共设施绿地

公共设施绿地是指居民区各类公共建筑和公用设施周围的环境绿地。如俱乐部、影剧院、少年宫、医院、中小学、幼儿园等单位的绿化用地,其绿化布置既要满足公共建筑和公用设施的功能要求,也要考虑与周围环境的关系。

(四)道路绿地

居住区道路绿地是居住区道路红线以内的绿地,是城市道路绿地在居住区的延伸,同样具有遮阴、保护环境、丰富道路景观和组织交通的功能。

三、居住区绿地植物造景原则

(1)居住区绿地规划应与居住区的总体规划同时进行,合理组织,统一规划,做到集中与分散相结合，重点与一般相结合，点、线、面相结合。使绿地均匀分布在居住区内，方便居民使用。

(2)居住区公共绿地，无论是集中布置还是分散布置，都必须尽量安排在居民日常经过并能顺利到达的地方。在设计及管理过程中，尽量减少围墙或绿篱等隔离设施，以增强绿地对居民的吸引力，提高绿地利用率。

(3)充分利用自然地形和现状条件，因地制宜进行规划。在绿地设计及建设过程中，尽量利用劣地、坡地、洼地及水面作为绿化用地，以节约土地。对原有树木(特别是大树和古树名木)应加以保护和利用，伐不如移，移不如不移。这样，既可节约建设资金，又利于尽快形成绿化面貌。

(4)居住区绿地应以植物绿化造景为主，以植物围合、分隔、组织空间，改善小气候与环境卫生条件，以满足居住区绿地防护、遮阴降温、通风透光的需要。必须根据各个地区和城市的气候条件、特点及居民的生活习惯，作出不同的绿化设计。同一城市，各居住区绿地也应突出自身特点，各具特色。利用植物塑造绿色空间的内在气质，体现亲切、平和、开朗的风格。力求投资节省，管理粗放。

(5)居住区内各组团绿地既要保持格调的和谐统一，又要在立意构思、布局形式、植物选择配置等方面做到多样变化，在统一中追求变化。

(6)居住区内尽量设置集中绿地，为居民提供绿地面积相对集中、较开敞的游憩空间和一个相互沟通、了解的活动场所。

(7)充分运用垂直绿化，增加绿量和绿视率，美化居住环境，强化绿地景观效果。如屋顶、天台绿化，阳台、墙面绿化等多种绿化方式。

四、居住区绿地植物选择与配置

在居住区绿化中，为了更好地创造出舒适、卫生、宁静、优美的生活、休息、游憩的环境，要注意植物的选择和配置，原则上要考虑以下几个方面：

(1)要考虑绿化功能的需要，以树木花草为主，以植物绿化造景为主，提高绿化覆盖率，做到黄土不露天，达到良好的生态环境效益。

(2)要考虑四季景观及普遍绿化的效果，常绿树与落叶树结合，乔木和灌木结合，速生树与慢性树结合，重点与一般相结合，装饰观赏性绿地与开放活动性绿地结合。不同形态、色彩的树种合理配置，使乔、灌、花、篱、草相映成景，使居住环境四季常绿、三季有花有色。

(3)植物种植形式要多种多样，除道路两侧需要成行栽植树冠大、遮阴效果好的树木外，其他地方可多采用孤植、对植、丛植、群植等种植类型，自然活泼，打破行列式住宅群的单调和呆板感。以植物布置的多种形式，并结合道路的走向、建筑、门洞等，形成对景、框景、夹景、借景，丰富空间的变化，创造良好的景观效果。

(4)植物材料的种类不宜太多，以免杂乱，给施工增加困难，又要避免种类太少，景色单调。各组团、各类绿地力求以植物材料形成特色，在统一中求变化，既要有基调树种，又要有特色树种。如玉兰院、桂花院、丁香路、樱花路等。

(5)宜选择生长健壮、管理粗放、少病虫害、有地方特色的优良树种，尤其是乡土树种。还可栽植一些有经济价值的植物,特别在庭院及附属绿地内可多栽既好看又实惠的植物,如核桃、樱桃、玫瑰、葡萄、连翘、麦冬、垂盆草等。花卉的布置可为居住区增添色彩,可适当种植宿根、球根及自播繁衍能力强的多年生花卉,既省工节支,又能获得良好的观赏效果。如美人蕉、蜀葵、玉簪、芍药、葱兰、波斯菊、虞美人等。

(6)要选择攀缘植物,绿化建筑墙面、围栏、矮墙等,遮蔽丑陋之处,提高居住区立体绿化效果。如地锦、五叶地锦、凌霄、常春藤、紫藤、迎春、木香、山荞麦等。

(7)植物选择配置要注意与建筑物、各种工程管线有适当的距离,以免影响树木的生长。一般乔木距建筑物5 m以上,距工程管线2 m以上,灌木距建筑物和工程管线1~1.5 m。

(8)幼儿园及儿童游戏场绿化,忌用有毒、带刺以及易引起过敏的植物,以免伤害儿童。如夹竹桃、凤尾兰、构骨、漆树等。

总之,居住区道路绿化树种选择要求:①冠幅大,枝叶密,遮阴效果好,改善气候和环境的作用明显。②深根性。由于深根性植物根系生长力很强,可向较深的土层伸展,避免人经常践踏,破坏表层根系而影响正常生长。③耐修剪。有一定高度的分枝点(一般2 m以上),底层侧枝不能刮碰过往车辆,并具有整齐美观的树冠。④落果少、无飞毛、无毒、无刺、无刺激性。落果或飞毛树种容易污染居民衣物,尤其污染空气环境。⑤发芽早、落叶晚。发芽早、落叶晚的阔叶树可增加绿色期。

五、居住区绿地植物造景设计

居住区绿地植物造景设计包括居住区外围绿地、居住区公共绿地、宅旁绿地、儿童游戏场绿化及道路绿地等。

(一)居住区外围绿地

居住区外围绿化要结合园林艺术,注意保持树木的连续性和完整性,形成城市中的一道道绿色景观线,其立面的起伏变化可以为城市增加景观层次,同时也丰富了居住区的整体景观风貌。还可结合出入口设置林荫广场等休息绿地,为居民提供晨练、散步的场所,也体现居住区的外貌和形象(见图5-38)。

(二)居住区公共绿地

居住区公共绿地,既是城市绿化空间的延续,又最接近居民的生活环境,在功能上与城市公园不尽相同,是居住区建设中不可缺少的部分。

1.居住区公园

居住区公园是居住区绿地中规模最大、服务范围最广的一种绿地,是为整个居住区的居民服务的。居住区公园是居住区绿地系统的核心,具有重要的生态、景观和供居民游憩的功能。植物配置应选用夏季遮阴效果好的落叶乔木,结合活动设施布置疏林地。可用常绿绿篱分隔空间和绿地外围,并成行种植大乔木,以减弱喧闹声对周围住户的影响,绿化树种避免选择带刺的或有毒、有味的树木,应以落叶乔木为主,配以少量的观赏花木、草坪、草花等(见图5-39)。

2.居住小区小游园

小游园是居住小区内的中心绿地,供本小区居民使用,为居民休息的场所,利用率高,

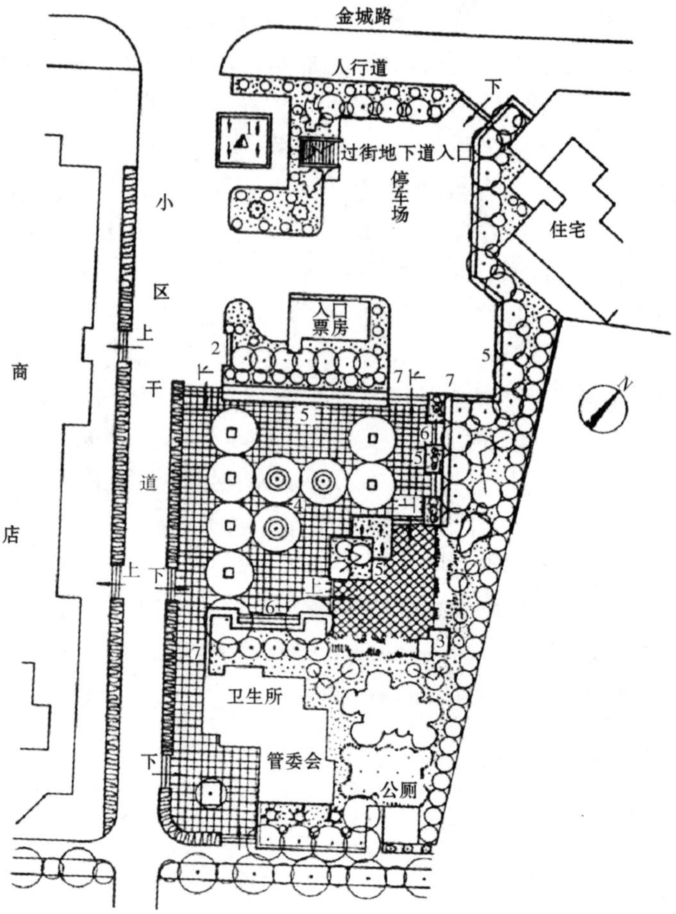

1—村标;2—小区指示牌;3—花架廊;4—塑树圈凳;5—花台;6—坐凳;7—花池

图 5-38　无锡市芦庄小区入口广场规划平面图

要求位置适中,方便居民前往。小游园要妥善地与周围城市园林绿地衔接,充分利用自然地形和原有绿化基础,小游园的位置除布置在小区中心外,亦可在小区一侧沿街布置,形成小区出入口绿地,既美化城市街景,又方便小区居民及城市市民游憩使用。同时,游园中繁茂的树木,具有降低道路噪声、阻滞尘埃、防风等功能,可改善居民的生活环境,发挥绿化隔离带的作用(见图 5-40 ~ 图 5-43)。

小游园广场以铺装地面为主,广场中设置桌椅凳、花架、花台、花坛、花钵、雕塑、喷泉、花架等,为人们休息、游玩创造良好的条件。广场上还可适当栽植乔木,遮阴防晒,树下可布置桌凳,供人们坐息、娱乐。

小游园以开敞式的草坪、模纹图案或疏林草地为主,树木较少,这种绿地视野开阔,格调明快,观赏效果好。但由于树木少,层次单调,遮阴效果差,影响居民的游憩活动,不能很好地发挥绿地改善气候和环境的功能,降低了生态效益。因此,应当乔、灌、花、草结合,提高绿化覆盖率和绿地率。

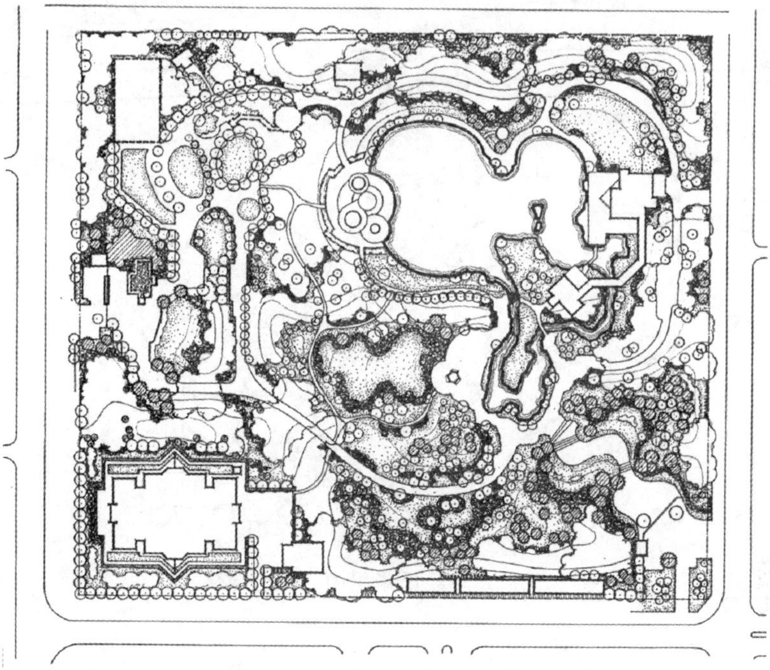

图 5-39　北京丽都公园平面图

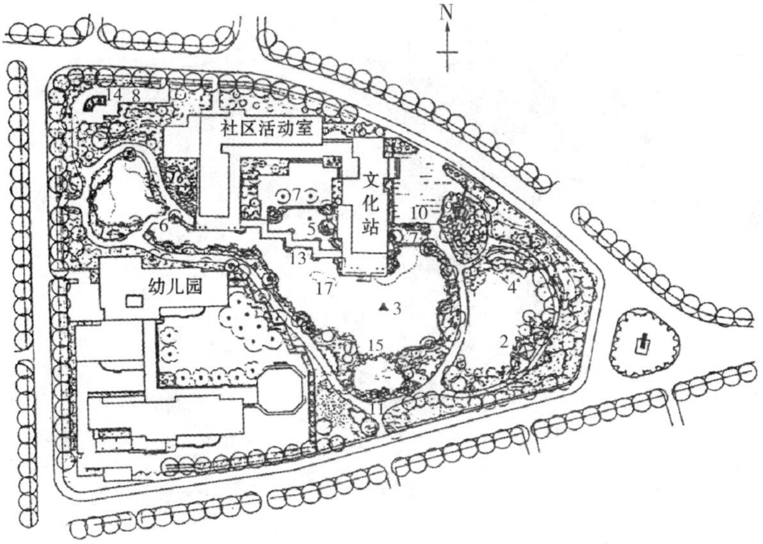

1—蘑菇亭;2—方亭假山;3—雕塑;4—雕塑;5—石灯笼;6—曲桥;7—坐板栏杆;8—花架;9—水池;10—景墙;11—入口;12—入口;13—曲桥;14—坐凳;15—汀步;16—塑树桩凳;17—水生植物

图 5-40　无锡市沁园新村中心游园平面图

3. 居住区组团绿地

组团绿地的植物造景设计,要精心安排不同年龄、层次居民的活动范围和活动内容,提供舒适的休息和娱乐条件。也可将成人和儿童活动用地分开设置,以小路或植物来分隔,避免相互干扰。

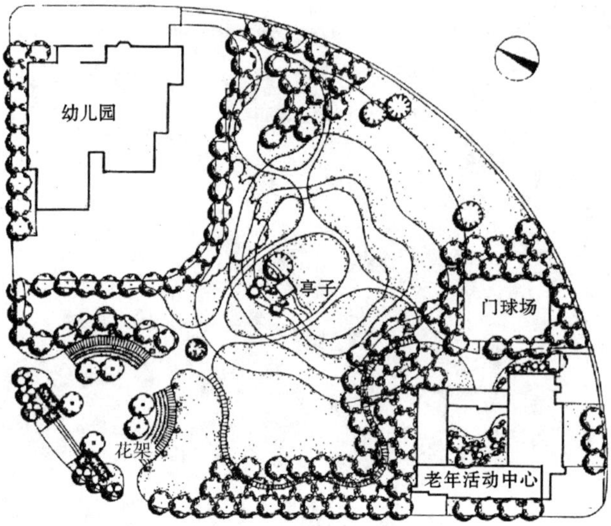

图 5-41　天津市华苑居华里中心绿地绿化平面图

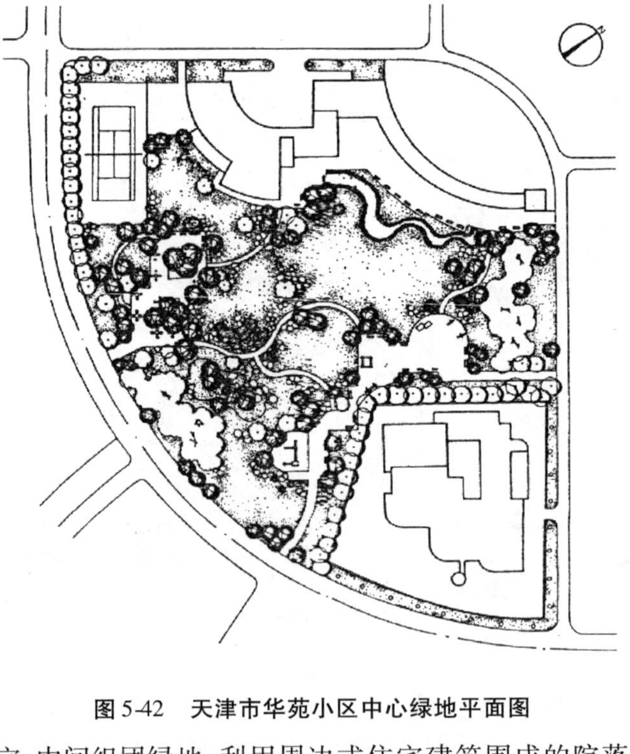

图 5-42　天津市华苑小区中心绿地平面图

(1)周边式住宅,中间组团绿地:利用周边式住宅建筑围成的院落布置组团绿地,环境安静,比较封闭,有较强的庭院感。由于将楼与楼之间的庭院绿地集中布置,能获得较大面积的绿地。

(2)行列式住宅扩大山墙间距,辟为组团绿地:这类绿地打破了行列式住宅山墙间形成的狭长胡同的感觉,组团绿地又与宅旁绿地互相渗透,扩大绿化空间,丰富景观变化。这种类型的组团绿地对居民的休息影响较小。

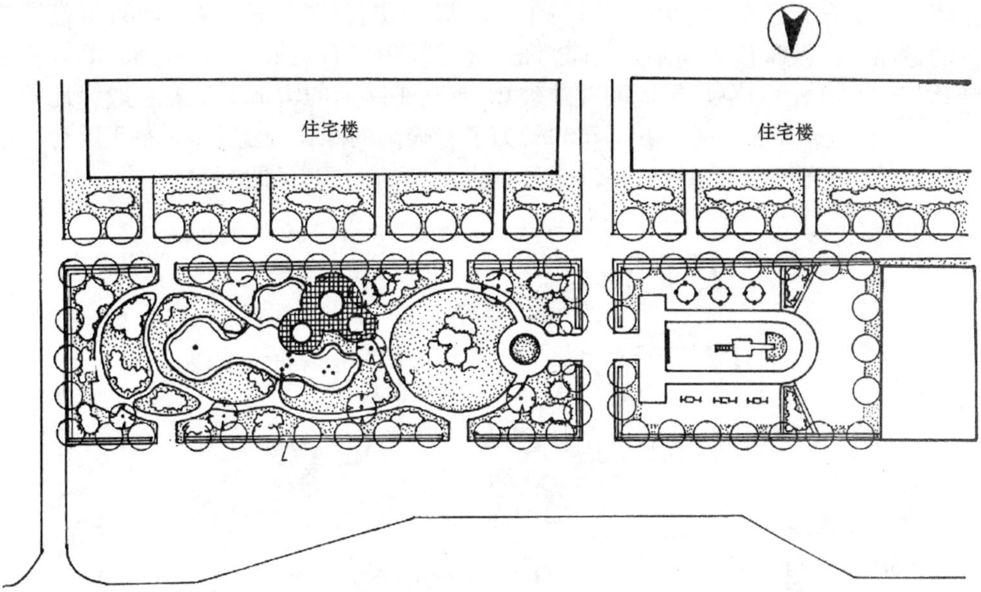

图 5-43　石家庄市谈固住宅小区临街游园平面图

(3)扩大住宅的间距,形成组团绿地:在行列式住宅之间,扩大部分住宅的间距,前后错落有致,改变行列式住宅的单调狭长空间。一般将住宅间距扩大到原间距的2倍左右,利用这部分空间开辟组团绿地。

(4)自由式布置的住宅,穿插布置组团绿地:住宅建筑自由布置,组团绿地穿插其间,与庭院绿地结合,扩大绿化空间,构图显得自由活泼。

(5)利用住宅组团的角隅,布置组团绿地:利用组团内形状不规则的场地及不宜布置住宅建筑的角隅空地,开辟组团绿地,能充分利用土地,避免出现消极空间。组团绿地位于角隅,相对延长了服务半径。

(6)居住建筑临街一面,布置组团绿地:这类绿地可以打破单调感,使绿化和建筑互相衬映,丰富了街道景观,也成为行人和居民休息之地。

(7)沿河带状分布:当住宅区滨河而建时,绿地可以与水体绿化结合,形成景观丰富的滨河景观及良好的居住生态环境。

组团绿地应以花草树木为主,不宜建过多的园林建筑小品,可适当设置儿童游戏场和老年人休息场地,为居民户外活动创造良好的条件。

住宅组团绿地的形式受居住区建筑、道路布局的影响较大,多为建筑所包围的环境空间。其布置形式分为开放式、封闭式与半开放式。①开放式:也称为开敞式,不用绿篱、栏杆分隔,实用性强,居民可自由进入绿地内休息活动,是组团绿地中采用较多的形式。②封闭式:绿地被绿篱、栏杆所隔离,其中以草坪、模纹花坛为主,不设活动场地,色彩丰富,具有较强的观赏性,但居民不可入内活动和游憩,养护管理方便,使用效果较差,居民不希望过多采用这种形式。③半开放式:也称为半封闭式。绿地以绿篱或栏杆与周围分隔,但留有若干个出入口,居民可出入绿地,但绿地中设置的活动场地较少,而禁止人们入内的装饰观赏性地带较多。为追求街景效果,常设计在城市干道两侧布置。

组团绿地的布置还要注意以下两点:①出入口的位置选择,道路、广场的布置要与绿地周围的道路系统及人流方向结合起来考虑;②绿地内要有足够的铺装地面,既方便居民休息活动,又减少居民对草坪绿地的践踏破坏,有利于绿地的清洁卫生。一般绿地覆盖率在50%以上,游人活动面积率50%~60%,为了有较高的绿化覆盖率,并保证活动场地的面积,可采用在铺装地面上留树穴植乔木及铺嵌草砖的方法(见图5-44)。

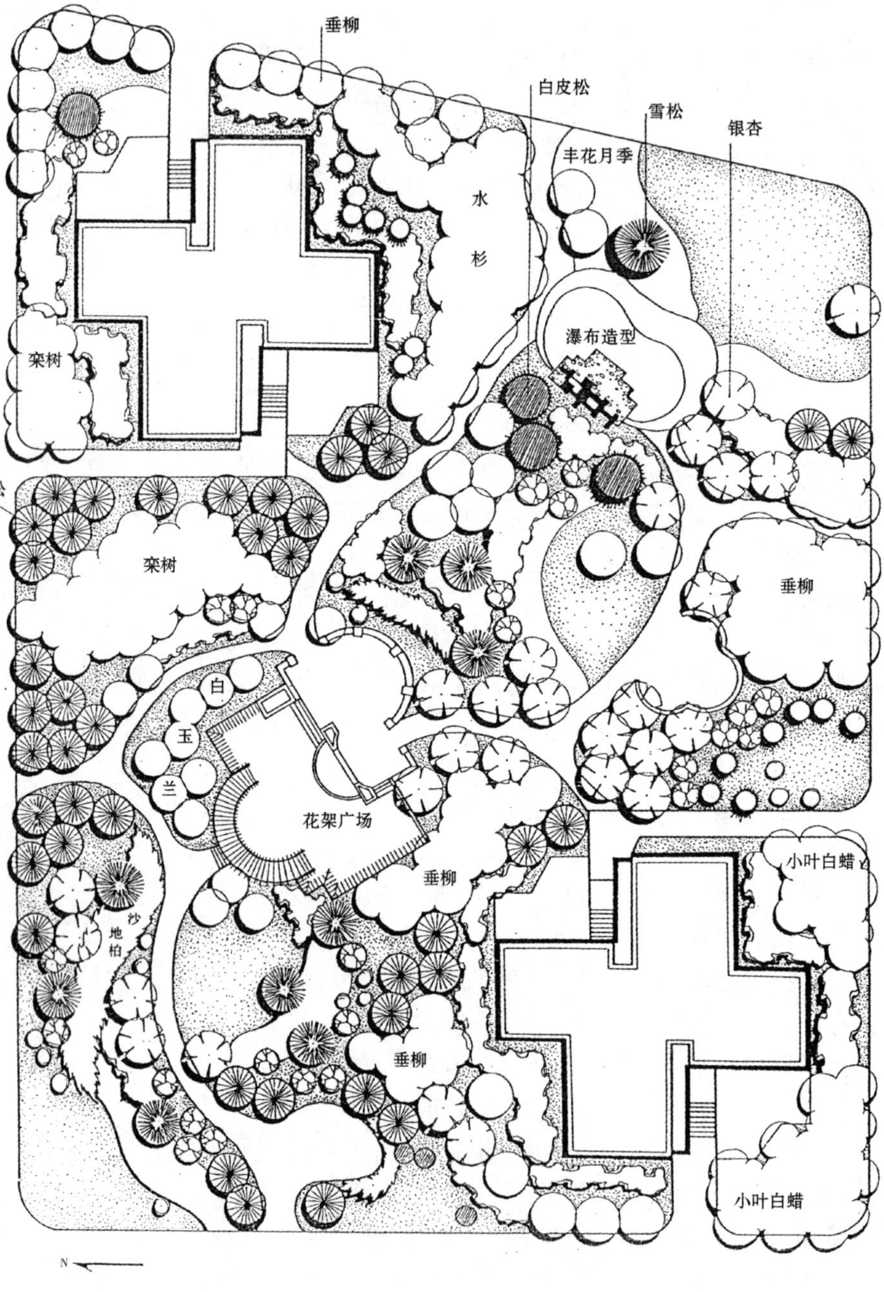

图5-44 北京安华西里小区集中绿地平面图

(三)宅旁绿地

宅旁绿地包括住宅之间及其周围的绿化用地。宅旁绿地是居住区绿地中的重要部分,在居住小区总用地中,宅旁绿地面积占35%左右,在居住区绿地中,宅旁绿地面积最大,分布最广,使用频率最高,能够创造优美、舒适的户外活动空间,为居民开展各种活动提供良好的条件。宅旁绿地也是改善生活居住环境的重要因素,可为居民直接提供清新空气,还可防风、防晒、降尘、减噪,改善小气候,调节温湿度及杀菌等。

1. 宅旁绿地的类型

宅旁绿地以绿化为主,树木花草具有较强的季节性,不同植物有不同的季相。在宅旁绿地中,根据各个组团住宅组成形式和特点,用不同的植物材料,采用不同的配置形式,形成不同的绿化环境,使宅旁绿地各具特点。宅旁绿地的类型可采用以下几种方式。

(1)树林型:用高大的乔木,多行成排地布置在宅间绿地上,形成树林。这种布置形式对改善环境和小气候有显著的作用,也为居民在树荫下进行各项活动提供了良好的条件,但比较粗放、单调,也容易影响室内通风、采光。

(2)绿篱型:在住宅前后用绿篱围出一定的面积,种植草坪、花木,是早期住宅绿化中比较常用的方法。绿篱多采用常绿树种,如大叶黄杨、侧柏、桧柏、蜀桧、女贞、小叶女贞等,也可采用花灌木做成花篱、果篱、刺篱,如贴梗海棠、火棘、六月雪、溲疏、扶桑、米仔兰等。其中花木的布置,在有统一基调树种前提下,各有特色,或根据住户的爱好进行配置。这种布置形式色彩丰富,观赏性强,但比较封闭,影响居民活动,利用率低,改善环境和小气候的作用相对较小。

(3)花园型:在宅间绿地上,用绿篱或栏杆围出一定的用地,留若干个出入口,绿地内布置有游步道、小型铺装广场、花架、桌凳等,以草坪、绿篱、花木自然式或规则式、开放型或封闭型配置。这种布置形式多样,层次分明,色彩丰富,既起到减噪、防尘、遮挡视线、美化环境的作用,也为居民提供休息的场所。

(4)围栏型:用砖墙、预制花格墙、水泥栏杆、金属栏杆、竹篱笆等在建筑正面(南、东)围出一定的面积,形成首层庭院,布置花木,形成绿地,这是近年来居住区绿化中应用最为广泛、深受欢迎的一种类型。在围栏上布满观花的攀缘植物,如凌霄、蔓蔷薇、金樱子等。

(5)庭院型:一般在独院式住宅,除种植花草树木外,还可布置山石、水池、花架、小径和桌凳,形成自然、幽静的生活居住环境。庭院型的绿化布置要根据院落大小、形状,把边占角让心,精心布置,避免闭塞,影响人的出入和活动。

(6)草坪型:多用于高级独院式住宅,有时也用于多层或高层住宅,养护管理要求较高。

2. 宅旁绿地的细部处理

(1)入口处的绿化:北入口以对植、丛植的手法,栽植耐阴花灌木,如金丝桃、金丝梅、桃叶珊瑚、珍珠梅、海桐球、石楠球、黄杨球、金银木等,以强调出入口,丰富立面。南入口除上述布置外,也可栽植攀缘植物,如凌霄、常春藤、地锦、山荞麦、紫藤、木香、爬墙虎、金银花等,作为拱门。在入口处不要栽种有刺的植物,如凤尾兰、丝兰等,以免伤害出入的居民,特别是儿童。

(2)墙基、角隅的绿化:结合道路在建筑墙基、角隅处,以植物绿化,形成窄带状基础绿带，栽植低矮的花灌木、草坪，进行过渡，打破墙面呆板、枯燥和线条的僵直感觉，丰富立面。如种植铺地柏、鹿角柏、麦冬、葱兰、玉簪、金叶女贞、红叶小檗等，角隅栽植珊瑚树、八角金盘、凤尾竹、棕竹、紫薇、榆叶梅等，使墙角、屋角绿树茵茵，色彩丰富。

(3)住宅西墙绿化：一是种植攀缘植物，如地锦、五叶地锦、爬墙虎、凌霄、常春藤等，既垂直绿化了墙面，又有效地降低墙面温度和室内气温。二是在西墙外结合道路，栽植高大的落叶乔木，如毛白杨、悬铃木、水杉、池杉等。盛夏之际，树木像一堵绿墙，为房屋的墙面遮阴，使室内免受西晒之灼。

(4)生活杂务场地绿化：在住宅旁的杂务院即使位置隐蔽，也要采用绿化将其隐蔽起来，以免有碍观瞻。一般在这些场地周围密植常绿灌木，形成绿墙。如珊瑚树、侧柏、蜀桧、女贞、椤木等，既不遮蔽阳光，又显得整齐。

(5)垃圾站、箱绿化：在垃圾站外围密植常绿树木，将垃圾站遮蔽起来，也可减少日晒及风吹雨淋，垃圾飘飞溢流(见图5-45、图5-46)。

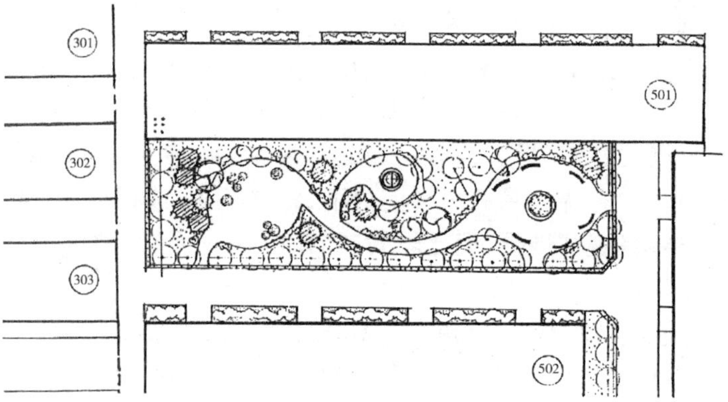

图5-45　宅间绿地平面图(一)

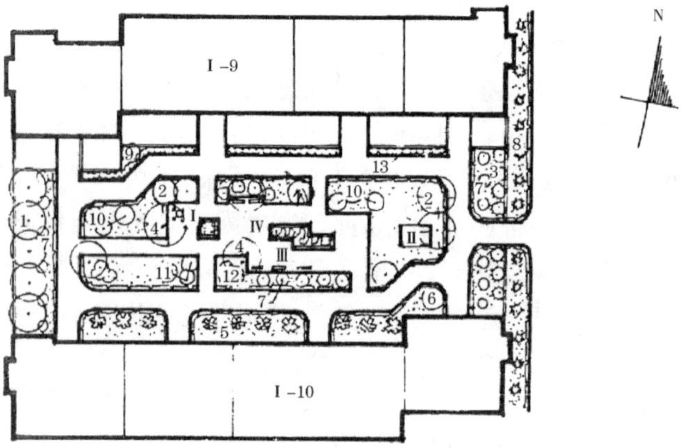

Ⅰ—花架；Ⅱ—塑树桩凳；Ⅲ—儿童游戏器械；Ⅵ—条凳；
1—罗汉松；2—女贞；3—青枫；4—垂丝海棠；5—紫薇；6—海桐球；
7—毛鹃；8—桧柏球；9—法国冬青；10—合欢；11—紫荆；
12—碧桃；13—小叶黄杨

图5-46　宅间绿地平面图(二)

(四)道路绿化

居住区道路绿化是居住区绿地系统的骨架,是“线”型的绿色空间,将居住区其他各类“点”和“面”型的绿地联系起来,形成居住区绿地系统。其绿化布置应根据道路级别、性质功能、断面结构、工程管线和两边住宅建筑形式而定。居住区道路绿化可分为主干道、次干道和小道三种。

1. 主干道绿化

主干道(区级)宽 10 ~12 m,有公共车通行时宽应 10 ~14 m,红线宽度不小于 20 m。主干道连接着城市干道与居住区内部的次干道和小道,车行人行并重。道旁可选用枝叶茂盛的高大落叶乔木作为行道树,以行列式栽植为主。各条干道的树种选择应有所区别,分车带可用低矮的花灌木。在转弯处绿化应留有安全视距,以保证交通安全。还可用耐阴的花灌木和草本花卉种植形成花境,丰富道路景观。也可以结合建筑山墙、绿地环境或小游园进行自然式种植,既要美观,利于交通,又要有利防尘和阻挡噪声。

2. 次干道绿化

次干道(小区级)宽 6 ~7 m,连接着本区主干道及小路等。绿化树种,应该注意选择开花或富有叶色变化的乔木。其形式与宅旁绿化、小花园绿化布局密切配合,以形成相互关联的整体。特别是在相同建筑间小路口上的绿化应与行道树组合,使乔灌木高低错落,自然布置,使花与叶色具有四季变化,形成独特的季相景观。

3. 小道绿化

生活区的小道联系着住宅群内的干道,一般 3.5 ~4 m,是住宅前的小路,以人行为主。宅间或住宅群之间的小道可以在一边种植小乔木,一边种植花卉草坪。转变处不能种植高大的花灌木,以免阻挡人的视线。靠近住宅的小路旁绿化,不能影响室内采光和通风。如果小路离住宅在 2 m 以内,其中只能种些花灌木或草坪。通向两幢相同建筑中的小路应适当放宽,扩大草坪铺装,乔灌木应后退种植,结合道路或园林小品进行配置,以供儿童就近活动。

第四节　单位附属绿地植物造景

单位附属绿地是指在某一部门或单位内,由本部门或本单位投资、建设、管理、使用的绿地。单位附属绿地主要为本单位人员使用,一般不对外开放使用,所以又称为城市专用绿地或单位环境绿地。

单位附属绿地是城市园林绿地系统的重要组成部分,这类绿地在城市中分布广泛,占地比重大,是城市普遍绿化的基础。

一、工厂园林绿地植物造景设计

(一)大门环境及围墙的绿化

工厂大门环境绿化,首先要注意与大门建筑造型相调和,还要有利于出入。大门的前广场有利于形成厂前广场,便于组织交通和行人出入。门前广场两旁绿化应与道路绿化相协调一致,可种植高大的乔木,引导人流通往厂区 。门前广场中心可以设花坛、花台,布置色彩绚丽、多姿、气味香馥的花卉,但是其高度不得超过 0.7 m,否则影响汽车驾驶员的视线。在门内广场可以布置花园,设立花坛、花台或水池喷泉、雕像、假山石等,形成一个清洁、舒适、优美的环境(见图 5-47)。

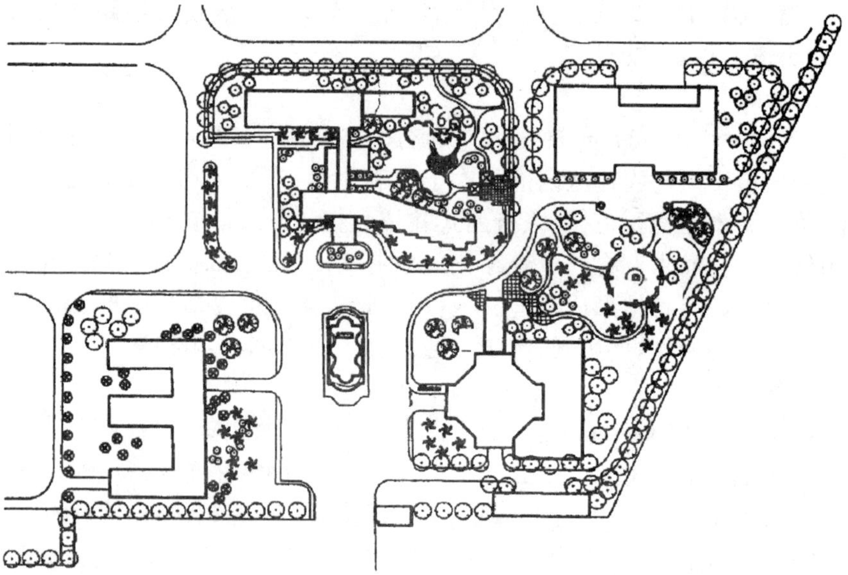

图 5-47 珠江电厂绿化规划平面图

工厂围墙绿化设计应充分注意防卫、防火、防风、防污染和减少噪声,还要注意遮掩建筑不足之处,与周围景观相调和。绿化树种通常沿墙内外带状布置,以女贞、冬青、珊瑚树、青冈栎等常绿树为主,以银杏、枫香、乌桕等落叶树为辅,常绿树与落叶树的比例以4:1为宜;栽植 3 ~4 层树木,靠近墙的一边栽植乔木,远离墙的一边栽植灌木、花卉,使其具有丰富色彩和立体景观层次。

(二)厂前区环境的绿化

厂前区为了节约用地,创造良好的室内外空间,绿化目的是要创造一个清新、安静、优美的工作环境。绿化的形式与建筑形式相协调,靠近大楼附近的绿化一般用规则式布局;门口可设计花坛、草坪、雕像、水池等,要便于行人出入;远离大楼的地方则可根据地形的变化采用自然式布局,设计草坪、树丛、树木等。在建筑物四旁绿化要做到朴实大方,美观舒适。在东、西两侧可种落叶大乔木,以减弱夏季太阳直射;北侧应种植常绿耐阴树种,以防冬季寒风袭击;房屋的南侧应在远离 7 m 以外种植落叶大乔木,近处栽植花灌木,其高度不应超出窗口。在办公室与车间之间应种植常绿阔叶树,以阻止污染物、噪声等的影响。对于自行车棚、杂院等,可用常绿树种做成树墙进行隔离。其正面还可种植樱花、海棠、紫叶李、红枫等具有色彩变化的花灌木,以利于观赏(见图 5-48)。

(三)车间周围的绿化

车间是人们工作和生产的地方,其周围的绿化对净化空气、消声、调剂工人精神等具有很重要的作用。车间周围的绿化要选择抗性强的树种,并注意不要与上下管道产生矛盾。在车间的出入口与车间的小空间,特别是宣传廊前可重点布置一些花坛、花台,选择

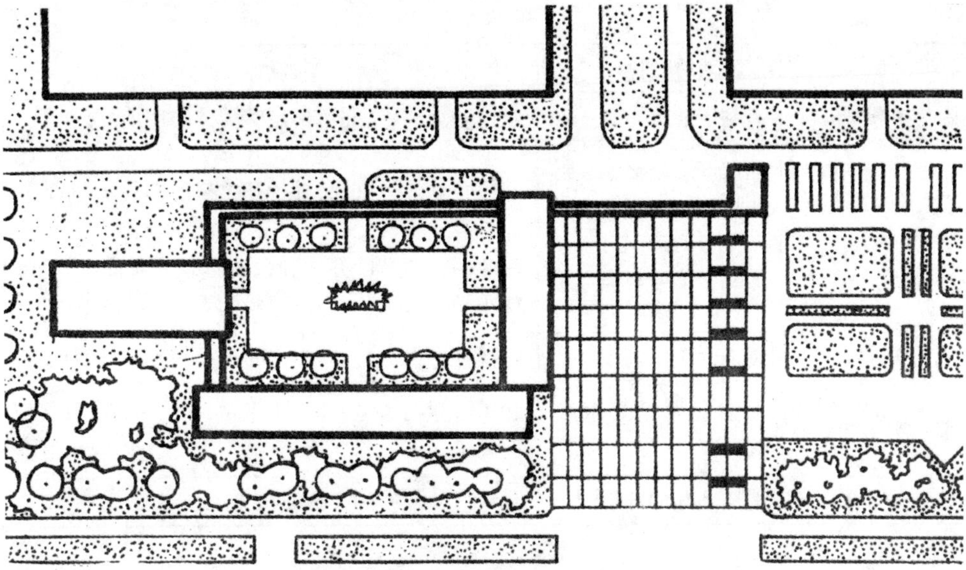

图 5-48　某重型机械厂厂前绿化

花色鲜艳、姿态优美的花木进行绿化。在亭廊旁可种松、柏等常绿树种，设立绿廊、绿亭、坐凳等，供工人工间休息使用。一般车间四旁绿化要从光照、遮阳、防风等方面来考虑。如在车间建筑的南向应种植高大荫浓的落叶乔木，借以防止夏季日晒；其北向可用常绿和落叶乔灌木相互配置，借以防止冬季寒风和风沙。在不影响生产的情况下，可以用盆景陈设、立体绿化的方式将车间内外绿化连成一个整体，创造一个生动的自然环境。

生产车间周围的绿化特点及设计要点见表 5-2。

表 5-2　生产车间周围的绿化特点及设计要点

类　型	绿化特点	设计要点
1. 精密仪器车间	对空气质量要求较高	栽植常绿树为主，选用不散放飞絮、种毛，不易掉叶的乔灌木。可栽藤本植物和铺设大块草地
2. 化工车间	有利于毒气的扩散、稀释	栽植抗污能力强、吸污能力高的树种
3. 粉尘车间	有利于吸附粉尘	栽植叶面积大，表皮粗糙，具绒毛和分泌腺脂的植物。结构要紧凑、严密
4. 噪声车间	有利于减弱噪声	栽植枝叶茂密、分枝低矮、叶面积大的乔灌木。可以常绿、阔叶、落叶树木组成复层混交林带
5. 恒温车间	有利于改善和调节环境小气候	栽植较大型的常绿、落叶混交型自然式绿地。可多种草皮及其他地被植物
6. 食品、医药卫生车间	对空气质量要求较高	栽植能挥发杀菌素的树种。选用不散放飞絮、种毛，不易掉叶的乔灌木。可铺设大块草地

续表 5-2

类　型	绿化特点	设计要点
7. 易燃易爆车间	有利于防火	栽植防火树种,并留出足够的消防用地
8. 露天作业区	起隔离、分区、遮阴作用	栽植常绿、落叶混交林带和大树冠的乔木
9. 高温车间	有利于调节气温	栽植高大的阔叶乔木和色淡味香的花灌木,可配置园林小品
10. 工艺美术车间	创造优美的环境	栽植姿态优美、色彩丰富的种类,并配置园林小品
11. 供水车间	对空气质量要求较高	栽植常绿树为主,选用不散放飞絮、种毛,不易掉叶的乔灌木
12. 暗室作业车间	形成荫蔽的环境	栽植枝叶浓密的大树或搭设荫棚

(四)工厂小游园

在厂内因地制宜地开辟小游园,如果小游园面积大、设施较全,也可向附近居民开放。园内可用花墙、绿篱、绿廊分隔空间,并因地势高低变化布置园路,点缀小池、喷泉、山石、花廊、坐凳等来丰富园景。有条件的工厂还可以将小游园的水景与贮水池、冷却池等相结合,水边可种植水生花草,如鸢尾、睡莲、荷花或养鱼等。小游园的绿化也可和本厂的职工活动等相结合统一布置,扩大绿化面积,实现工厂花园化。人防设施之上土深 2. 5 m 时,可种大乔木;1. 5 ~2 m 时,可种一般乔木灌木;0. 3 ~0. 5 m 深时,只可种草坪和草花、竹类等,特别是人防出入口附近不应种植蔓生带刺的植物(见图 5-49)。

(五)工厂道路的绿化

由于车辆来往频繁,灰尘和噪声的污染较重,工人下班较集中,路旁的建筑设施电杆、电缆、地下给排水管、检查井等纵横交错,都给绿化带来一定困难。因此,绿化前必须充分了解以上设施和路面结构、道路的人流量、通车率、车速、有害气体、液体的排放情况和当地的自然条件等,然后选择生长健壮、适应能力强、分枝点高、树冠整齐、耐修剪、遮阴好、无污染、抗性强的落叶乔木为行道树。

主干高度为 10 m 左右时,两边行道树多采用行列式布置,创造林荫道的效果。

厂主干道较宽,其中间也可设立分车绿带,以保证行车安全。在人流集中、车流频繁的主干道两边,也可设置 1 ~2 m 宽的绿带,把快、慢车道与人行道分开,以利安全和防尘。绿带宽度在 2 m 时,可种常绿花木和铺设草坪。路面较窄的可在一旁栽植行道树,东西向的道路可在南侧种植落叶乔木,以利夏季遮阴。主要道路两旁的乔木株距因树种不同而不同,通常为 6 ~10 m。

厂内的次道、人行小道的两旁,宜选用四季有花、叶色富于变化的花灌木进行绿化。铁路两旁的绿化主要功能是为了减弱噪声,加固路基,安全防护等,所以在其旁种植灌木要远离铁轨 6 m 以外,种植乔木时要远离 8 m 以上,在弯道内侧应留出 200 m 的安全视距。在铁路与其他道路的交叉处,绿化时要特别注意乔木不应遮挡行车视线和交通标志、

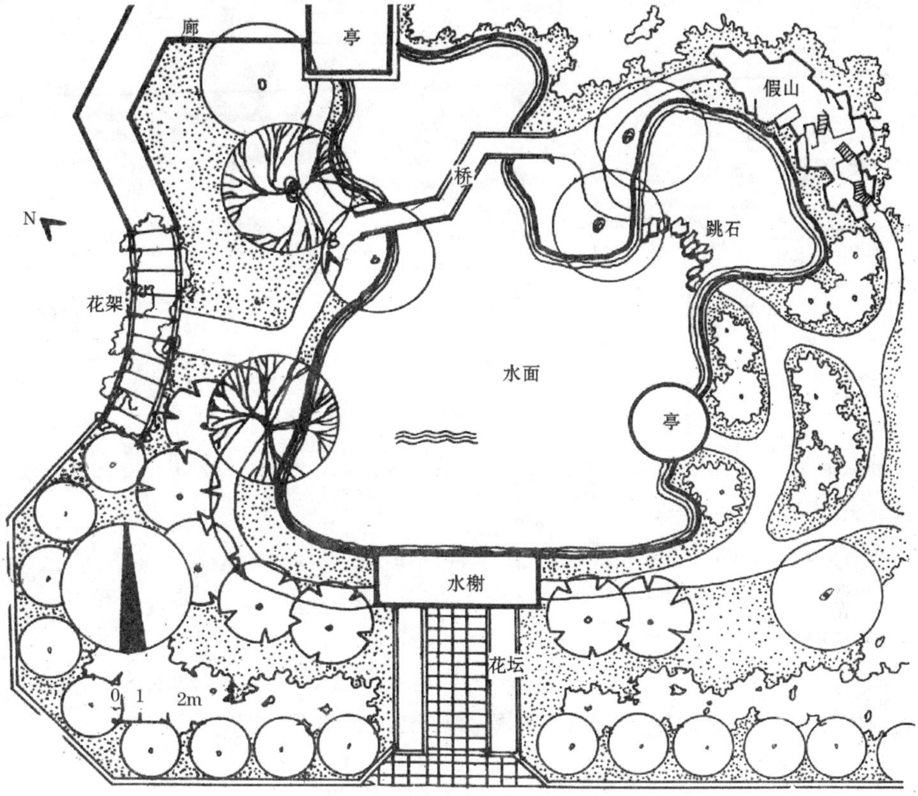

图 5-49　工厂小游园

路灯照明等。

(六)工厂防护林的设计

在工厂外围营造防护林可以起到防风、防火或减少有害气体污染、净化空气等作用；还可起到与生活区隔离的作用。

1. 防护林的形式

防护林带因构成的树种不同,形成的林带断面的形状不同,一般可分为矩形、三角形、马鞍形、梯形等。矩形防风效果较好,三角形有引风上升扩散的效果,马鞍形对净化粉尘效果较好,梯形介于三角形、马鞍形之间(见图 5-50)。

防护林带因内部结构不同可分为通透结构、半通透结构、紧密结构等(见图 5-51)。

(1)通透结构。由乔木组成,株行距较大(3 m×3 m),风从树冠下和树冠上方穿过,从而减弱风速,阻挡污染物质。在林带背后 7 倍树高处风速最小,52 倍树高处风速与林前相等。因此,可在污染源较近处使用。

(2)半通透结构。以乔木为主,外侧配一行灌木(2 m×3 m)。风的一部分从林带孔隙中穿过,在林带背后形成一小旋涡,而风的另一部分从树冠上面走过,在 30 倍树高处风速较低。此林带适于沿海防风或在远离污染源处使用。

(3)紧密结构。由乔木和耐阴小乔木或灌木组成。风基本上从树冠上绕行,使气流上升扩散,在林源背后急速下沉。它适用于卫生防护林或在远离污染源处使用。

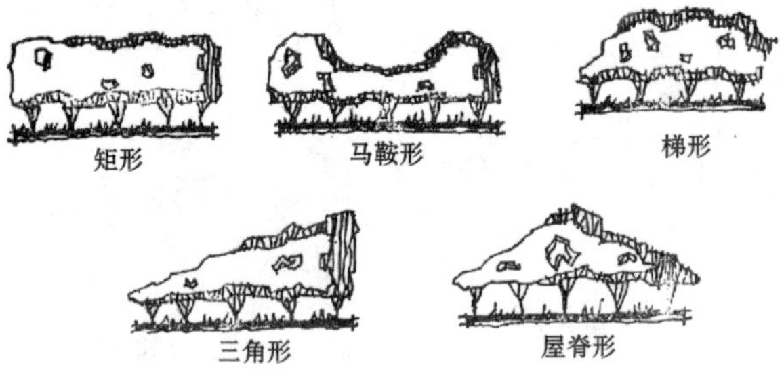

图 5-50　防护林带断面形式示意图

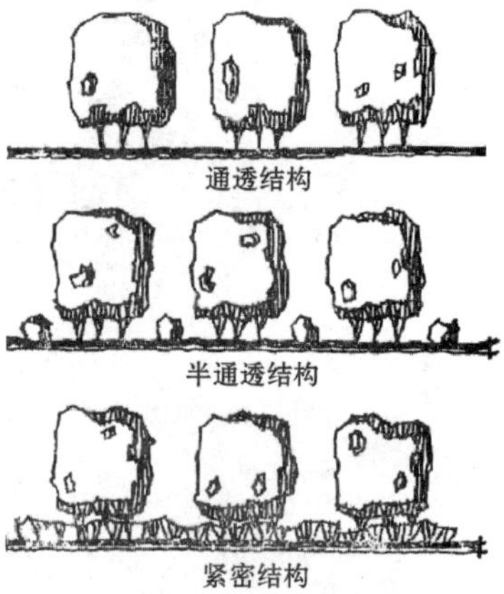

图 5-51　防护林带结构示意图

2. 防护林的树种选择和设置

(1)树种选择。防护林的树种应注意选择生长健壮、抗性强的乡土树种。防护林的树种配置要求常绿与落叶的比例为 1∶1,快长与慢长相结合,乔木和灌木相结合,经济树种与观赏树种相结合。

在一般情况下,污染空气最浓点到排放点的水平距离等于烟体上升高度的 12 ~ 15 倍,所以在主风向下侧设立 2 ~ 3 条林带很有好处(见图 5-52、图 5-53)。

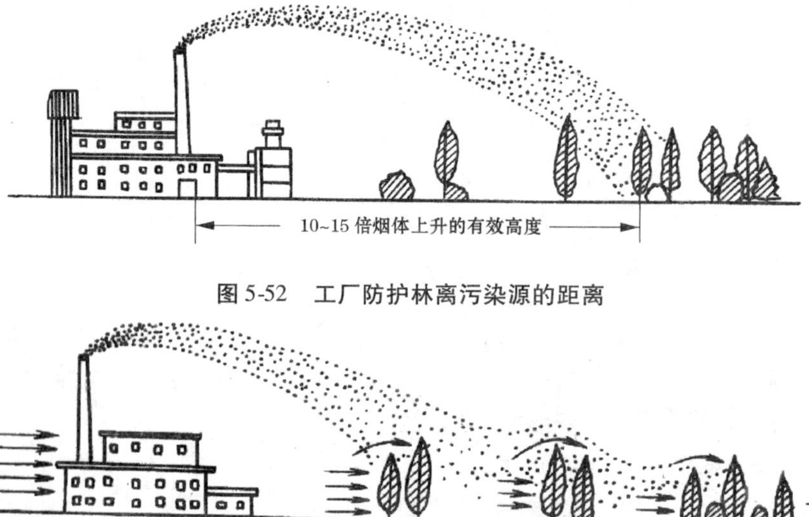

图 5-52　工厂防护林离污染源的距离

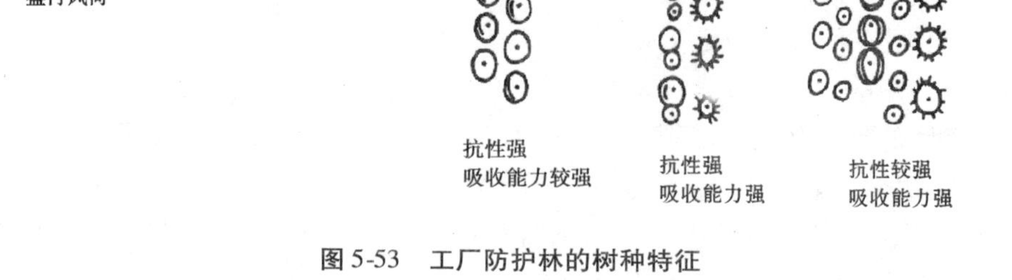

图 5-53　工厂防护林的树种特征

(2)防护林的设置。如果是污染性的工厂,在工厂的生产区与生活区之间要设置卫生防护林带或防火林带。防护林带的方位应和生产区与生活区的交线相一致,应根据污染轻、重的两个盛行风向而定。其形式有两种:一是“一”字形;二是“L”字形。当本地区两个盛行风向呈180°时,则在风频最小风向上风设置工厂,在下风设置生活区,其间设置一条防护林带,呈“一”字形。当本地区两个盛行风向呈一夹角时,则在非盛行风向相差不大的条件下,生活区安排在夹角之内,工厂区设在对应的方向,其间设立防护林带,呈“L”字形。

3. 工厂绿化树种选择的一般原则

工厂绿化树种的选择原则是要使工厂绿化树木生长好,创造较好的绿化效果,必须认真地选择那些能适应本厂环境的树种。应注意以下几点:

(1)一般工厂绿化树种应选择观赏和经济价值高的、有利于环境卫生的树种。

(2)有些工厂在生长过程中会排放一些有害气体、废水、废渣等。因此,这些工厂绿化就要认真选择适应当地气候、土壤、水分等自然条件的乡土树种,特别是应选择那些对有害物质抗性强的、净化能力较强的树种。

(3)沿海的工厂选择绿化树种要有抗盐、耐湿、抗风、抗飞沙等特性。

(4)工厂的厂址往往选择在土壤瘠薄的地方,所以这里的绿化要选择既能耐瘠薄又能改良土壤的树种。

(5)树种选择要注意速生和慢生相结合,常绿和落叶树种相结合,以满足近期、远期绿化效果的需要,冬、夏景观和防护效果的需要。

(6)一般来说,工厂企业绿化面积大,管理人员少,所以要选择便于管理的当地产、价格低、补植方便的树种。

(7)因工厂土地利用多变,还应选择容易移植的树种。

(七)工厂绿化常用树种

1. 抗二氧化硫气体树种(钢铁厂、大量燃煤的电厂等)

(1)抗性强的树种包括:大叶黄杨、棕榈、十大功劳、重阳木、雀舌黄杨、凤尾兰、无花果、九里香、合欢、瓜子黄杨、蟹橙、枸杞、侧柏、皂荚、海桐、夹竹桃、青冈栎、银杏、刺柏、蚊母、女贞、白蜡、山茶、枸骨、木麻黄、北美鹅掌楸、紫穗槐、小叶女贞、枇杷、相思树、柽柳、黄杨、枳橙、金橘、榕树、梧桐。

(2)抗性较强的树种包括:华山松、楝树、菠萝、粗榧、柿树、白皮松、白榆、石栗、丁香、垂柳、云杉、榔榆、沙枣、卫矛、胡颓子、赤松、朴树、印度榕、柃木、紫藤、杜松、黄檀、高山榕、板栗、三尖杉、罗汉松、蜡梅、细叶榕、无患子、杉木、龙柏、榉树、苏铁、玉兰、太平花、桧柏、毛白杨、厚皮香、八仙花、紫薇、侧柏、丝绵木、扁桃、地锦、银桦、石榴、木槿、枫杨、梓树、蓝桉、月桂、丝兰、红茴香、泡桐、乌桕、广玉兰、桃树、凹叶厚朴、槐树、加拿大杨、柳杉、枣、细叶油茶、香梓、旱柳、栀子花、七叶树、连翘、垂柳、飞蛾槭、椰子、八角金盘、金银木、木麻黄、青桐、蒲桃、日本柳杉、紫荆、小叶朴、臭椿、米兰、花柏、黄葛榕、木菠萝、桑树。

(3)反应敏感的树种包括:苹果、悬铃木、云南、松毛樱桃、梅花、梨、雪松、湿地柏、樱花、玫瑰、毛槭、油松、落叶松、贴梗海棠、月季、郁李、马尾松、白桦、油梨。

2. 抗氯气的树种

(1)抗性强的树种包括:龙柏、凤尾兰、臭椿、皂荚、苦楝、侧柏、棕榈、榕树、槐树、白蜡、大叶黄杨、构树、九里香、黄杨、杜仲、蚊母、紫藤、小叶女贞、白榆、厚皮香、山茶、无花果、广玉兰、沙枣、柳树、女贞、樱桃、柽柳、椿树、枸杞、夹竹桃、构骨、合欢。

(2)抗性较强的树种包括:桧柏、紫穗槐、江南红豆杉、银桦、杜松、珊瑚树、乌桕、细叶榕、云杉、天竺桂、樟、悬铃木、蒲葵、柳杉、旱柳、栀子花、水杉、枳橙、太平花、小叶女贞、青桐、天目木兰、枇杷、蓝桉、鹅掌楸、楝树、凹叶厚朴、瓜子黄杨、梧桐、卫矛、朴树、红花油茶、山桃、重阳木、接骨木、板栗、银杏、刺槐、黄葛榕、地锦、无花果、柽柳、铅笔柏、小叶榕、人心果、罗汉松、桂香柳、毛白杨、木麻黄、米兰、桂花、枣、石楠、蒲桃、芒果、石榴、丁香、榉树、梓树、君迁子、紫薇、泡桐、扁桃、月桂、紫荆、假槟榔。

(3)反应敏感的树种包括:池柏、枫杨、獐子松、紫椴、赤杨、薄壳山核桃、木棉。

3. 抗氟化氢气体的树种(电解厂、磷肥厂、炼钢厂、砖瓦厂等)

(1)抗性强的树种包括:大叶黄杨、构树、青冈栎、白榆、红花油茶、海桐、朴树、侧柏、沙枣、厚皮香、蚊母树、石榴、皂荚、夹竹桃、栌木、山茶、石榴、槐树、棕榈、银杏、凤尾兰、桑树、柽柳、瓜子黄杨、香椿、黄杨、细叶香桂、金银花、龙柏、丝绵木、木麻黄、杜仲。

(2)抗性较强的树种包括:桧柏、榆树、楠木、丝兰、油茶、女贞、枳橙、垂枝榕、太平花、鹅掌楸、白玉兰、臭椿、含笑、珊瑚树、刺槐、紫茉莉、蓝桉、紫薇、无花果、合欢、白蜡、梧桐、地锦、垂柳、杜松、云杉、乌桕、柿树、桂花、白皮松、广玉兰、凤尾兰、山楂、枣树、拐枣、飞蛾槭、小叶朴、月季、樟树、旱柳、棕榈、梓树、丁香、木槿、胡颓子、柳杉、小叶女贞、凹叶厚朴。

(3)反应敏感的树种包括:葡萄、山桃、梓树、慈竹、白千层、杏、榆叶梅、金丝桃、池杉、南洋楹、梅、紫荆。

4. 抗乙烯的树种及对乙烯反应敏感的树种

(1)抗性强的树种包括:夹竹桃、棕榈、悬铃木、凤尾兰。

(2)抗性较强的树种包括:黑松、枫杨、乌桕、柳树、罗汉松、女贞、重阳木、红叶李、香樟、白蜡、榆树。

(3)反应敏感的树种包括:月季、大叶黄杨、苦楝、刺槐、臭椿、合欢、玉兰。

5. 抗氨气的树种

(1)抗性强的树种包括:女贞、柳杉、石楠、无花果、紫薇、樟树、银杏、石楠、皂荚、玉兰、丝绵木、紫荆、朴树、木槿、广玉兰、蜡梅、杉木。

(2)反应敏感的树种包括:紫藤、虎杖、杜仲、枫杨、楝树、小叶女贞、悬铃木、珊瑚树、芙蓉、刺槐、杨树、薄壳山核桃。

6. 抗二氧化氮的树种

抗二氧化氮的树种包括:龙柏、女贞、无花果、刺槐、旱柳、黑松、樟树、桑树、丝绵木、夹竹桃、构树、楝树、乌桕、垂柳、大叶黄杨、玉兰、合欢、石榴、蚊母树、棕榈、臭椿、枫杨、酸枣、泡桐。

7. 抗臭氧的树种

抗臭氧的树种包括:枇杷、银杏、樟树、夹竹桃、连翘、悬铃木、柳杉、青冈栎、海州常山、八仙花、枫杨、日本扁柏、日本女贞、冬青、美国鹅掌楸、刺槐、黑松。

8. 抗烟尘的树种

抗烟尘的树种包括：香榧、珊瑚树、槐树、苦楝、皂荚、粗榧、桃叶珊瑚、厚皮香、臭椿、榉树、樟树、广玉兰、银杏、三角枫、麻栎、女贞、构骨、榆树、桑树、紫薇、樱花、苦槠、桂花、朴树、悬铃木、蜡梅、青冈栎、大叶黄杨、木槿、泡桐、黄金树、楠木、夹竹桃、重阳木、五角枫、大绣球、冬青、栀子花、刺槐、乌桕。

9. 滞尘能力较强的树种

滞尘能力较强的树种包括：臭椿、麻栎、凤凰木、冬青、厚皮香、槐树、白杨、海桐、广玉兰、构骨、楝树、柳树、黄杨、珊瑚、皂荚、悬铃木、青冈栎、石楠、朴树、刺槐、樟树、女贞、夹竹桃、银杏、白榆、榕树。

二、学校园林绿地植物造景设计

（一）学校园林绿地设计原则

1. 校园园林绿地总体规划与学校总体规划同步进行

学校园林绿地规划是学校总体规划的重要组成部分，特别是新建学校的园林绿地规划必须与学校总体规划同步进行。园林绿化风格与学校的建筑风格也应协调一致，创造具有学校特色的景观，避免各项工程不协调现象所产生的浪费。

2. 园林绿地的规划形式应与学校总体规划布局形式相协调一致

学校的园林绿化是以建筑为主的庭院环境绿化，其园林绿化的形式应与学校的总体规划协调一致。

3. 贯彻执行国家或地方有关的城市园林绿化方针

学校园林绿地总体规划，应正确贯彻执行国家及地方有关的城市园林绿化的方针政策，达到或超过绿化项目的有关定额指标。

4. 因地制宜，具有地方特色和时代精神

各校的园林绿地规划，应充分考虑所在地区的土壤、气候、地形、地质、水源适生植物等自然条件，结合环境特点因地制宜地利用地形、河流水系。创造适合绿化的环境，满足各种绿色植物生长的需要。学校的园林绿化设计思想既要有地方特色，也要体现时代精神，使植物景观和人工设施景观体现地方特色，反映现代科学技术水平要求。

5. 实用与造景相结合

学校园林绿地要注意造景与使用功能的合理结合，以教学区为中心，重点用绿色植物组织空间，绿化校门区、干道、教学主楼及图书馆的环境。在学生生活区，特别是宿舍周围和体育活动区，应以绿色植物来创造生动的生活空间。

6. 学校园林绿地规划应考虑便于施工和日常管理

要达到优美的校园景观效果，必须加强日常管理。

（二）校园局部绿化设计

1. 大门的环境绿化设计

学校大门常设在比较显露的位置。面临城市的主要干道，除供出入和警卫外，还具装饰性、审美性。其绿化既要创造学校的特色，又要与街景或路景相一致。大门内外一般都留有较大的空间广场。门外广场可以布置花坛、树木、喷泉等；两边可放置花台或花景，多配置花灌木和花草，以观赏植物色彩为主，给人以较强的感染力。门内广场、道路要与干道绿化相结合，其间可布置花坛、花台、雕塑、喷泉、水池、全校导游线、路牌等。主要大门景观以建筑为主体，植物培植起衬托作用，更好地体现大门主题建筑的特色和雄伟、庄严的气派（见图5-54）。

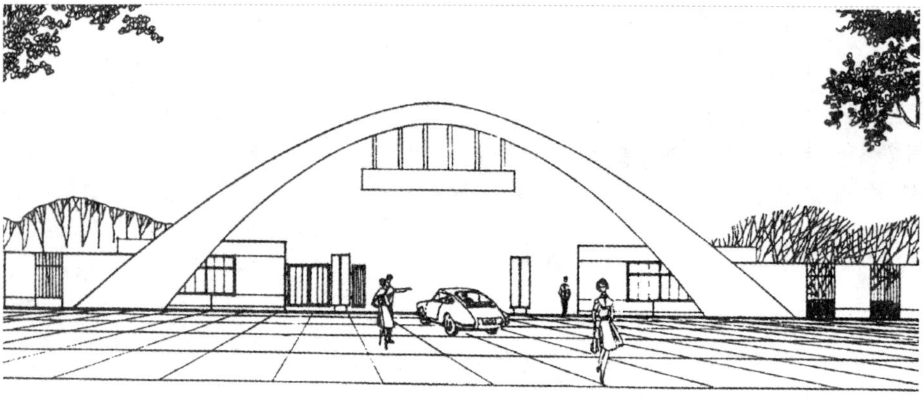

图5-54　学校大门透视图

2. 道路及广场绿化设计

1）道路绿化设计

干道既是校内外交通要道和联系各个分区的绿色通道，也常是不同功能分区的分界线。它具有防风、防尘、减少干扰、美化校园的作用。

校园干道的绿化有一板两带、两板三带等主要形式；另有林荫道、花园路等。

一板两带：即在干道两旁设置两条绿带。这种形式容易形成林荫，造价低，管理方便。

两板三带：即在上下行车道之间和外侧共设三条绿带。道路中间设分车绿带，其主要功能是分隔上下行车辆。外侧的绿带为人行道绿带。人行道绿带中骨干树为行道树。它沿着道路纵轴线的方向栽植，可以是一排，也可以是一排以上，根据路面宽窄而定。路面较宽时，两侧的行道树可以相对栽植；如果路面较窄，行道树可在两侧交叉排列或者只在一侧种植。一侧种植时，通常是在东西向道路的南侧栽植。

行道树应留有1.5 m宽的种植带，以保证树木能正常生长。行道树的株距根据地区、树种不同而有差异，一般常用的株行距为5～8 m。

校园内处于重要地段的干道强调环境的美化功能。这类干道在进行绿化时，着重运用植物的形态美和色彩美，创造优美的植物景观。如在道路中央设分车花坛，则视花坛的宽窄设计绿化树种宽度在120 cm以下的分车花坛，一般以一、二年生草本花卉为主，适当采用一两种矮生花灌木和可以进行强度修建造型的常绿小灌木及宿根花卉，以观赏丰富的色彩美为主。即以小灌木为花坪的骨架，以便在更换草花期间仍然保留有一定的植物景观。宽度在120 cm以上的分车花坛，以矮生花灌木为主，配以适量的多年生球根、宿根花卉和一、二年生草本花卉，既有美化作用，又方便管理。道路两侧的行道树，可以用乔木也可以栽花灌木，或者乔灌木并用，或者草本花卉（包括一、二年生花卉和多年生球根、宿根花卉）。校园内有些较窄的道路如生活区或高楼的北面，可用尖塔形常绿树绿化，适当配一些花灌木,达到美化环境、分隔空间的作用。以观赏为主的干道绿化在选择树种时要注意花灌木与乔木的关系,避免相互影响。草坪及一般的花灌木都是阳性的多对光线要求较强,只有少数花灌木如杜鹃、山茶等能耐阴。所以,一般具有分车花坛的干道,其行道树不宜选用大冠幅的高大乔木,而要根据道路的具体情况和功能要求,选择树冠较小或枝叶稀疏但又有一定遮阴功能和观赏价值的树种。

2)广场绿化设计

交通性广场一般规模较小,位于学校大门内外和干道交叉路口。一般设有花坛或栏杆围地,花坛以种植一、二年生草本植物为主,也可适当种植一些观赏价值较高的矮生花灌木,如月季、苏铁、黄杨球等,但应严格控制树木高度,一般不超过 70 cm,不妨碍驾驶员的视线;在少数面积较大的广场绿地中,可以设计种植高大的乔木和灌木,组成以乔木为主的多层次性交通"树岛",但注意所选树种植株高度要适宜。交通性广场花坛周围可设绿篱、栏杆,其内宜种植草本花卉或矮生木本花卉。

纪念性广场或雕塑环境的绿化设计,常采用大片的草坪和规整的花坛。选有代表性的、树形优美的常绿灌木树种,形成块面绿化色彩来衬托纪念物或雕塑像。

集散性广场绿化通常布置在建筑物前方。设有大面积的铺装地面和草坪,并适当设置一些花坛或花境,其中草坪周围不宜布置绿篱笆,为开放性,以方便广大师生员工活动、休息和欣赏,同时广阔的空间能更好地衬托主体建筑的雄伟秀丽。草坪要选择耐践踏性能好的虎皮草、狗牙根、蓢股颖等。

3. 行政管理区绿化

行政办公楼是学校主要建筑之一,这个区域环境绿化、美化的好坏会直接影响学校的形象。行政办公楼的绿化设计一般采用规则式布局手法,在大楼的前方,一般与大楼的入口相对处,设置花坛、雕塑或大块草坪,在空间组织上留出开朗空间,有利于体现景观,突出办公大楼的主导地位。植物配置起丰富主景观的作用,衬托主体建筑艺术的美。

花坛一般设计成规则的几何形状,花坛植物主要用一、二年生草本花卉和少量矮生花灌木及球根花卉、宿根花卉和花灌木,如观赏价值较高的月季、玫瑰、桂花等,再适量配置一些草本花卉,花坛周围可设置低矮的绿篱,如用雀舌黄杨或瓜子黄杨作绿篱,或用冬青、葱兰等植物镶边,也可以设置低矮的栏杆等。花坛形式可设计成平面的,也可设计成立体的。行政办公楼的周围的绿化采用乔、灌、草、花相结合的形式。乔灌木为绿树和观花观叶的落叶树要相结合配置。绿地边缘、路边可设置绿篱做围护,适当的地方可运用高大落叶或常绿大乔木孤植或丛植,以供遮阴休息之用。在办公楼的东西两侧,要种植高大的阔叶乔木,防止烈日东晒和西晒。办公楼墙壁上也可进行垂直绿化,在墙基 50 cm 以内种植吸附式攀缘植物来绿化墙面,这对美化大楼、调节室内气候、提高工作人员的工作效率很有意义。常用来做墙面绿化的攀缘植物有地锦、常春藤、蝙蝠葛等。

4. 教学区绿化

教学区既要安静、卫生、优美,又要满足学生课间休息时间里能够欣赏到优美的植物景观,呼吸新鲜空气,调剂大脑活动,消除上课时的紧张和疲劳等要求。

教学楼和图书馆大楼周围绿化以树木为主,常绿、落叶相结合。在教学楼大门两侧可以对称布置常绿树木和花灌木,在靠近教室的南侧要布置落叶乔木,夏天能遮阴,冬天树木落叶后又有阳光照射,改善室内气温,使教室内冬暖夏凉。在教学楼的北面,可选择具有一定耐阴性能的常绿树木,以减弱寒冷北风的袭击。乔木一般要离墙 10 m 以外,灌木离墙 2 ~3 m,乔木和高度超过一楼窗户的大灌木,要布置在两窗之间的墙前,以免影响室内采光。条件好的学校还可以铺装,以供学生课外活动休息。在其周围还可以多种一些芳香植物绿化,花开放时能释放出使人感到心情舒畅的香味,可使师生紧张的大脑得到调剂与放松。

大楼的东西两侧要布置高大落叶乔木,夏季遮阴,防东晒和西晒;也可用落叶藤本植物绿化墙面来防止夏季烈日直接照射大楼。还要注意美化功能,楼前地方较宽敞的,可以设置花坛、花境等,美化教学环境。花坛、花境可以结合草坪进行布置,在草坪的中间设置纪念性雕塑或纪念性构筑物等。雕塑基部配置花坛。基础配置用常绿小灌木,外围布置草花,但色彩必须协调统一。

实验楼绿化设计多采用规则式布局,植物以草坪和花灌木为主,沿边设置绿篱。草坪以观赏为佳或以乔灌木为骨架,配以草坪和地被植物。在具有化学污染物的实验室外围,要选择一些抗污染植物配置,如夹竹桃、女贞、蚊母树等,使其对污染具有一定的抵抗和吸收作用,还要相应种植枝叶茂密、树冠宽大的常绿树种,以削弱噪声对周围环境的影响(见图 5-55)。

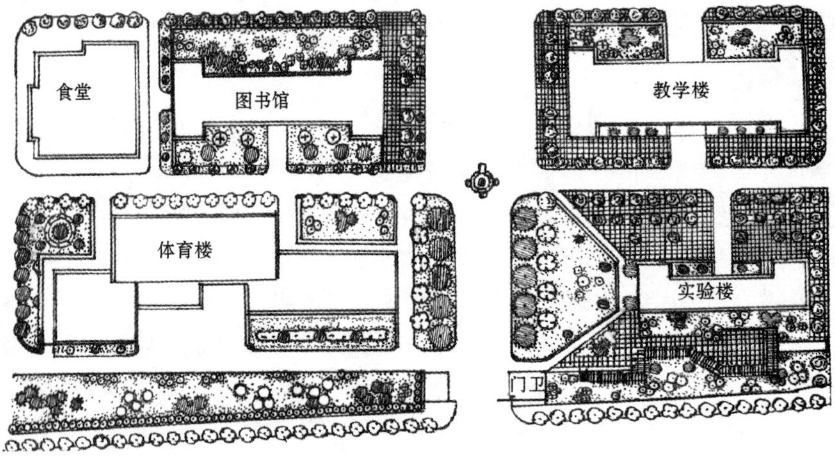

图 5-55　教学区绿化设计

5. 生活区绿化

生活区的绿化功能主要是改善小气候,为广大师生创造一个整洁、卫生、舒适、优美的生活环境。

(1)学生宿舍区由于人口密度大,室内外空气流通和自然采光很重要。绿化必须远离宿舍大楼 10 m 以上,特别是窗口前附近墙种植,要充分注意室内采光和通风的需要。宿舍楼的北向,道路两侧可配置耐阴花灌木;南向一般都有较宽的晒场,绿化时要全面铺耐践踏性草坪。宿舍四周用常绿花灌木创造闭合空间。学生宿舍楼的附近或东西两侧,如有较大面积的绿化用地,则可设置疏林草地或小游园。其中适当布置石凳、石椅、石桌等小品设施,供学生室外学习、休息和社交活动使用(见图 5-56、图 5-57)。

(2)教职工生活区的绿化设计要具备遮阴、美化和游览、休息、活动的功能。教职工

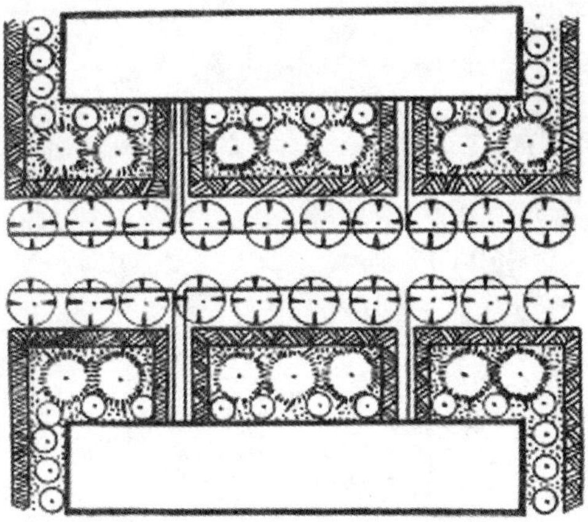

图 5-56　宿舍楼区封闭式绿化设计

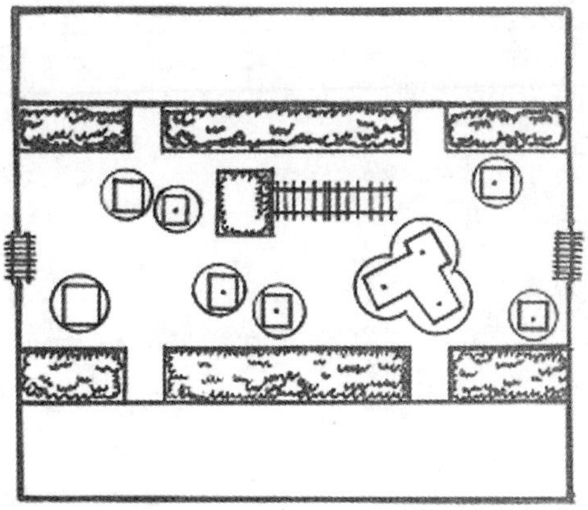

图 5-57　宿舍楼区院落式绿化设计

住宅楼周围多采用绿篱和花灌木,适当配置宿根、球根花卉。在距离建筑 7 m 以外,可以结合道路绿化种植行道树。由于安全防护需要,住宅楼前常设栅栏和围墙,可以充分利用藤本植物进行垂直绿化。有条件的教工生活区,应设立小游园或小花园。

(3)学校食堂周围绿化设计要以卫生、整洁、美观为原则。要选用生长健康、无毒、无臭、无污染和抗病虫树种,最好选择具有一定的防尘、吸尘作用的树种。在食堂周围栽植芳香和开花美丽的植物,以促进用餐人员的食欲,有助于消化和身心健康。多种植常绿植物,创造四季常绿景观,以防风、防环境污染。在餐厅外围可设置沿墙花台等,种植矮小的花灌木或草花。

(4)锅炉房、浴室绿化以卫生防护为主要功能,选择耐高温、滞尘防火的树种,如夹竹桃、女贞、龙柏、凤尾兰、枫香、银杏等。

(5)垃圾箱是生活区的必备设施,其周围绿化既要方便人们倾倒各种生活垃圾和垃圾运出,又要适当加以隐蔽;周围用树丛或树墙加以配置,或在其南侧、后侧种植高大乔木,减少烈日暴晒,防止发生腐臭和大风吹起垃圾物等,使环境得以相对优化。常用树种有珊瑚树、女贞、冬青、香樟、石楠、桂花等。

6. 体育活动区

体育活动区是学生开展体育活动的主要场所。一般应规划在远离教学区或行政管理区,而靠近学生生活区的地方。这样既方便学生进行体育活动,又避免体育活动区的嘈杂声音对教学和工作的影响。在体育活动区外围常用隔离带或疏林将其分隔,减少相互干扰(见图 5-58)。

体育活动区内包括田径场、各种球场、体育馆、训练房、游泳池以及其他供学生从事体育活动的场地和设施。这些地方的绿化要充分考虑运动设施和周围环境特点。

田径场一般又是足球场,常选择耐践踏的草种;运动场周围、跑道外侧栽植高大的乔木,以供运动员们休息时遮阴。主席台两侧则用低矮的常绿球形树及花卉布置。

在篮球场、排球场周围,栽植高大挺拔、冠大而且整齐的落叶乔木,以利夏季运动员们遮阴,不用带刺激性臭味的落花、落果或茸毛易于飞扬的树种。

网球场和排球场周围常设置栏网,可在栏网外侧种植藤本植物,绿化、美化球场环境。

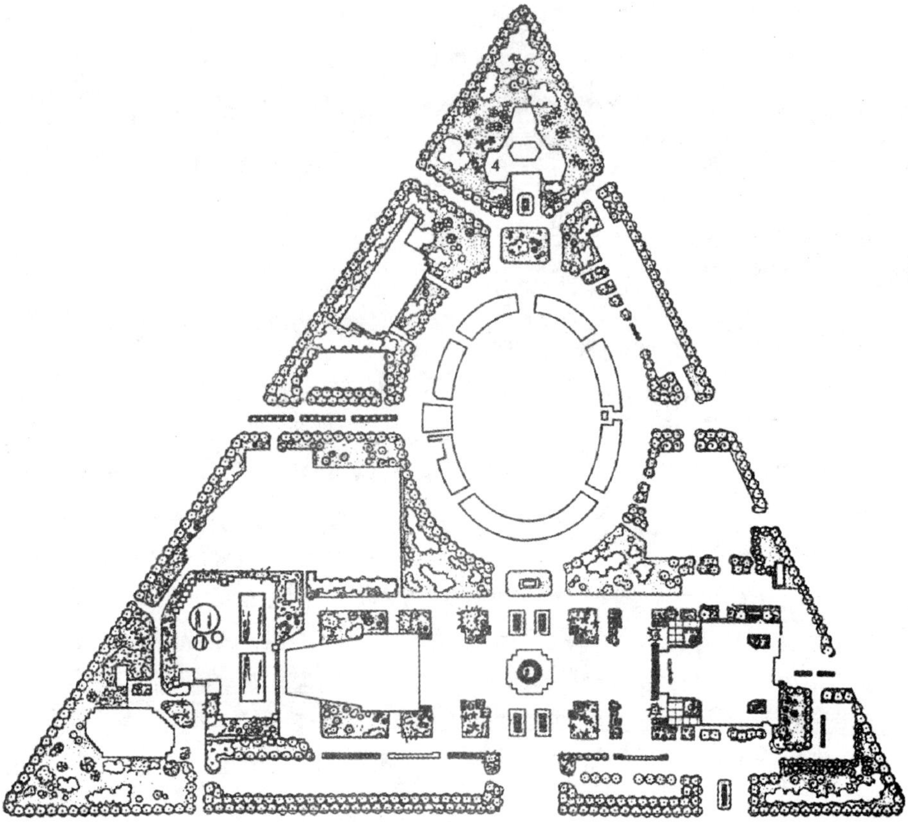

图 5-58　体育活动中心绿地

游泳池周围的绿化，以常绿树木为主，少栽落叶树木，以防落叶影响游泳池的清洁卫生。不可选择落花、落果污染的植物和有毒有刺的植物。游泳池旁也可放置花架进行垂直绿化，以利游泳者们在花架下遮阴休息。

在各种运动场地之间可用常绿乔灌木进行空间分隔，以减少互相之间的干扰，只要不影响运动功能需要，可以多栽植一些树木。特别是单双杠等体操活动场地，可设在大树林的下面，以利夏季活动时遮阴。

7. 学校小游园设计

小游园是学校园林绿化的重要组成部分，是美化校园的精华的集中表现。小游园的设计要根据不同学校特点，充分利用自然山丘、水塘、河流、林地等自然条件，结合布局，创造特色，并力求经济、美观。小游园一般选在教学区或行政管理区与生活区之间，作为各分区的过渡。其内部结构布局紧凑灵活，空间处理虚实并举，植物配置需有景可观，全园应富有诗情画意（见图 5-59、图 5-60）。

小游园绿地如果靠近大型建筑物而面积小、地形变化不大，可规划为规则式；如果面积较大，地形起伏多变，而且有自然树木、水塘或临近河、湖水边，可规划为自然式。在其内部空间处理上要尽量增加层次，富于变化，充分利用树丛、道路、园林小品或地形，将空间巧妙地加以分隔，不同类型的小游园，要选择一些造型与之相适应的植物，使环境更加协调、优美，具有观赏价值、生态效益和教育功能。规则式的小游园可以全部铺设草坪，栽

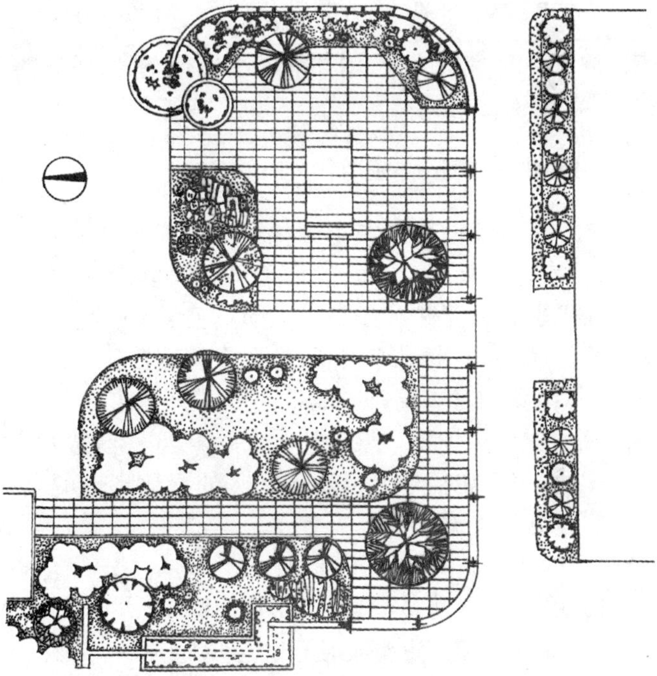

图 5-59　校园休息游览绿地

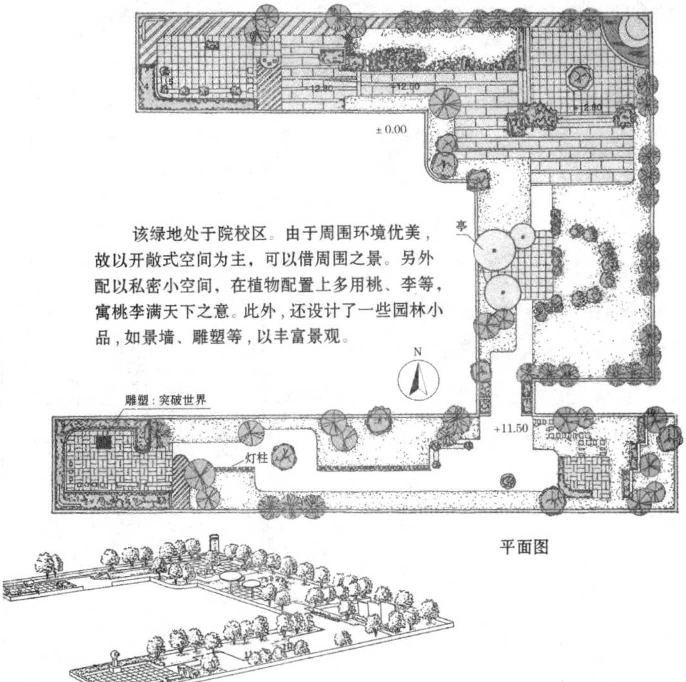

图 5-60　地处学校的休闲绿地

植色彩鲜艳、生长健壮的花灌木或孤植树，适当设置座椅、花棚架，还可以设置水池、喷泉、花坛、花台。

自然式小游园，常以乔灌木相结合，用乔灌木丛进行空间分隔组合，并适当配置草坪，多为疏林草地或林边草坪等。

三、医疗机构的绿地植物造景设计

医院、疗养院等医疗机构绿地也是城市园林绿地系统的重要组成部分，是城市普遍绿化的基础。医疗机构的园林绿化，一方面，能创造优美安静的疗养和工作环境，发挥隔离和卫生防护功能，有利于患者康复和医务工作人员的身体健康；另一方面，对改善医院及城市的气候，保护和美化环境，丰富市容景观，具有十分重要的作用。

（一）医疗机构园林绿化的基本原则

医院绿化的目的是卫生防护隔离，阻滞烟尘，减弱噪声，创造一个幽雅安静的绿化环境，使病人在药物治疗的同时，在精神上可受到优美的绿化环境的良好影响，以利人们防病治病，尽快恢复身体健康。

医院绿化应与医院的建筑布局相一致，除建筑之间有一定绿化空间外，还应在院内，特别是住院部留有较大的绿化空间，建筑与绿化布局紧凑，方便病人治病和检查身体。建筑前后绿化不易过于闭塞，病房、诊室都要便于识别。通常，全院绿化面积占总用地面积的70%以上才能满足要求。树种选择以常绿树为主，可选用一些具有杀菌及药用的花灌木和草本植物。

（二）医疗机构的绿地设计

1. 大门区绿化

大门绿化应与街景协调一致，也要防止来自街道和周围的尘土、烟尘和噪声污染，所以在医院用地的周围应密植10～20 m宽的乔灌木防护林带。

2. 门诊区绿化

门诊部位置靠近出入口，人流比较集中，一般均临街，是城市街道和医院的结合部，需要有较大面积的缓冲场地，场地及周边作适当的绿化布置，以美化装饰为主，布置花坛、花台，有条件的可设喷泉、主题性雕塑，形成开朗、明快的格调。广场周围种植整形绿篱，开阔的草坪，花开四季的花灌木，但花木的色彩对比不宜强烈，应以常绿素雅为宜。在节日期间还可用一、二年生花卉作重点装饰。广场周围还应种植高大乔木以遮阴。门诊楼建筑前的绿化布置应以草坪为主，丛植乔灌木，乔木应离建筑5 m以外栽植，以免影响室内通风、采光及日照。在门诊楼与总务性建筑之间应保持20 m的卫生间距，并以乔灌木隔离。医院临街的围墙以通透式的为好，使医院庭院内碧绿草坪与街道上绿荫树木交相辉映。可选择有一定分泌杀菌能力的树种，如雪松、白皮松、悬铃木和银杏、杜仲、七叶树等有药用价值的乔木作为遮阴树，还可种植一些药用灌木和草花，如女贞、连翘、金银花、木槿、玉簪、紫茉莉、蜀葵等，并可在树荫下、花丛间设置座椅，供病人候诊和休息使用。

3. 住院区绿化

住院区常位于医院比较安静的地段。在住院区的周围，庭院应精心布置，在中心部分可有较整形的广场，设花坛、喷泉、雕塑、假山石等，放置座椅、棚架。这种广场也可兼作日光浴，亦是亲属探望病人的室外接待处（见图5-61）。面积较大时可采用自然式布置，有少量园林建筑、装饰性小品、水池、雕塑等，形成优美的自然式庭院（见图5-62）。

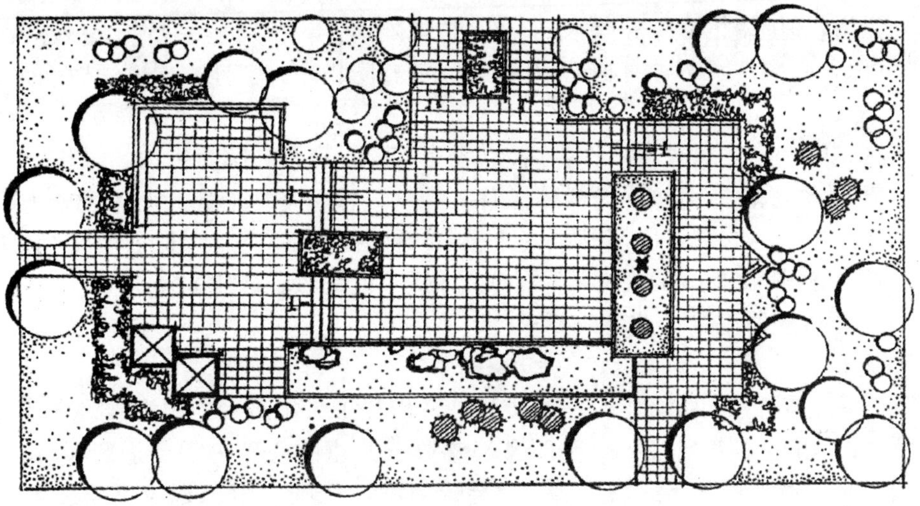

图5-61　某医院休息绿地（规则式）

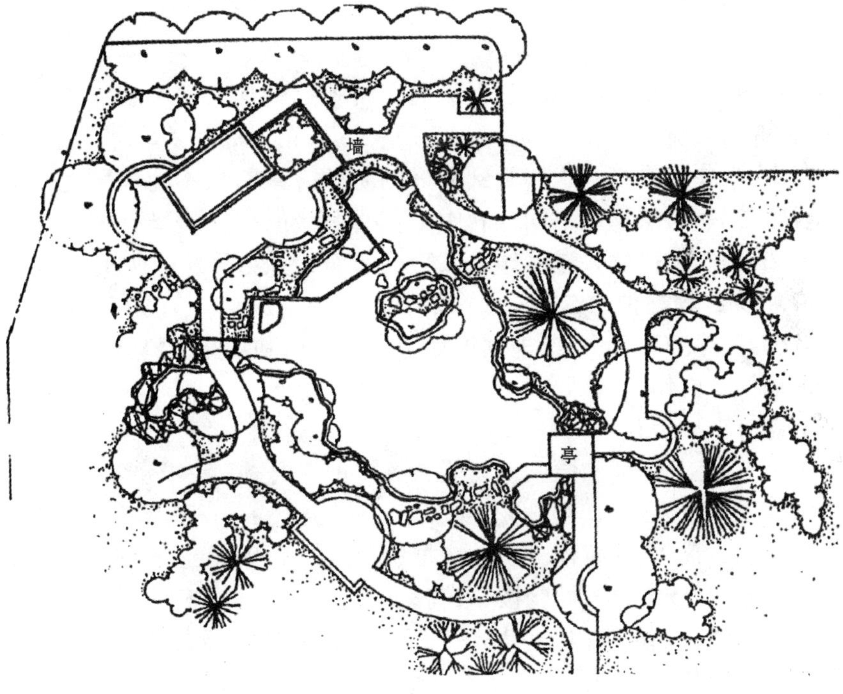

图5-62　某疗养院休息绿地（自然式）

植物布置要有明显的季节性，季节变换的节奏感强烈些。常绿树与开花灌木应保持一定的比例，一般为1∶3左右，使花灌木丰富多彩。还可多栽些药用植物，使植物布置与药物治病联系起来，增加药用植物知识，减弱病人对疾病的精神负担，有利病员的心理健康，是精神治疗的一个方面。除树木外，不少宿根、球根花卉既有很好的观赏价值，又有良好的收益。

4. 辅助区绿化

辅助区主要由手术部、中心供应部、药房、X光室、理疗室和化验室等部分组成。这部分应单独设立，周围密植常绿乔灌木，形成完整的隔离带。特别是手术室、化验室、放射科等，四周的绿化必须注意不种有绒毛和飞絮的植物，防止东、西日晒，保证通风和采光。

5. 服务区绿化

服务区周围密植常绿乔灌木作隔离，形成完整的隔离带。医疗机构的绿化，在植物种类选择上，可多种杀菌能力较强的树种，如松、柏、樟、桉树等。有条件还可选种些经济树种、果树、药用植物，如核桃、山楂、海棠、柿、梨、杜仲、槐、白芍药、牡丹、杭白菊、垂盆草、麦冬、枸杞、长春花等，都是既美观又实惠的美化树种，也是医院绿化的一个特色。

（三）不同性质医院的一些特殊要求

1. 儿童医院

儿童医院主要接受年龄在14周岁以下的病儿。在绿化布置中要安排儿童活动场地及儿童活动的设施，其造型、色彩、比例尺都要符合儿童的心理与需要进行设计与布局。树种选择要尽量避免种子飞扬、有臭味、有异味、有毒、有刺的植物，以及引起过敏的植物，还可布置些图案式的装饰物及园林小品。良好的绿化环境和优美的布置，可减弱病儿对医院、疾病的心理压力。

2. 传染病院

传染病院主要接受有急性传染病、呼吸道系统疾病的病人。医院周围的防护隔离带的作用就显得突出，其宽度应比一般医院宽，15～25 m的林带由乔灌木组成，并将常绿树与落叶树一起布置，使之在冬天也能起到良好的防护效果。在不同病区之间也要适当隔离，利用绿地把不同病人组织到不同空间中去休息、活动，以防交叉感染。病人活动区布置一定的场地和设施，以供病人进行休息散步等活动，为他们提供良好的条件。

（四）医疗机构绿地树种的选择

在医院、疗养院绿地设计中，要根据医疗单位的性质和功能，合理地选择和配置树种，以充分发挥绿地的功能作用。

1. 选择杀菌力强的树种

具有较强杀灭真菌、细菌和原生动物能力的树种主要有：侧柏、圆柏、铅笔柏、雪松、杉木、油松、华山松、白皮松、红松、湿地松、火炬松、马尾松、黄山松、黑松、柳杉、黄栌、盐肤木、锦熟黄杨、尖叶冬青、大叶黄杨、桂香柳、核桃、月桂、七叶树、合欢、刺槐、国槐、紫薇、广玉兰、木槿、楝树、大叶桉、蓝桉、柠檬桉、茉莉、女贞、日本女贞、丁香、悬铃木、石榴、枣树、枇杷、石楠、麻叶绣球、枸橘、银白杨、钻天杨、垂柳、栾树、臭椿及蔷薇科的一些植物。

2. 选择经济类树种

医院、疗养院还应尽可能选用果树、药用等经济类树种，如山楂、核桃、海棠、柿树、石榴、梨、杜仲、国槐、山茱萸、白芍药、金银花、连翘、丁香、垂盆草、麦冬、枸杞、丹参、鸡冠花等。

四、机关单位绿地植物造景设计

机关单位绿地主要包括大门入口处绿地、办公楼绿地（主要建筑物前）、附属建筑绿地、庭院休息绿地(小游园)、道路绿地等。

(一)大门入口处绿地

大门入口处是单位形象的缩影,入口处绿地也是单位绿化的重点之一。绿地的形式、色彩和风格要与入口空间、大门建筑统一协调,设计时应充分考虑,以形成机关单位的特色及风格。一般大门外两侧采用规则式种植,以树冠规整、耐修剪的常绿树种为主,与大门形成强烈对比,或对植于大门两侧,衬托大门建筑,强调入口空间。在入口轴线对景位置可设计成花坛、喷泉、假山、雕塑、树丛等(见图5-63)。

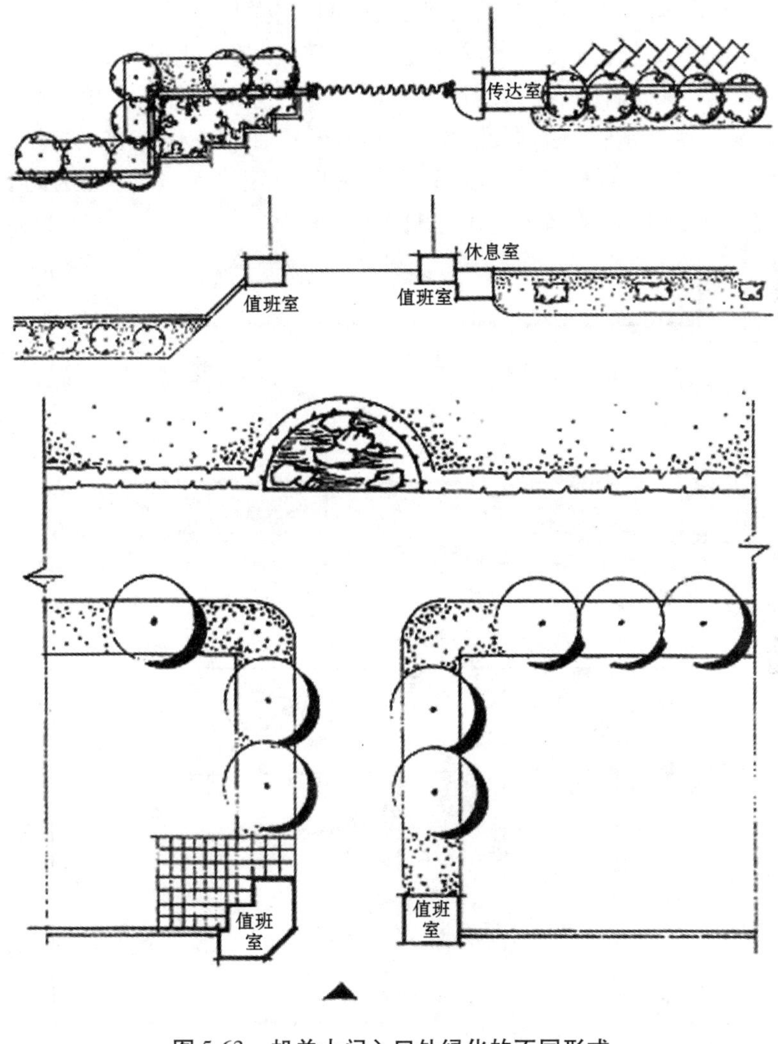

图5-63　机关大门入口处绿化的不同形式

大门外两侧绿地,应由规则式过渡到自然式,并与街道绿地中人行道绿化带相结合。入口处及临街的围墙要通透,也可用攀缘植物绿化。

(二)办公楼绿地

办公楼绿地可分为楼前装饰性绿地、办公楼入口处绿地及楼周围基础绿地。

大门入口至办公楼前,根据空间和场地大小,往往规划成广场,供人流交通集散和停车，绿地位于广场两侧。若空间较大，也可在楼前设置装饰性绿地，两侧为集散和停车广场。大楼前的广场在满足人流、交通、停车等功能的条件下，可设置喷泉、假山、雕塑、花坛、树坛等，作为入口的对景，两侧可布置绿地。办公楼前绿地以规则式、封闭型为主，对办公楼及空间起装饰衬托美化作用；以草坪铺底，绿篱围边，点缀常绿树和花灌木，低矮开敞，或做成模纹图案，富有装饰效果。办公楼前广场两侧绿地，视场地大小而定，场地小宜设计成封闭型绿地，起绿化美化作用；场地大可建成开放型绿地，兼休息功能。

办公楼入口处绿地，一般结合台阶，设花台或花坛，用球形或尖塔形的常绿树或耐修剪的花灌木对植于入口两侧，或用盆栽的苏铁、棕榈、南洋杉、鱼尾葵等摆放于大门两侧。

办公楼周围基础绿带位于楼与道路之间，呈条带状，既美化衬托建筑，又进行隔离，保证室内安静，还是办公楼与楼前绿地的衔接过渡。绿化设计应简洁明快，绿篱围边，草坪铺底，栽植常绿树与花灌木，低矮、开敞、整齐，富有装饰性。在建筑物的背阴面，要选择耐阴植物。为保证室内通风采光，高大乔木可栽植在距建筑物 5 m 之外，为防日晒，也可在建筑两山墙处结合行道树栽植高大乔木（见图 5-64）。

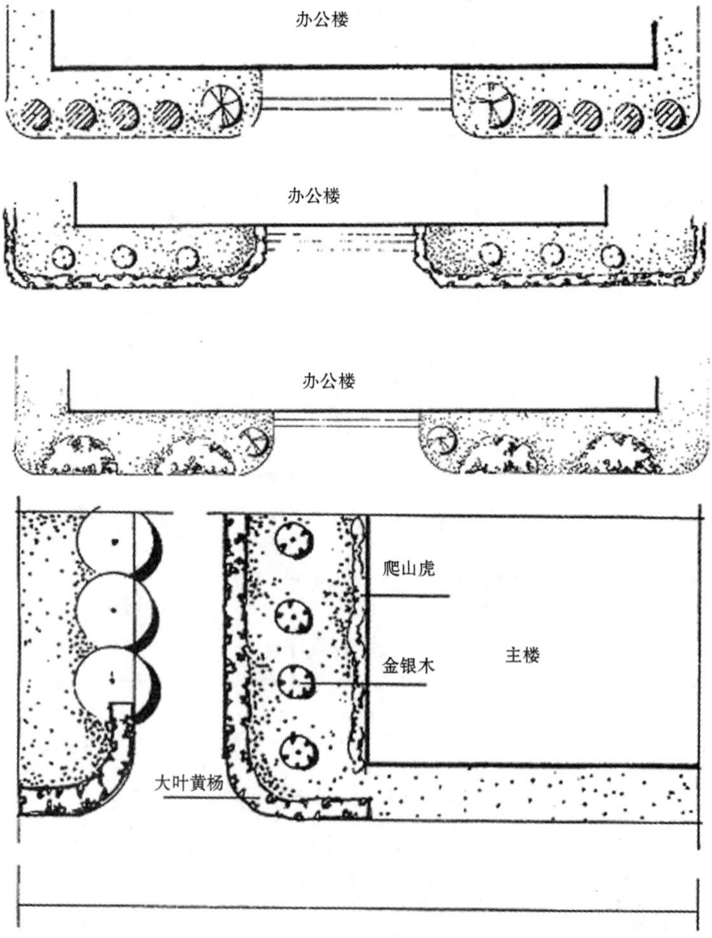

图 5-64　办公楼周围基础绿带

（三）庭院式休息绿地（小游园）

如果机关单位内有较大面积的绿地，可设计成休息性的小游园。游园中以植物绿化、美化为主，结合道路、休闲广场布置水池、雕塑及花架、亭、桌、椅、凳等园林建筑小品和休息设施，满足人们休息、观赏、散步活动（见图5-65）。

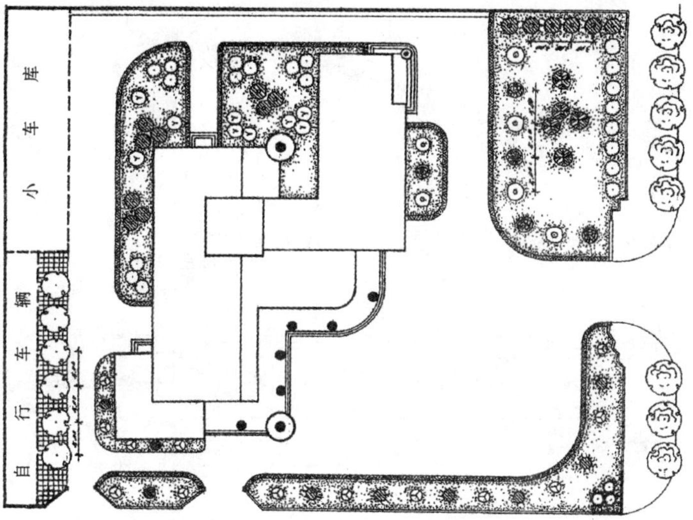

图5-65　单位机关小游园的设计

（四）附属建筑绿地

单位附属建筑绿地指食堂、锅炉房、供变电室、车库、仓库、杂物堆放等建筑及围墙内的绿地。这些地方的绿化首先要满足使用功能，如堆放煤及煤渣、垃圾、车辆停放、人流交通、供变电要求等。其次要对杂乱、不卫生、不美观之处进行遮蔽处理，用植物形成隔离，阻挡视线，起卫生防护隔离和美化作用。

（五）道路绿地

道路绿地也是机关单位绿化的重点，它贯穿于机关单位各组成部分之间，起着交通、空间和景观的联系与分隔作用。

道路绿化应根据道路及绿地宽度，可采用行道树及绿化带种植方式。

机关单位道路较窄，建筑物之间空间较小，行道树应选择观赏性较强、分枝点较低、树冠较小的中小乔木，株距3～5 m。同时，也要处理好与各种管线之间的关系，行道树种不宜繁杂。

第五节　屋顶花园植物造景

屋顶花园是在各类建筑物、构筑物、城墙、桥梁（立交桥）等的层次的屋顶、露台、天台、阳台或大型人工假山山体上进行造园，种植树木、花卉的统称。它与露地造园植物种植的最大区别在于：屋顶绿化是把露地造园和植物种植等园林工程搬到建筑物或构筑物上，它的种植土是由人工合成堆筑的，并不与自然大地土壤相连；因而屋顶植物造景绿化首先必须了解屋顶绿化与露地植物种植的差异和特殊要求。

一、屋顶花园的构造

一般屋顶花园屋面面层结构从上到下依次是：植被层、人工种植土层、过滤层、排水层、防水层、保温隔热层和结构承重层等（见图 5-66）。

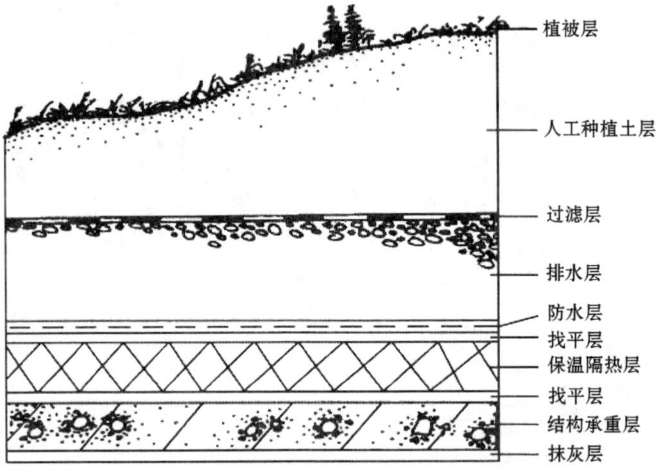

图 5-66　屋顶花园屋面面层结构剖面图

1. 植物层

植物的选择要遵照适地适树原则，景点的设置要注意荷载不能超过建筑结构的承重力，同时要满足园林艺术要求。

2. 种植土层

为使植物生长良好，同时尽量减轻屋顶的附加荷重，种植基质一般不直接用地面的自然土壤（主要是因为土壤太重），而是选用既含各种植物生长所需元素又较轻的人工基质，如蛭石、珍珠岩、泥炭及其与轻质土的混合物等。

3. 过滤层

为防止种植土中的细小颗粒及养料随水而流失，或堵塞排水管道，采用在种植土层下铺设过滤层的方法。过滤层的材料种类较多，一般采用 30 mm 厚稻草、玻璃纤维布、粗沙做屋顶过滤层。材料既能渗漏水分，又能隔绝种植土中的细小颗粒，而且耐腐蚀、易施工，工程造价低廉。不论选用何种材料，所要达到的质量要求是，既可通畅排灌，又可防止颗粒渗漏。

4. 排水层

屋顶花园的排水层设在防水层之上、过滤层之下。其作用是排除上层积水和过滤水，但又储存部分水分供植物生长之用。通常做法是在过滤层下做 10 ~ 20 mm 厚的轻质骨料材料铺成排水层，骨料可用砾石、焦渣和陶粒等。在排水层骨料选择上要尽量采用轻质材料，以减轻屋顶承重，并能起到一定的屋顶保温作用。

5. 防水层

屋顶花园防水处理成败与否将直接影响建筑物的正常使用。无论使用哪种防水材料，现场施工操作质量好坏是直接关系屋顶花园成败的关键。施工时必须制定严格的操作规程，认真处理好材料与结构承重层与水泥找平层的黏结及防水层本身的接缝，特别要注意平面高低变化处、转角及阴阳角的局部处理。

二、屋顶绿化的荷载

对于新建屋顶绿化，需按屋顶绿化的各层构造，计算出单位面积上的荷载，然后对房屋梁、柱、基础等结构进行计算，使两者一致。至于在原有屋顶上改建的屋顶绿化，则应根据原有建筑屋顶构造、结构承重体系、抗震级别和地基基础、墙柱及梁板的承载能力，逐项进行结构验算。

（1）活荷载：按照现行荷载规范规定，人能在其上活动的平屋顶活荷载为 150 kg/m^2，供集体活动的大型公共建筑可采用 250～350 kg/m^2 的活荷载标准。除屋顶绿化的走道、休息场地外，屋顶上种植还可按屋顶活荷载数值计算。

（2）静荷载：屋顶绿化的静荷载包括植物种植土、排水层、防水层、保温隔热层、构件等的自重及屋顶绿化中常设置的山石、水体、廊架等的自重。其中以种植土的自重最大，其值随植物种植方式和采用何种人工合成种植土而异（见表 5-3、表 5-4）。

表 5-3　各种植物的荷载

植物名称	最大高度（m）	荷载（kg/m^2）
草坪		5.1
矮灌木	1	10.2
1～1.5 m 灌木	1.5	20.4
高灌木	3	30.6
大灌木	6	40.8
小乔木	10	61.2
大乔木	15	153.0

表 5-4　种植土及排水层的荷载

分层	材料	1cm 基质荷载（kg/m^2）
种植土	土 2/3、泥炭 1/3	15.3
	土 1/2、泡沫物 1/2	12.24
	纯泥炭	7.14
	重园艺土	18.36
	混合胶土	12.24
排水层	砂砾	19.38
	浮石砾	12.24
	泡沫溶岩砾	12.24
	石英沙	20.4
	泡沫材料排水板	5.6～6.12
	膨胀土	4.08

注：土层干湿状态与荷载有很大的关系，一般增加 25% 左右，多者增加 50%，设计时还应将此因素考虑在内。

三、屋顶绿化的布置

屋顶绿化的布置常见的有整片绿化、周边式绿化、庭院式绿化三种形式。

(一)整片绿化

整片绿化,屋顶上几乎种满植物,只留管理用的必须路径,主要起生态作用和供高处观赏之用。绿化种植宜图案化,注重色彩层次与搭配,可造成大花坛的远观效果。其适合于方形、圆形、矩形等较小面积的平屋顶或平台。

(二)周边式绿化

周边式绿化,即沿屋顶四周墙修筑花台或摆设花盆,称为“平台上的花坛”,居中的大部分场地供室外活动、休息用。这种方法布点灵活,构造简单,适应性强。

(三)庭院式绿化

庭院式绿化又有许多形式和不同的时代特征、民族风格。在我国,一些宾馆把富有诗情画意的中国古典园林搬到了屋顶,这是中国在屋顶绿化创作上的大胆尝试。

四、屋顶花园绿化种植设计

(一)植物材料的选择

(1)选择耐旱、抗寒性强的矮灌木和草本植物。由于屋顶花园夏季气温高、风大、土层保湿性能差,冬季则保温性差,因而应主要选择耐干旱、抗寒性强的植物。同时,考虑到屋顶的特殊地理环境和承重的要求,应注意多选择矮小的灌木和草本植物,以利于植物的运输、栽种和管理。

(2)选择阳性、耐瘠薄的浅根性植物。屋顶花园大部分地方为全日照直射,光照强度大,植物应尽量选用阳性植物。但在某些特定的小环境中,如花架下面或靠墙边的地方,日照时间较短,可适当选用一些半阳性的植物种类,以丰富屋顶花园的植物品种。屋顶的种植层较薄,为了防止根系对屋顶建筑结构的侵蚀,应尽量选择浅根系的植物。因施用肥料会影响周围环境的卫生状况,故屋顶花园应尽量种植耐瘠薄的植物种类。

(3)选择抗风、不易倒伏、耐积水的植物种类。在屋顶上空风力一般较地面大,雨季或有台风来临时,风雨交加对植物的生存危害最大,加上屋顶种植土层薄,土壤的蓄水性能差,故应尽可能选择一些抗风、不易倒伏,同时又能耐短时积水的植物。

(4)选择以常绿为主,冬季能露地越冬的植物。营建屋顶花园的目的是增加城市的绿化面积,屋顶花园的植物应尽可能以常绿为主,宜用叶形和株形秀丽的品种。为了使屋顶花园更加绚丽多彩,体现花园的季相变化,还可适当栽植彩叶树种。在条件许可的情况下,可布置一些盆栽的时令花卉,使花园四季有花。

(5)尽量选用乡土植物,适当引种绿化新品种。乡土植物对当地的气候有高度的适应性,在环境相对恶劣的屋顶花园,选用乡土植物有事半功倍之效,同时考虑到屋顶花园的面积一般较小,为将其布置得较为精致,可选用一些观赏价值较高的新品种,以提高屋顶花园的档次。

(6)选择易成活、耐修剪、生长速度较慢的植物。屋顶的位置较高,植物生长的条件相对恶劣,要选择成活率较高的植物,减少补苗的成本。修剪能增加植物的观赏价值,提高屋顶花园的品位，但生长过快的植物会增加修剪等的管理成本，且增加倒伏的风险。

（二）植物种植要点

（1）各类植物生存及生育的最低土壤厚度如图 5-67 所示。

类别	单位	地被	花卉小灌木	大灌木	浅根乔木	深根乔木
植物生存种植土最小厚度	cm	15	30	45	60	90~120
植物生育种植土最小厚度	cm	30	45	60	90	120~150
排水层厚度	cm	—	10	15	20	30
平均荷载（种植土容重按 1 000 kg/m³ 计）	kg/m²（生存）	150	300	450	600	600~1 200
	kg/m²（生育）	300	450	600	900	1 200~1 500

图 5-67　屋顶花园种植区植物生长的土层厚度与荷载值

（2）乔木、大灌木尽量种植在承重墙或承重柱上。

（3）屋顶花园一般土层较薄而风力又比地面大，易造成植物的“风倒”现象，所以一定要注意植物选择原则。绿化栽植最好选取在背风处，至少不要位于风口或有很强穿堂风的地方。

（4）屋顶花园的日照要考虑周围建筑物对植物的遮挡，在阴影区应配置耐阴植物，还要注意防止由于建筑物对阳光的反射和聚光，致使植物局部被灼伤现象的发生。

（三）屋顶花园常用的植物种类

常见的有黑松、罗汉松、广玉兰、瓜子黄杨、大叶黄杨、雀舌黄杨、锦熟黄杨、金叶女贞、珊瑚树、火棘、构骨、棕榈、蚊母、丝兰、栀子花、龙爪槐、紫荆、紫薇、红叶李、海棠、黄刺玫、珍珠梅、榆叶梅、蜡梅、金丝梅、丁香、寿星桃、樱花、白玉兰、紫玉兰、南天竹、杜鹃、牡丹、茶花、含笑、月季、橘子、金橘、茉莉、美人蕉、大丽花、苏铁、百合、米枝莲、鸡冠花、枯叶菊、桃叶珊瑚、海桐、红瑞木、葡萄、紫藤、常春藤、爬山虎、六月雪、桂花、菊花、麦冬、葱兰、黄馨、迎春、紫叶小檗、佛甲草、天鹅绒草坪、荷花、刚竹等。可因时因地区确定使用材料。

第六节　室内植物装饰应用

室内植物装饰是将植物引入室内，在室内再现大自然景色，一是表现生活的现实环境空间和时间的统一的客观存在形式；二是在艺术上，它也是空间和时间的综合艺术。室内绿化装饰是在一种特定的环境条件下进行的一种艺术处理。既受到空间、时间的限制，又受到室内家具的形式、墙壁色彩、光线明暗等多种因素的影响。在设计构图上,不仅要考虑植物本身在室内装饰中的效果,还要与室内外的环境、陈设以及需要互相协调,融为一体,使人感到有节奏、有韵律,犹如置身于自然境地,加强与周围环境的联系。

一、室内植物装饰设计

(一)立意

立意是室内植物设计的灵魂。大的室内空间如宾馆、购物中心等空间可划分为数段,根据每段的个别条件做不同主题的处理。而规模较小的,可采用单一主题,在确定立意时,无论是古雅的、浓艳的、热带风情的或现代新颖的风格,都必须与建筑室内性质功能相结合。

(二)布局

根据建筑的性质和功能,室内植物布局要充分考虑观赏路线、比例和借景。设计中要小心处理,因地制宜灵活运用造园布局要领,用渗透和对比的手法扩大空间,用约束和隔断的手法分隔空间,用过渡和引伸的手法联络空间,用点缀和补白的手法丰富空间,力求简洁、精巧、细致。做到一草一木、一石一水都是创造意境的素材。

(三)注重色彩比例及纹理上的对比及配合

色彩不宜繁杂,有糙有滑,叶子有细密有粗疏,室内植物大小、体量、比例,要结合室内环境综合考虑。

(四)植物装饰设计

(1)确定室内植物装饰的主调与配调。室内一般选择1~2种植物种类做主调、主景,在数量大小上要占相当优势。因此,在布局时还要考虑“主”和“从”的关系。即主次分明,中心突出,在同一方位的空间有主调、主景和配调、配景之分,主景是装饰布景的核心,必须醒目,要有艺术魅力。在选材上可选用形态奇特、姿色优美、色彩绚丽、体形大,有别于常见花卉的品种做主景,放在引人注目的位置,以突出主景的中心效果。

(2)布置均衡,配置合理。室内装饰布局,重心一定要保持稳定,给人以安全感。如大、中型观叶花卉如橡皮树、散尾葵、朱蕉、龙血树,宜在角隅、沙发旁等处直接摆放在地面上,中、小型观叶花卉如花叶万年青、变叶木、凤梨类等植物可以摆放在几架、窗台或家具上,台面上可放小型盆花或切花。

(3)色彩的协调。室内植物装饰中植物色彩要按室内色彩的设计意图,从整体上综合考虑。其基本原则是上浅下深,根据色彩重量感,使环境造成一种安定、稳定的感觉。色彩的运用有统一与对比的关系,其中应以协调统一为主,通常采用类似色彩的组合,或者用相同明暗的不同色彩的组合。因此,我们首先应考虑室内环境色彩如墙壁、地面、家具的色彩,环境如果是暖色应选偏冷色花;反之,则用暖色花。这样,既协调又能提高对比,产生明显视觉反差,从而反映出整个房间的整体美。

(4)比例适度。室内空间高度、宽度及室内陈设物的多少及体量决定了我们所选择植物的数量及大小。

二、室内植物布局方法

一般来说,现代室内绿化装饰有点、线、面三种布局方法。点状布置是独立的或成组设置盆栽植物,“点”上的植物装饰性较强或是有特殊的装饰效果,成为室内引人注目的景观点。“线”状布置是指将植物植于花槽内或连续摆放一排或几排盆栽植物。“线”的植物材料要求在体形、大小、颜色上都是一致的,以便使其外貌达到整体统一。线状布局多显均衡对称式,借以划分室内空间。“面”状布置是应用植物排布于室内墙壁前,组成一个生动的画面,其作用犹如一幅天然图画,使室内气氛更加生机勃勃。选用的植物群要高矮搭配,反映出植物的群体美。

三、大型室内花园植物装饰

大型室内花园,多见于宾馆、酒店、写字楼、大型购物中心、游乐场所、植物园和公园中。

(一)构成室内花园的因素

构成室内花园的因素可以分为水体、山石、植物(花台)等硬质构件。

1. 水体

水的运用在室内花园设计中极为重要。室内园林中的水,大部分都是人工设置的。设计一个室内花园,除非是因为特别的意境要达到,否则水景宁可小而不可无,应尽量安排在适当空间中,处理好水的手法、造型与气势,使其能发挥效果。

(1)主景:一个良好的室内环境,尤其是一个较大的空间中,水体就是一个主要景观点,它在这个环境中占据主要地位,它的形状、质感、色彩具有较强的感染力,通过它的喷泉、瀑布成为最吸引人的部分。

(2)背景:室内水景多配上山水绿化作为背景,使突出于水面上的亭、廊、桥以及漂浮于水面上的水草和游鱼,通过倒影和反射的灯光更能增加强度和层次感。

(3)纽带:通过室内水体,可成为空间之间联系的纽带。利用水体分隔空间,在视觉上感到互相贯通。如一个较大的室内,若当中设一个玻璃水景体,就可使两个空间互相渗透融合为一体,气氛活泼而产生自然的情趣。

2. 山石

石可就地取材,与水体、植物巧妙配合。“山石”景有假山、石壁、石洞、峰石、散石、池底铺石等。

3. 植物

室内绿化植物可分为落叶乔木、常绿树、花灌木、攀缘植物、地被植物、水生植物、室内植物装饰,以活的植物为主,也可用仿真植物与活的植物相间配合使用。在室内,乔木的选择范围较少,沼泽和水生植物中也缺乏适宜的品种,地被植物经常须用藤蔓或矮短的灌木充当,蕨类羊齿植物可做装饰用。在各类花木中,观花、观果类也常常受到一定的限制,因此室内植物大部分是观叶类。

(二)室内花园植物装饰应用

1. 大型室内花园

大型室内花园可供群众游览和参观,占地面积很大。大型室内花园以地栽植物为主。植物不仅柔化了建筑实体的生硬感和单调感,还增加了一种近人的气氛,增添了空间的表现力,室内中庭常用的植物有铁线蕨、银粉背蕨、荚果蕨、肾蕨、巢蕨等,观叶植物如菖蒲类、万年青、海芋、一叶兰、文竹类、吊兰类、花叶芋类、散尾葵、旱伞草、龙血树、麒麟尾、鲜荔球兰、麦冬类、竹芋类、龟背竹、豆瓣绿、冷水花、棕竹、绿萝、合果芋类、紫鸭跖草、吊竹梅等。观花植物如秋海棠科植物、芒毛苣苔、凤仙、报春花类、番薯花、紫罗兰、蟹爪莲等，可供使用。应注意的是，任何植物都需要一定的条件：水、养分、阳光、空气，它们也是室内植物的重要生长条件。

2. 室内专类园

常见的有专类花园、水景园、盆景园等。

(1)专类花园：在室内常见的有热带兰、蕨类、秋海棠类、仙人掌类及多肉植物、观叶植物等的专类花园。以某种专类花卉构成主要景观的花园，依照植物生态习性和景观变化的要求，在地面上设计一定的坡度，或有起伏，各类植物自成美丽的群落，可适当增加小块水体设计，以提高空气湿度和丰富景观。

(2)水景园：以水池、涌泉、壁泉等构成主要景点。植物配置以水生植物及喜水湿的蕨类和观叶植物为主。

(3)盆景园：盆景园陈设除考虑艺术效果外，还要注意植物的生长环境，在布局上要根据室内门窗、墙柱的位置、大小，还有自然光与灯光的照明情况，室内格局、色调等关系来确定，常采用中国古典园林手法布置。在设计中，首先要有主题思想和展出风格，盆景园应建成既有园林特点，又不同于一般的园林。其次要分配布局，主景突出。最后，注意背景要素雅，不能喧宾夺主。

3. 中型室内花园的植物装饰

中型室内花园，多建在宾馆、饭店、医院和疗养院中，不供群众游览，而是为宾客、病员和疗养人员提供的休息场所。

中型室内花园多采用地栽和盆栽相结合的办法，可配置一些热带和亚热带的观叶植物。花木应以中型盆栽为主，地栽池应设在北墙的脚下，不要太宽，用来栽种观赏竹类和常春藤等攀缘植物。其他观叶植物最好进行盆栽，以便定期调换植物布局，变更花木种类，比较灵活机动。

4. 小型室内花园的植物装饰

小型室内花园，多属于公共场所的附属设施，主要用来美化环境。其常见于建筑出入口、楼梯等室内环境中。

1)出入口的植物装饰

出入口植物装饰中，要根据总体的环境效果来确定植物种类，常采用色彩艳丽、明快的盆花或棕榈、椰子、棕竹、苏铁、南洋杉等较大型的观叶植物，布置的形式要根据空间形态的大小来确定。空间较为开敞的，多采用规则式布局，可在中排陈列应时盆花，如一串红、八仙花、一品红、菊花、万年青等，堆叠成花坛或做成花篮，形成视觉的中心；前排以文竹、天门冬镶边；后排则以整齐、高大的常绿树盆栽作为陪衬，如南洋杉、黄杨球、棕榈等。对于空间较狭小的门厅，可在周边布置盆栽，或在垂直方向吊挂观叶植物，借以保证行动方便，又不影响视线。也可利用山水画、镜子等与植物相配，借以扩大门厅空间，调和气氛。

2）室内楼梯、走廊的植物装饰

（1）楼梯的植物装饰设计。在楼梯转角，可以靠角摆放一盆体形优美、苗条的植物，诸如橡皮树、棕竹等，加以遮挡，或不等高地悬吊1～2盆吊兰、常春藤等植物。在楼梯上、下踏步的平台上，靠扶手的一边，可放较低矮的万年青、一叶兰、书带草、沿阶草及地被菊等小盆花，上下楼梯时，它会给人一种强弱的韵律感和轻松感，也可利用高矮不同的盆花，自上而下，由低到高摆放，以示楼梯的高差变化，缓和人们的心理感受，又达到装饰的目的。梯台的围栏如果是铁栅栏围成的，可摆设植箱或盆，也可种植攀缘类植物。

（2）走廊的植物装饰设计。一般不采用复杂的园林手段造景，常常通栏做花池来陪衬整个景观，或用适当的盆景点缀，来获得一定的气氛。较宽的走廊，可分段放置一盆观花或观叶植物，可以利用不同的植物种类，突出每条走廊的特色。对于一些走廊局部空间突然放大的地方，可配以一些较大型的植物，如橡皮树、龟背竹、龙血树、棕竹等。

四、室内公务活动场所的植物装饰

（一）办公室的植物装饰

办公室的植物装饰应突出清静幽雅、美观朴素的特点。

（1）植物选择：办公室最好选用管理简单并且维持时间长的植物材料，如各种观叶植物及干花，适量使用鲜花点缀。办公室内使用的植物数量，常常因空间所限不能过多，在比较显眼的地方布置两三处即可。常见植物有：喜林芋、绿萝、龙血树、橡皮树、变叶木、袖珍椰子、常春藤、龟背竹、竹、散尾葵等木本观叶植物，草本观叶植物如文竹、秋海棠、海芋、豆瓣绿、万年青、凤梨、蕨类植物。

（2）植物装饰设计：办公室的植物装饰，最好能与整个室内环境布置同时进行。灵活自然的安排方式，使办公室家具形象与植物装饰协调，特别注意植物装饰要设在不易为过往的人碰到的地方，而且要避免遮挡视线。办公室的面积大小不同，装饰的手法常常也有所区别。对于办公室面积较小的，可充分利用窗台、墙角以及办公用具等点缀少量植物。如在墙角摆放小型散尾葵或龙血树；在窗台摆放1～2盆花叶芋、变叶木、白纹合果芋、金边虎尾兰等；也可在无人走动的窗前垂吊1～2盆绿萝、花叶鸭跖草、迷你龟背竹等，在办公桌上点缀小型的非洲紫罗兰、豆瓣绿、冷水花、四季海棠；公文柜及墙壁空白处吊挂观叶植物等等。

（二）会议室的植物装饰

会议室的植物装饰应突出严肃隆重的气氛。

（1）植物选择：会议室家具排列布置整齐，因此植物装饰时要特别注意植物形体适宜，数量不能过多而且品种不宜过杂。不一定使用色彩夺目的花卉，观叶植物具有良好作用。

（2）植物装饰设计：大型的专门会议室，常在主会议桌上摆放3～5株小型盆花，如四季海棠、一品红等或插花饰品。在主会议桌前面要摆放两排盆花，前排放置密集矮小的观叶植物，如天门冬、吊兰、蕨类等，利用下垂浓密的枝叶遮掩花盆，后排根据季节不同，选择大丽花、月季、君子兰等观花植物，对称摆放，前矮后高，观花、观叶植物协调摆放。会议桌多为长方形、椭圆形、圆形中间留出空的地面，适宜布置3～5盆较大的观叶植物、观花植物，如叶子花、杜鹃、菊花、巴西木、橡皮树、龟背竹等。充实空间，成为全室装饰的重点，缩短人与人之间的距离，活跃气氛。在会议桌外围的沙发或座椅、茶几后面可摆放花叶常春藤、绿萝等蔓生花木，攀缘生长，使人如置身于自然之中，也可适当布置些观花、观叶植物。

中小型会议室的植物装饰，以室内中央的会议桌为重点，桌上可用插花或观叶、观花植物，如四季秋海棠、报春花、水仙、仙客来、非洲紫罗兰、花叶芋、万年青等。注意：品种不易超过两种，与桌布色彩要协调，2～3瓶（盆）排列整齐，即可起到烘托和渲染室内环境的作用。其中中型会议室角落处可摆放龟背竹、橡皮树、花叶常春藤等。

（三）礼堂的植物装饰

礼堂的植物装饰应起到烘托气氛、加强集会效果的作用。

（1）政治性、严肃性的会场：植物装饰应显示出庄严和稳定的气氛。主席台是植物装饰的重点区域，一般是对称性布置。依会场空间大小，选用比例恰当、体形、大小、尺度合适的常绿树为主调，适当点缀少量色泽鲜艳的盆花，使整个会场布局协调。主席台的背景常用大型的盆栽如松柏、棕榈等观叶植物，讲台、主席台桌上可放置低矮插花或盆花，在它们前面也可排列两排盆花加强装饰。主席台的前沿一般要排列盆花，在主席台的两角，也应加强植物装饰的分量，一般常用较高大、叶色较深的植物，通过这样的处理，花卉在整体环境中突出了主席台并且提高了主席台的吸引力。

（2）迎送会场：要装饰得五彩缤纷、气氛热烈，常采用规则或对称均衡的布局手法，选择比例相同的观叶、观花植物，配以花束、花篮，突出暖色基调，形成开朗、明快的场面。

（3）节日庆典会场：选择色、香、形俱佳的各种植物，以组合手法布置花带、花丛及雄伟的植物造型等景观，辅以插花、花篮、盆景、垂吊等突出轻松、愉快、团结、祥和的气氛。

（4）悼念会场：常用规则式布局，以松柏常青植物为主体，配以花圈、花篮、花束，形成万古长青、庄严肃穆的气氛。应适当点缀一些白、蓝、青、紫、黄及淡红、黄色的花卉，激励人们化悲痛为力量。

（5）文艺联欢及音乐会场：在整体环境设计中应加大花卉的使用量，体现出欢乐祥和的气氛。门口两侧一般放置大中型观叶、观花植物。窗台上也可放盆花、吊盆，墙角上可做壁挂，在墙角处可布置观叶植物，充实空间。

文艺联欢会场，可选用多种类型的植物，进行组合或布局，内容丰富，变化多样，色调艳丽协调，并在不同高度以吊、挂装饰于空间，形成一个花团锦簇的大花园，使人感到轻松、活泼、亲切、愉快，得到美的享受。

严肃音乐的会场，则要求环境幽静素雅，选择形体优美、线条柔和、色泽淡雅的观叶、观花植物进行自然式的布局。注意植物装饰的节奏变化，有规律地垂吊植物点缀空间，使人置身于音乐世界里，领略乐章中的意味深长的意境。

五、家庭居室植物装饰

用绿色植物点缀、装饰家居，既美观又经济。室内植物装饰，不但可以改善室内的小气候，美化家庭、陶冶情操，还能合理地组织房间，是形成视觉中心和形成家庭环境的有效方法，植物装饰必须就建筑形式、周围环境、家具摆设、色彩等诸方面加以考虑。植物装饰设计时，应根据不同的房间特点分别考虑，让不同功能的居室环境各具特色，使家庭生活更加方便、舒适、美好。

(一)客厅的植物装饰

客厅既是家庭成员活动的主要空间,也是主人向外界展示自己职业、性格、情趣、修养的主要场所。客厅的植物装饰设计,并不是追求昂贵装饰物的堆砌,而应尽量突出精神要素的作用,“宾至如归”的客厅是我们追求的目标,典雅大方是它的主要特点。植物要根据空间大小、色彩调和等要素来考虑。用植物进行绿化装饰时,一定要注意,数量不宜太多,种类宜单纯,太多不仅显得杂乱,而且生长不好,客厅内放置的植物切勿阻塞出入走动路线。

对于空间较大的客厅,入口绿化装饰可以采用相当大而庄重的插花、盆景、五针松、锦松或罗汉松,起到迎宾作用。在大客厅的中央,放置1~2盆高大、叶硕而舒展的南洋杉、榕树、棕榈、苏铁等分割空间。角隅和墙角、柜旁、沙发边、窗边也可放置大型花木,如龟背竹、苏铁、橡皮树、棕竹、棕榈等,还可用龙血树、鹅掌柴,或以它们为中心,小型盆栽做衬托,但注意一般都应配白色高筒胶盆。在角隅处,还可利用花架来布置盆花。

客厅的面积较小,常在18~20 m^2,客厅中央应选用小植株、枝叶细小的植物,大型的植物在角隅或局部使用,在角隅还可使用经造型的迎春、悬崖菊、紫罗兰等;也可用彩叶草、文竹、凤尾竹、花叶芋、四季海棠、瓜叶菊、水仙、蒲包花、四季樱草、球兰、仙客来等观花植物,显示热情、好客、兴奋;还可用万年青、水芋、旱伞草、小型苏铁等观叶植物,不占客厅的面积,常用吊竹梅、吊兰、天门冬、垂盆草、白粉藤类、蕨类、常春藤、绿萝等植物。装饰时依家具及其他附属设施的色调,可选用适宜的观叶植物,如凤梨类、竹类、鹤望兰、龟背竹、海芋、鱼尾葵、椰子、八角金盘、鹅掌柴、七叶树、龙血树等,配置于地面或花台上,茶几、桌上摆放插花、花篮、瓶栽植物,或小盆非洲紫罗兰、网纹草、彩叶草、观叶海棠等,但忌放在客人与主人中间,影响视线,给人以分隔不方便感。

(二)卧室的植物装饰

卧室的植物装饰设计,要运用各种手段使人们在宁静、温情、休闲、舒适的气氛中养精蓄锐。卧室内植物装饰设计,要与墙面、地面、天花板、床上用品、家具、窗帘等协调统一起来,室内以冷色调为好,光线也不可太强,以利于入睡。植物应选择中、小型盆花和吊盆植物为主,做到少而精,一般以摆放颜色淡雅、株型矮小的观叶植物为主,形象上要显出缓和的曲线,轻而细小、柔软和有质感的植物较好,如吊兰、文竹、波士顿蕨、茸茸椰子等。观花种类颜色不应过多,花色柔和,注意选用有清香味的植物和夜晚能吸收二氧化碳的植物,如夜来香、晚香玉、水仙、蜡梅、兰花、茉莉,有利于催人入眠。同时注意卧室内的植物,可随季节更换观花或观果植物,如桂花、茉莉、夜来香等。在向阳的窗台上装饰1~2盆小型米兰、茉莉、仙人球、山影拳、扶桑、月季、石榴、仙客来等花卉,东向、北向的窗台上以及床头柜上,可摆放兰花、杜鹃花、万年青、棕竹等较耐阴的花卉或临窗吊挂一盆金边吊兰、月光花。在设有沙发的卧室内,在沙发中间的茶几上,装饰一瓶插花或水养一盆亭亭玉立的水仙,或摆一盆兰草,在沙发旁再摆放上一盆矮棕竹,这样就构成了比较完整的室内装饰。

(1)老人的卧室:应突出清新淡雅的特点。要从方便行动、保护视觉方面考虑,选择管理方便、观赏效果好的植物进行装饰。窗前房后种植花草或盆景,能取自然的意境。室内植物以常绿为好,如仙人掌、龟背竹、一叶兰、兰花、小型苏铁、柑橘类植物、矮棕竹、五针松、罗汉松、万年青、兰花等,长年不衰,郁郁葱葱,祝老人长寿,平平安安。同时,还应注意植物材料最好选择观赏价值高、管理简便、较耐干旱的品种,植株不宜过大。在卧室的桌上、茶几上可养植水生植物。观赏植物的生长、开花过程,可调剂老人生活。老人的卧室着意创造一个恬静、舒适的生活和起居环境,使他们安度幸福的晚年。

(2)儿童、青少年的卧室:突出鲜艳色彩的特点,用简洁、明快的手法,创造舒适、实用的独立空间。宜选用色彩鲜艳、引人注目、趣味性强的植物,如彩叶草、三色堇、蒲包花、变叶木、火鹤、仙客来、捕虫草、鹤望兰及姿态奇特的生石花、佛肚树、八角金盘、球兰等,可配上一定动物造型的容器,以培养少儿热爱大自然的情趣,另外要注意安全性,尽量少用或不用吊挂、盆栽装饰,以免儿童活动撞翻伤人,尽量少用多刺的植物如月季、玫瑰、掌类和有毒的植物如花叶万年青、虎刺梅、石蒜及有气味的植物如五色梅、天竺葵植物;一般也较少采用大型、浓香植物。

(3)新婚夫妇的卧室:应突出以香为主,即选用红玫瑰、蝴蝶兰、卡特兰、茉莉花、百合花、满天星等带香味植物为主,红白相配。阴性、阳性植物各一盆,高低错落布置,适于室内的阳性植物有米兰、杜鹃、山茶、一品红,阴性植物如绿萝、彩叶芋、鹅掌楸、巴西木等。

(三)书房的植物装饰

书房的植物装饰中以雅为主,在雅中求静,着力突出清新明快的特点。选用的植物,应体态轻盈、姿态潇洒、文雅娴静,其中观叶植物如吊金钱、文竹、万年青、蕨类;观花植物应采用花色偏冷色的,如梅、菊、水仙的白、淡花品种,有利于形成静谧、安宁的气氛,创造良好的环境,而红色则不免刺目。最好能配合季节交换,如春节摆放水仙,入秋换上菊花,数量即使不多也情趣自然丰富。在书房的写字台上,在不妨碍文具使用的情况下,可放置小型兰草、文竹、水竹、凤尾竹、碗莲、万年青、彩叶芋、非洲紫罗兰等,或点缀一盆小巧的盆景、插花,特别要注意盆景、插花的知识性、寓意性。在向阳的窗台上,可摆放 1 ~2 盆米兰、月季、仙客来等喜阳而清香美丽的盆花,窗口上可以吊挂一盆吊兰、书带草、鸭跖草一类观叶的垂枝植物,书架上,可放置一盆枝叶下垂而潇洒的绿萝、吊竹梅或花叶常春藤;沙发间的茶几前,摆放一盆耐阴的龟背竹、一叶兰等;在墙壁上可结合字画悬挂壁饰植物或盆景。

(四)多用室的植物装饰

多用室一般面积较大,沙发旁的地面上可摆放盆花陪衬,茶几上摆设插花,房间角隅处适宜布置较大的盆树,如印度橡皮树、鱼尾葵等,窗边用观叶植物陪衬;也可利用盆花、观叶植物分割空间,或明确或模糊地隔离出会谈、进餐、读书等空间。多用室植物装饰,特别注意选择植物时要少而精,以免盆花过多,影响人们的日常生活和学习;植物装饰色彩要鲜艳,可选用如菊花、杜鹃、仙客来、虎尾兰等观花植物及观叶植物如鸭跖草、变叶木、竹芋类。

(五)餐室的植物装饰

餐室的植物装饰要有助于增进食欲,融洽感情。餐室环境、气氛、设备要求卫生、安静、舒适,宜以淡雅的暖色为基调,在餐室周围可摆设凤梨类、棕榈类、变叶木等叶片亮绿的观叶植物或色彩缤纷的大、中型观花植物为宜。可按不同季节进行更换,如春季用春兰,夏季用紫苏,秋季用秋菊,冬季用一品红等。餐桌上的植物装饰不宜繁杂,在色彩、大小等方面要与餐桌相协调,注意四季的变化。早春以报春、桃花为主,夏季以芳香为主,如百合、马蹄莲、晚香玉、荷花、丝石竹等,秋季以菊花或菜蔬瓜果为主,冬季以串红、长寿花、月季、康乃馨、剑兰等为主。在餐室内植物要少而精,3～5盆即可显得生气盎然,室内生辉。

(六)厨房的植物装饰

植物装饰忌零乱,要充分利用窗台、橱柜、工作台、餐桌,以小型花卉装饰品挂靠墙壁或悬吊上空,如蕨类、鸭跖草、吊兰是适宜的种类,一些蔬菜可以兼作观赏,如南瓜、苦瓜、番茄、辣椒、土豆、菜花,一些蔬菜的剩余物如胡萝卜、萝卜球茎、甘蓝等带叶的茎端部分插于盛水浅盆中或葱蒜、芫荽等调味菜盆栽于窗台上,观赏之外也便于随时采摘食用。

(七)卫生间的植物装饰

运用观赏植物带来活泼的生趣,对消减身心疲劳是适宜的。因此,在卫生间植物装饰时,应以整洁、安静的格调为主。卫生间内能安排布置植物的地方有限,所以应多选用小型的植株,多利用墙面挂靠,要选择植物本身适应性强的材料,如蕨类、冷水花等。在卫生间的上方可能有些管道,可以用来吊挂悬垂植物。

(八)阳台和窗台的植物装饰

1.根据阳台的朝向及生态因素变化的特点选择植物

向阳阳台:光照充足,通风良好。可恰当选择观花、观果、观叶的各类花木,合理地搭配。如观果的金橘、代代、四季橘、芋、彩叶草、凤梨类等;观花的月季、石榴、天竺葵、菊、一串红、凤仙花、万寿菊、矮牵牛、米兰、茉莉、九里香、夜来香等。

背阴阳台:喜阴或较耐阴的花卉适宜,如山茶、杜鹃、鸭跖草、栀子花、蜡梅、兰花、棕竹、文竹、万年青、吉祥草、南天竹、玉簪、花叶芋及观赏竹类等,还可选用一些观叶花卉,如蕨类、花叶常春藤、万年青、龟背竹、紫鸭跖草等。此外,荷花、碗莲等水生花卉也适宜。

东、西向阳台:一般阳性花卉均可栽植。但朝西阳台,夏季西晒时温度较高,易对红枫、山茶、杜鹃、君子兰及一些叶质薄的花木产生日灼危害。若于阳台角隅栽植蔓性藤本类的大花牵牛、绿萝,形成"绿色屏幕",既可避免烈日,又可点缀阳台,一举两得。

2.注意选择不同花期植物

在阳台、窗台植物装饰设计中,注意选择不同花期植物,做到四季有花,次第开放。春季可选用三色堇、多花性樱草、金盏花、香雪球、少女樱草、瓜叶菊、风信子、水仙、番红花、葡萄风信子、郁金香、毛茛、白头翁、杜鹃、海棠、山茶、洋绣球、九重葛等;夏季可选用孔雀草、金莲花、金鱼草、六倍利、康乃馨、飞燕草、百日草、松叶菊、延命菊、洋绣球、玫瑰等;观叶植物可选用如黄金葛、常春藤、吊竹梅、水竹、龙血树、椰子、变叶木等;秋季可选用百日草、串红、凤仙花、酢浆草、彩叶草、菊花、蟹爪兰、仙人掌等。在阳台、窗台上,还可选用攀缘植物,如绿萝、常春藤等。

3.选择观赏价值高、植株矮小、紧凑的花木

由于花盆、种植器容积小,宜选须根系的花木,特别注意植物的适应性,具耐旱、耐热,抗污染的植物优选。也可以在窗台上摆放若干小型或微型盆景,既美观,又不影响居室的光线,且在室内可直接欣赏到植物。阳台、窗台植物装饰是栽培技术与装饰艺术的结合。它的具体布局和居室内绿化装饰一样,没有既定的模式,要根据位置和个人爱好来确定。

本章知识拓展

园林植物种植工程技术

植物是绿化的主体,植物造景是园林工程的主要手段。因此,绿化工程就会自然成为园林工程技术方面不可缺少的部分。绿化工程即栽种工程,是造园的主要工程。绿化工程是按照园林植物种植设计施工图或一定的计划,根据植物生态特性和栽培技术条件完成植物栽植任务和养护的过程。要保证植物成活和正常生长,并且达到园林景观设计效果,绿化工程必须遵循一定的操作规程,才能保证工程质量。

一、园林乔灌木栽植与养护

乔灌木栽植工程的特点:在充分了解植物个体的生态习性和栽培习性的前提下,根据规划意图,按照施工的程序和具体实施要求进行操作,才能保证较高的成活率。园林中乔灌木栽植与养护施工程序一般分为现场准备、定点放线、挖穴、起苗、苗木运输、苗木假植、栽植与养护管理等。

(一)施工现场准备

(1)现场调查。调查施工现场的地上与地下情况。

(2)清理障碍物。施工现场内,对有碍施工的设施和废弃建筑物应进行拆除与迁移,并予以妥善处理。

(3)整理地形。对有地形要求的地段,应按设计图纸规定范围和高程进行整理,其余地段应在清除杂草后进行整平,但要注意排水畅通。

(二)现场施工

1. 定点放线

进行栽植放线前务必认真领会设计意图,并按设计图纸放线。由于乔灌木栽植类型方式各不相同,定点放线的方法也很多,常用的有下面两种。

(1)规则式栽植放线:成排成列式栽植乔灌木称为规则式栽植(如行道树栽植)。特点是行列轴线明显,株距相等,放线比较简单,可以选在地面上某一固定设施为基点,直接用皮尺定出行位或列位,再按株距定出株位。

(2)自然式栽植放线:特点是植株间距不等,呈不规则栽植(如公园绿地类型)。常用的方法有:

交会法:是以建筑物的两个固定位置为依据,根据设计图上与该两点的距离,相交会,定出植株位置,以白灰点表示,适用于范围较小,原有建筑或其他标记与设计图相符的绿地。

A. 网格法:按一定比例在设计图上打好方格网,并将其测放到施工现场,再根据乔灌木在图纸方格网中的位置测设到地上,进行定位。网格法也称为坐标定点法。

B. 小平板定点法:根据基点将植株位置按设计依次定出,用白灰点表示,适用于范围较大、测量基点准确的绿地。

C. 平行法:适用于带状铺地植物绿化放线,特别是流线型花带实地放线。先定出中线，然后用垂直中线法将花带边线放出，石灰定线。

D. 目测法：对于设计图上无固定点的绿化种植（如灌木丛、树群等），用方格法或仪器测放法划出栽植范围，其中范围内每株树木的栽植位置和排列可根据设计要求在所在范围内用目测法进行定点。定点时应注意植物的生态要求和景观效果。

为了使栽植的树种、规格与设计效果一致，在定点放线的同时，应在白灰点处钉以木桩，标明编号、树种、挖穴规格。

2. 挖穴

挖穴的质量好坏对植株以后的生长有很大影响，以所定灰点为中心，沿四周往下挖穴，挖穴的穴径应大于根系或土球直径 0.3 ~0.5 m，形状一般为圆形或正方形，穴口与穴底口径一致。

3. 起苗

起苗是种植绿化工程的关键工序之一，起苗的质量好坏直接影响树木的成活率和最终的绿化效果。

一般包括起苗准备、起苗时间和起苗方法三个部分。

起苗准备：选好苗木（挂牌）→灌水（起苗前 2 ~3 天进行）→拢冠（捆拢树冠）→断根（挖深 15 ~20cm 即可）。

起苗时间：一般多在秋季休眠以后或者在春季萌芽前进行，也可以在雨季进行。

起苗方法：裸根法和带土球法。

裸根法：适用于处于休眠状态的落叶乔木、灌木和藤本。特点是操作简便，节省人力、物力。

带土球法：土球内须根完好，水分不易散失，有利于苗木成活和生长，适用于常绿树、名贵树木和较大的灌木、乔木。土球直径大小为苗木地径的 7 ~10 倍，灌木苗高的 1/3，土球高度为土球直径的 2/3。

4. 苗木运输

苗木运输也是影响树木成活率的因素，应做到随起、随运、随栽，争取在短时间内将苗木运输到施工现场。在条件允许时，尽量做到傍晚起苗、夜间运苗、早晨栽植，这样可以减少风吹日晒，防止水分散失，有利于提高苗木成活率。

5. 苗木假植

苗木运到施工现场后，未能及时栽植或未栽完时，视离栽植时间长短应采取“假植”措施。

（1）裸根苗木的假植：

①覆盖法：时间短，可用苫布或草袋盖严，并在其上洒水。

②沟槽法：时间长，挖槽深 0.3 ~0.5 m、宽 0.2 ~0.5 m，长度视情况而定。树梢应向顺风方向，斜放一排苗木于沟中，然后用细土覆盖根部，不得露根。

（2）带土球苗木的假植：苗木运到施工现场若不能很快栽完，应集中放好，四周培水，树冠用绳拢好。常绿苗木应进行叶面喷水。

6. 栽植

(1)修剪:为了减少自然灾害,提高成活率,促进树形的培养,栽植前必须对苗木进行再次修剪。高大乔木应在栽前修剪,小苗灌木可于栽后修剪。剪口必须平滑,最好能及时涂抹防腐剂。

(2)散苗:将苗木按设计图纸或定点木桩,散放在定植穴旁边。

(3)栽苗:即将苗木植于穴内,分层填土,提苗木到合适高度,踩实固定。

①裸根苗木的栽植:将苗木置于穴中央扶直,填入表土到一半时,将苗木轻轻提起,使根颈部位与地表相平,保持根系舒展,踩实,填土直到穴口处,再踩实,筑土堰。

②带土球苗木的栽植:土球入穴口,填土固定,扶直树干。剪开包装材料并尽量取出,填土至一半时,用木棍将土球四周夯实,再填土到穴口,夯实(不要砸碎土球),筑土堰。

③栽植的要求:栽植的位置应符合设计要求。裸根苗木的栽植深度比原根颈土痕深5~10 cm;带土球苗木比土球顶部深2~3 cm,灌木则与原根颈土痕平齐。要注意树冠朝向,尽可能将树冠丰满完整的一面朝主要观赏方向。对于树干弯曲的苗木,其弯口应朝向当地主导风向。对于行列式栽植,应先在两端或四角栽上标准株,然后瞄准栽植中间各株。

7. 养护管理

养护管理是保证成活的关键环节,必须予以足够的重视。

(1)立支柱:较大苗木为防止被风吹倒,应立支柱支撑,采用木杆或竹竿,长度为树高的1/3~1/2处,支柱下端打入土中20~30 cm。立支柱的方式有单支式、双支式、三支式3种,支柱的方位与当地主导风向相适应。

(2)浇水:栽植后24 h内必须浇水一遍,隔2~3天后浇第二遍透水,隔7天后浇第三遍水,以后2周浇一次,直到成活。

(3)扶正、中耕、封堰和其他养护管理:

扶正:浇完第一次水后次日检查苗木是否歪斜,发现歪斜后及时扶正,并用细土将堰内缝隙填严,将苗木固定好。

中耕:在浇前3遍水之间,待水分渗透后,将土堰内的表土锄松,以利于保墒。

封堰:铲去土堰,填入堰内,一般在浇完3遍水后进行。有利于保墒,防止风吹摇动。

其他养护管理:包括围护、复剪、清理施工现场。

二、大树移植的施工与养护

大树移植在城市园林绿化建设中具有重要意义。有些重点工程,往往要求在较短时间就要体现绿化、美化的效果。如新建公园、小游园、宾馆、饭店等重点大工程经常考虑采用大树移植的方法,使绿化尽快见效。

大树:是指干径在10 cm以上,高度在4 m以上的大乔木,树种不同可有所差异,对这些树种进行移栽的过程称为大树移植工程。大树由于树龄大,根深、干高、冠大,水分蒸发量较大,为保证移植后的成活率,在大树移植时,必须采取科学的方法,遵守一定的技术规程,以保证施工质量。

(一)大树移植季节

(1)春季移植:早春是一年四季中最佳移植时间,成活率最高。

(2)夏季移植:最好在南方的梅雨期和北方的雨季进行,适用于带土球针叶树的移植。

(3)秋冬季移植:深秋及初冬,从树干落叶到气温不低于 -15 ℃的这段时间树木虽处于休眠状态,但地下根系尚未完全停止活动,这时移植有利于损伤根系的愈合,成活率较高。尤其在北方寒冷地区,易于形成坚固的土球,便于装卸和运输,同时也节省包装材料,但要注意防寒保护。

(二)前期准备工作

1. 选树

根据设计规定的树种规格、树高、冠幅、胸径、姿态、花色、长势等,进行选树,并编号。

2. 预掘

目的是促进树木的须根生长,利于移植后成活。预掘方法主要有:

(1)多次移植:使用于专门培养大树的苗圃中。

(2)预先断根法:适用于一些野生大树或一些具有较高观赏价值的树木。一般在移植前 1～3 年的春季或秋季,以树干为中心,2.5～3 倍胸径或以较小于移植前时土球尺寸为半径划一个圆形或方形,再在相对的两面向外挖 30～40 cm 的沟,然后用沙壤土或壤土填平,分层踩实,定期浇水,这样便会在沟中长出许多须根。第二年的春季或秋季又以相同的方法挖掘另外相对的两面,第三年便可移走。

(3)环状剥皮法:同断根法挖沟,但不切断大根,而采取环状剥皮的方法,剥皮的宽度为 10～15 cm,这样也能促进须根生长。

3. 大树修剪

(1)修剪枝叶:为大树修剪的主要方式,凡病枯枝、过密交叉枝、徒长枝均应剪去,修剪量根据季节、气候、绿化要求而定。

(2)摘叶:为了减少蒸腾,可摘去部分树叶,移植时即可萌发出新芽。

(3)摘心:为了促进侧枝生长,控制主枝生长,可摘去顶芽。

(4)摘花、摘果:为了减少养分消耗,移植前应适当地摘去一部分花、果。

4. 定向支柱

定向是在树干上标记出南北方向,使其在移植后能按原方向栽植。为了防止挖掘时树身倒状,在挖掘前应立支柱支护。

5. 运输准备

由于大树移植所带土球较大,一般应配备吊车。

(三)移植方法

1. 软材包装移植法

软材包装移植法适用于移植胸径 10～15 cm、土球直径不超过 1.3 m 的大树。一般工序为:挖掘土球→修整土球→包装土球→吊装运输→卸车→栽植。

2. 木箱包装移植法

木箱包装移植法适用于胸径 15～30 cm 的大树,土球直径超过 1.3 m 的大树移植,可以保证吊装运输安全而不散坨。

(1)移植时间:由于利用木箱包装,除新梢生长旺盛期外,一年四季均可进行移植。但为了确保成活率,还是应该选择适宜季节进行移植。

(2)机具准备:准备好需用的全部工具、材料、机械和运输车辆等。

(3)掘苗及包装:

①划线挖沟:以树干为中心,以比确定的土台尺寸大 10 cm,划一正方形作为土台的外形轮廓线,沿此线的外开沟挖掘,沟宽 0.6 ~0.8 m,沟深挖至土台高度即可。

②修整土台:将土台四周修理平整,使土台每边比箱板长 5 cm,使土台侧壁中间略微突出,以使上完箱板后,箱板能紧贴土台。

③安装箱板。

④支稳掏底,安装底板。

⑤安装上板。

3. 机械法移栽

机械法移栽即用树木移植机(也称树铲)。可以连续完成挖栽植坑、起树、运输、栽植等全部移植作业,主要用来移植带土球的树木。机械法移栽劳动强度低,安全高效,树木的成活率也高。

(四)吊装运输

(1)吊装:起重机吊装(木箱包装的吊装、土球的吊装)和滑车吊装。

(2)运输:装车时要土块在前,树冠向后。

(五)定植大树

(1)准备工作:对场地进行清理和平整,并按设计图纸定点放线,然后挖掘移植坑。移植坑尺寸应比土块稍大,坑上下一致。坑壁直而光滑,坑底平整,然后换土和施底肥。

(2)卸车:一般用起重机卸放于定植坑旁。

(3)定植:入穴→支撑→拆包→填土→筑土堰→灌水。

(六)养护管理

养护管理对大树能否成活非常重要,所以定植后要做好以下工作。

(1)支撑:对冠幅较大的树木,栽后要立即支撑。

(2)浇水:栽后立即浇透水一遍,3 天内浇第二遍水,以后根据天气和灾情确定浇水时机。

(3)包扎树干:为减少水分蒸腾过大,用草绳将树干全部包扎起来,早晚各喷水一次,保持湿润一次。

(4)搭设荫棚:为防止夏季过于强烈的日晒,可搭荫棚或挂草帘遮阴。

(5)根系保护:在北方带冻土块移植的树木,定植坑内需进行土面保温。

(6)施肥:移植后的大树为防止早衰和枯黄,或遭受病虫害侵袭,应 2 ~3 年在春季或秋季施肥一次。

三、草坪施工与管理

草坪施工是园林绿地绿化种植工程中的一项主要内容,掌握草坪的施工过程和施工方法都是非常必要的。草坪的建植有两种方法:其一铺栽法,优点是成坪迅速、管理简便,主要适用于匍匐性强的草种;其二是播种法,优点是具有均匀、整齐的外观,投资少。

(一)草坪施工程序

草坪施工程序为:准备工作(草种、施工用具、人员及设计资料等)→植草地处理(平整、施肥、耕翻、改良土壤、除草、布置排灌设施)→栽植→管护(灌水、施肥、修剪、表施土壤、除杂草、打孔通气)。

(二)草坪施工方法

1. 栽植前的准备工作

按照施工的要求,对种植地进行现场踏查,了解现场的施工条件。

2. 草种选择

根据当地的环境条件,不同场地选择不同草种,根据养护管理条件选择草种。

3. 植草地处理

(1)清除杂草。

(2)整地作业。翻土:深度要求不小于40 cm,土块必须打碎。筛土:将土深40 cm以内的表土全部过筛,确保栽植土壤疏松。

(3)基土施肥:为了提高土壤肥力,每公顷施农家肥37 500 ~45 000 kg或过磷酸钙150 ~225 kg,粉碎后撒施,翻入土中。然后进行整地,注意排水坡度通常为3% ~5%。

(4)土壤消毒:用高锰酸钾(浓度为0.5% ~1%)水溶液喷洒即可。

(三)草坪的建植方法

草坪栽植方法有播种法和铺栽法两种。

1. 播种法

用种子撒播而育成草坪的方法称播种法。目前,在园林绿化工程中应用较为广泛。

(1)选种:播种用的草籽纯度要在90%以上,发芽率在60%以上。根据本地区气候条件和土壤条件选择优良草种。

(2)种子处理:为了提高种子发芽率,确保草苗健壮,在播种前应对种子进行处理,常用水浸泡法处理。

(3)播种时间:主要依据草种和气候条件来确定。暖季型草种宜用春播,冷季型草种多为秋播。

(4)播种方法:

①撒播法:可使草坪生长均匀,沟深0.5 cm,播种量一般为25 g/m^2左右。

②条播法:是在整好的场地上开沟,沟深0.05 ~0.1 m,沟距为0.15 m。用等量的细土或沙子与种子拌匀撒入沟中,播种后用碾子滚压和浇水等。

(5)覆盖:为了保持土壤湿润,促进种子发芽,可用草帘覆盖,或其他透气性好的材料覆盖。

(6)淋水保温:播种后应立即喷水,喷水要求均匀、雾状,浇水次数视天气情况确定,一般每天1 ~2次,早晚各1次。

2. 铺栽法

直接利用草皮(全铺或分株)种植草坪的方法称为铺栽法。广泛应用于各类草坪栽植中。

(1)栽植时间:全年生长季均匀进行,最好于生长季的中期铺栽,能确保草坪成型,种植太晚,将影响景观效果。

(2)栽植方法:

①点栽法:也称穴植法,穴深 6 ~ 7 cm,株距 10 ~ 15 cm,呈三角形排列,将草皮栽入穴中,用细土填穴埋土,拍实,然后碾压一遍,再灌水。此法比较均匀,形成草坪迅速,但费时费工。

②条栽法:先开沟,沟深 10 ~ 15 cm。将草皮撕成小块排入沟内,埋土,再踩实、碾压和灌水。此法比较省工、省草,施工速度快,但形成草坪时间慢,成草不太均匀。

③密铺法:是指用成块带土的草皮连续密铺形成草坪的方法。先将草皮切成方形草块,按设计标高拉线打桩,沿线铺草,缝宽 2 cm,缝内填满细土,用木片拍实,然后用碾子滚压,喷水养护。此法能快速形成草坪,管理容易,不受季节限制,常用于要求施工工期短、成型快的草坪作业。

④植生带栽植法:先将铺设地的土壤翻耕整平,将准备好的植生带铺于地上,再在上面覆盖 1 ~2 cm 厚的过筛细土,用碾子压实,洒水保养,10 天后无纺布慢慢腐烂,草籽也开始发芽,1 ~2 个月后即可形成草坪。此法具有出苗整齐、密度均匀、成坪迅速的优点,适用于斜坡、陡坡的草坪施工。

⑤喷浆栽植法:既可用于播种法,也可用于铺栽法。

用于播种时是利用装有空气压缩机喷浆机组,通过压力将混合有草籽、肥料、保湿剂、除草剂、颜料及适量的松软有机物和水等制成的绿色泥液,直接均匀地喷洒到已经整平的场地上而形成草坪的方法。此法可以做到不重复、不遗漏,还能保湿,快速形成草坪,适用于公路、铁路、水体护坡及飞机场等大面积草坪施工。

铺栽时,先将草皮分松洗净,切成小段(一般 4 ~6 cm),然后在栽植地上喷洒泥浆,再将草段均匀撒于泥浆上即可。此法成坪速度快,草坪长势良好。

(四)草坪施工后的养护管理

草坪成活后,要取得预期的绿化景观,必须加强养护管理,俗话说“三分种七分养”,这就说明了草坪养护管理的重要性。

1. 浇灌

草坪草的根系较浅,需要经常补充水分,建成后必须合理灌溉。

(1)灌水方法:实践中常用的方法有地面漫灌(简单易行,投资省,不能用于坡度大的草坪)和喷灌(高效节水,便于自动化的作业,劳动强度低,但建造成本偏高,可使用于地形复杂的地段)。

(2)灌水时间:对于新植的草坪,每周应淋水 2 ~3 次,水量要足,应渗入地下 10 cm 以下。浇水时间最好为早晨或傍晚(夏季一般不在傍晚浇水,易生病),有利于根系的吸收。对已成型的草坪,应在春季返青前和秋季草枯黄时(北方于封冻前)各灌足水一次,要求渗入地下 20 cm 以下。在草坪的生长季节根据天气和土壤情况适当浇水,一般每月不少于 3 次。

(3)灌水量:根据土壤质地、生长期、草种等因素确定。

2. 施肥

草坪草主要是进行叶片生长，因此建成后草坪主要是追施氮肥。冷季型草种的追肥时间最好在早春和秋季，暖季型草种第一次追肥在晚春，最后一次追肥北方地区不晚于8月中旬，南方地区不晚于9月中旬。

3. 修剪

修剪是草坪养护管理的重点。适当的修剪可使草坪保持良好的密度，促进分蘖，控制杂草，减少病害，使草坪平整美观。草坪修剪的次数要根据生长情况来定，修剪的时间最好在早晨草叶挺直时进行，便于剪平，应避免在雨后进行。

4. 除杂草

除杂草是草坪养护管理中必不可少的一环，做不好则杂草滋生，严重影响草坪的景观效果。最根本的方法是合理的水肥支持，以促进草的生长势，增强与杂草的竞争能力；同时通过适时的修剪，抑制杂草的生长。有两种方法：一是人工排除；二是使用化学除草剂清除。

5. 松土通气

长期使用草坪土壤变紧实、根系絮结，从而影响土层中水、气比例，减弱草坪生长势，所以应进行松土耕作，增加土壤的透水透气性。一般所用机具有垂直刈割机、打孔机、疏草机等。

6. 覆土

覆土的作用是保护草的越冬芽，平整地面，改良土壤结构，增加土壤的透水透气性。一般以用细沙为主，每次覆土的厚度不得超过0.5 cm，然后用拖网耙平，再用滚筒镇压器碾平。

四、花坛与花境的施工与养护

(一)花坛的施工与养护

1. 平面花坛的施工与养护

(1)整理地床：翻耕整地 → 床内土壤过筛 → 土壤消毒 → 施底肥 →按设计要求整成平面或有一定坡度的和缓曲面或斜面。

(2)放线：按设计图样及比例在植床上放线。工具可用绳子，木制直尺，皮尺，木桩，拉线，用干沙、白灰或木屑等做成标志。

(3)栽苗：在阴天或傍晚进行较为理想。

准备工作(提前两天将花圃地浸湿，以避免起苗时伤根)→ 起苗(带小土团)→ 装于周转箱或竹筐中 → 运至施工地点 → 栽植(根据设计图案纹样，先里后外、先上后下栽种，矮株浅栽，高株深栽，以准确表达图案纹样；若模纹花坛，先种出图案轮廓，然后栽植内部的材料)。

(4)养护管理：栽后浇透水，隔一天再浇一次，连浇三天，保证花苗成活，如要求花期较长，也可追液肥，满足花卉生长开花的需要。

2. 立体花坛的施工

(1)造型花坛：准备工作(根据设计造型，找好比例关系，制出模型)→ 在钢筋骨架上固定密接的木板，板上钉钉，钉均匀 → 造型面用蒲席或麻包包在外部，用铁丝扎牢 → 打孔 →栽植五色草等易生根彩色草本植物 → 养护管理（施工完毕，浇一次透水，及时补栽，观赏期长可追肥尿素）。

（2）标牌花坛：准备工作（塑料箱装好培养土，放在平面上，形成整体植床）→ 按设计纹样放线（方法同平面花坛），标出纹样上植物种类种植的区域范围 → 栽植 → 钢棍、钢管搭成竖立的骨架，在骨架上固定木板，或直接把塑料箱绑扎在骨架上→作出整体纹样→养护管理（浇水、修剪等）。

（二）花境的施工与养护

花境的施工与养护步骤为：准备工作（根据设计意图，清理场地内障碍物等）→ 整床（筛出石块，距床面 40cm 处施入腐熟的堆肥，再把表土填回）→ 放线（按平面设计图用白灰或干沙在植床内放线）→ 栽苗（根据设计图案纹样，栽图案轮廓，再栽植内部组成）→ 养护管理（保持土壤湿度，过密或稀疏现象及时调整）。

五、攀缘植物养护管理

根据功能要求设计各种形式。一般栽植株距为 1 ~ 1.5 m。关键是要注意攀缘植物的牵引与固定，否则会出现基部叶片稀疏、横向分枝少的现象。尤其是观花、观果类植物应尽量横向或水平或盘曲向上牵引，不仅枝叶密生，着花及挂果也会增加，在短期内达到最佳的观赏效果。植物种类不同攀缘方式也不同，其固定方式在墙面和棚架等直接利用植物的吸盘或气生根即可，若墙面或棚架太光滑可采用支架牵引，杆柱式形式常用丝网牵引，即用金属网将柱杆表面包裹起来，为植物提供固定的条件。

思考练习

5-1　城市道路绿地设计的内容有哪些？

5-2　中央分车植物造景的要求有哪些？

5-3　简述行道树的选择要求。

5-4　简述高速公路绿化设计要求。

5-5　城市广场绿地植物的配置形式有哪些？

5-6　居住区绿地植物造景植物选择要求有哪些？

5-7　居住区公共绿地可以分为哪些类型？设计内容有何不同？

5-8　工厂绿地植物造景设计的内容包括哪些？

5-9　学校绿地的组成有哪些？

5-10　屋顶花园有哪些结构层？

5-11　屋顶花园植物造景的原则是什么？

5-12　室内植物装饰设计的布置方法有哪些？

第六章　案例分析

案例一　北京万春园

本案例取自昆明世界园艺博览园。

一、北京万春园位置、地形概况

北京万春园（见图 6-1、图 6-2）位于昆明世界园艺博览园室外展区的中心位置，占地约 1 546 m^2。原地形西北高、东南低。北京万春园在昆明世界园艺博览园中左与安徽徽园、右与湖北的楚园、后与河北的燕赵紫翠园相邻，前面入口处是 3 m 宽的大道，面前是一块开敞的公共绿地。

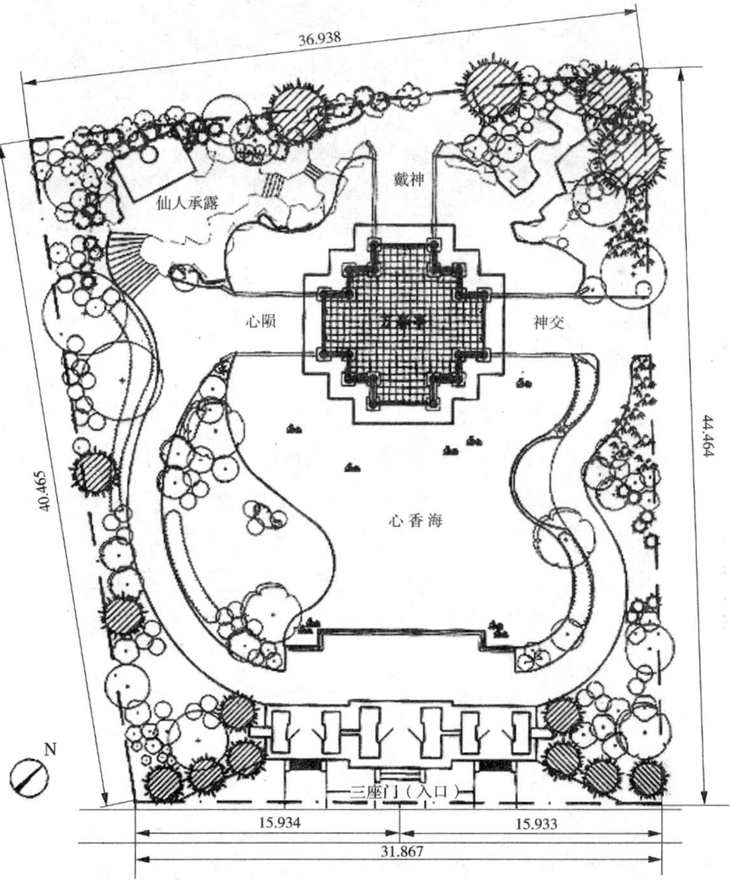

图 6-1　北京万春园平面图

图 6-2　北京万春园平面效果图

二、园林植物配置及设计

(1)因地制宜种植设计符合展区的双重地理位置要求。展区内的园林植物种植设计既要有全国的首都——北京的特色,又要符合展出地——昆明的气候特点,才能在昆明正常生长。重点点缀了北京的市树——侧柏和国槐、市花——月季和菊花。这四种植物既充分体现北京的城市植物特点,还能够在昆明正常地生长发育。

(2)符合景点设计立意与建筑等硬质景观相得益彰。万春园寓意全国人民心向北京首都、北京心系全国人民,包含祖国万岁的深意。水域"心海"立意在首都心系四方以心会友。所栽种的植物要能够突出景观主题。

(3)植物选择兼顾造景与功能的结合。

三、园林植物配置与造景内容

(一)园林植物种类

万春园共有植物 27 种,分属于 17 科 22 属。其中乔木 10 种,包括常绿 4 种、落叶 6 种,阔叶树种 7 种、针叶树种 3 种;灌木 14 种,包括常绿 8 种、落叶 6 种,阔叶树种 11 种、针叶树种 3 种;藤本 2 种,包括常绿 1 种、落叶 1 种;草本花卉 1 种。北京万春园主要苗木见表 6-1。

表6-1　北京万春园主要苗木一览表

序号	中文名	拉丁文名	数量(株)	备注
1	银杏	*Ginkgo biloba*	5	
2	油松	*Pinus tabulaeformis*	4	
3	白皮松	*Pinus bungeana*	7	
4	沙地柏	*Sabina vulgalis*	4	
5	龙柏	*Sabina chinensis* cv. ‘Kaizuka’	1	
6	侧柏	*Platycladus orientalis*	4	北京市树
7	花柏	*Chamaecyparis pisifera*	1	
8	偃柏	*Juniperus chinensis var. sargenti*	4	
9	白玉兰	*Magnolia denudata*	2	
10	大叶黄杨	*Euonymus japonicus*	7	
11	金银木	*Linicera maackii*	3	
12	红王子锦带	*Weigela florida*	1	
13	花叶锦带	*Weigela florida* cv. ‘Varegata’	1	
14	红瑞木	*Cornus alba*	1	
15	西府海棠	*Malus micromalus*	1	
16	棣棠	*Kerria japonica*	2	
17	平枝栒子	*Cotoneaster horizontalis*	1	
18	龙爪槐	*Sophora japonica* cv. *pendula*	5	
19	国槐	*Sophora japonica*	2	北京市树
20	垂柳	*Salix babylonica*	2	
21	栾树	*Koelreuteria paniculata*	3	
22	常春藤	*Hedera helix*	6	
23	紫薇	*Lagerstroemia indica*	8	
24	迎春	*Jasminum nudiflorum*	5	
25	小叶女贞	*Ligustrum quihoui*	6	
26	红枫	*Acer palmatum* cv. ‘Atropurpureum’	2	
27	地锦	*Parthenocissus tricuspidata*	6	
28	北京小菊	*Dendranthema* sp.	100	北京市花
29	月季	*Rosa chinensis*	100	北京市花

(二)园林植物配置形式

(1)园林植物水平配置:万春园植物群落是自然形式配置,由于大多数植物是1998年下半年、1999年5月1日前种植的,所有的植物景观已经形成,且植物景观效果好,植物水平配置也比较科学合理。但是由于植物在生长过程中部分乔木生长较快、冠幅较大,部分植物是灌木状受上层优势植物遮阴影响,而部分灌木又不耐阴,因而出现部分灌木长势相对较弱的现象。这是植物配置时需要充分考虑的。

(2)园林植物垂直配置:北京万春园植物群落垂直结构也是一个类型,即乔、灌、花草结构。植物生长状况都较好,只有个别阳性灌木因受上层乔木遮阴而出现生长状况稍差的现象。如果将万春园乔木分级,按高度可以划分为3个等级标准:树高小于4.6 m为一级,4.6~10.7 m为二级,高于10.7 m为三级;其中一级树高的乔木为12株,二级树高的乔木为14株,三级树高的乔木为6株;所占比例分别为37.5%、43.7%和18.8%。一级、二级树高的乔木最多占总数的2/3,还多以10 m以下的低矮乔木为主。一级树高的乔木有3种,从低到高为红枫、白皮松、油松。二级树高的树种有5种,从低到高为西府海棠、白玉兰、栾树、国槐、银杏。三级树高的乔木有2种,从低到高为侧柏、垂柳。在万春园中,由于建园时所选择的乔木树种大小不一,所以不能凭现存的乔木树种高度来评价树木的生长适应性,但从几年的栽培养护实践比较,北方树种白皮松、西府海棠、国槐、侧柏等长势很好。尤其是白皮松长势非常好,还有一些灌木锦带花、平枝栒子长势也很好,所以整个园林植物群落呈现出优美的景观效果。

(三)园林植物时间结构(季相)

万春园园林植物群落季相变化明显。

万春园冬季园林植物群落由于落叶树种(乔、灌、藤)超过50%,植物景观略显单调,但灌木红瑞木落叶后枝干红艳,别具特色。春季植物群落外貌以绿色为主,有针叶、阔叶,有色叶树种为红枫(叶红色)及开花植物白玉兰(花白色,花期3月)、迎春花(花黄色,花期2~3月)、碧桃(粉红色,花期3~4月)、西府海棠(粉红色,花期4~5月)、常春藤(花蓝色)、红王子锦带、花叶锦带(花紫玫红色)、红瑞木(花白色)、平枝栒子(花粉红色,花期都是4月中下旬至6月);还有春末开花的月季(花红色)。夏季植物群落外貌以深绿色为主,开花植物有栾树(花黄色)、紫薇(花紫红色)、月季(花红色、粉色),还有红瑞木、平枝栒子、锦带花等开花植物。秋季植物群落外貌以黄色为主,有色叶及观果植物栾树(叶绿黄色,果序为红色)、银杏(叶黄色)、红枫(叶由绿变红)、红瑞木(叶鲜红色);有观果植物平枝栒子(果鲜红色);有开花植物紫薇(花紫红色)、月季(花红色和粉色)。

万春园园林植物水平配置以自然式为主,园林水平布局上有假山、水、亭、廊、榭,景观相当丰富。

案例二　上海明珠苑

本案例取自昆明世界园艺博览园。

一、上海明珠苑平面图

上海明珠苑平面图、鸟瞰图见图 6-3、图 6-4。

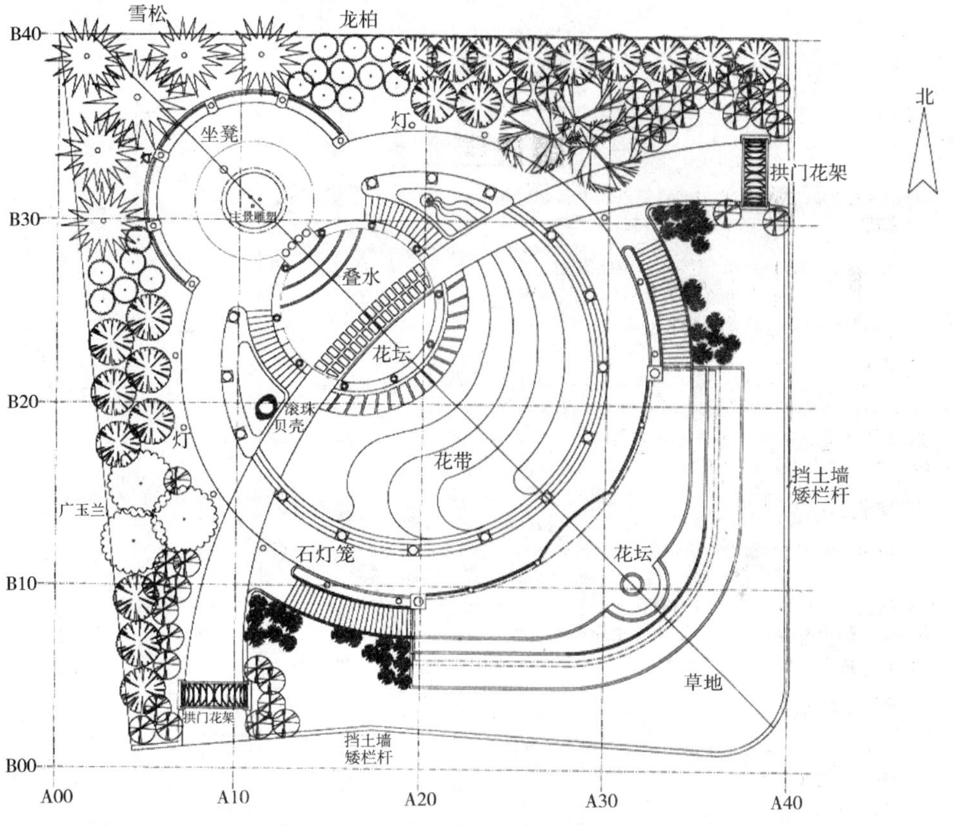

图 6-3　上海明珠苑平面图

二、上海明珠苑用地概况

明珠苑占地 1 500 m^2，与台湾园相邻，与广东园相望。基地呈倒梯形地形，从西北坡向东南向相对高差 2 m。基地原为河谷地，填土深 6 ~ 8 m。

三、主要园林苗木

明珠苑共有园林植物 36 种，分属于 26 科 32 属。其中乔木 8 种，包括常绿 7 种、落叶 1 种，阔叶树种 5 种、针叶树种 3 种；灌木 13 种，包括常绿 11 种、落叶 2 种，阔叶树种 12 种、针叶树种 1 种；藤本 6 种，包括常绿 4 种、落叶 2 种；草本花卉 10 种。表 6-2 为上海明珠苑的主要苗木。

表 6-2　上海明珠苑主要苗木一览表

序号	中文名	拉丁文名	数量(株)	备注
1	雪松	*Cedrus deodara*	5	
2	龙柏	*Sabina chinensis* cv. 'Kaizuka'	8	
3	香樟	*Cinnamomum camphora*	1	
4	广玉兰	*Magnolia grandiflora*	2	
5	天竺葵	*Pelargonium hortorum*	5	
6	桂花	*Osmanthus fragrans*	14	
7	瓜子黄杨	*Buxus microphylla*	6	
8	茶花	*Camellia japonica*	11	
9	栀子花	*Gardenia jasminoides*		
10	洒金东瀛珊瑚	*Aucuba japonica* var. *variegata*		
11	紫鹃	*Rhododendron*. sp.		
12	棕榈	*Trachycarpus fortunei*	30	
13	凤尾兰	*Yucc arecurukfolia*		
14	桃叶珊瑚	*Aucuba chinensis*		
15	金钱蔓	*Vinca minor* cv. 'Variegata'		
16	常春藤	*Hedera nepalensis* var. *sinensis*	8	
17	蔓长春花	*Vinca major*		
18	油麻藤	*Mucuna* sempervirens.	4	
19	白玉兰	*Magnolia denudata*	4	
20	青枫	*Acer palmatum*	3	
21	紫薇	*Lagerstroemia indica*	4	
22	蔓紫薇	*Lagerstroemia* sp.		
23	玉簪	*Hosta plantaginea*		
24	爬山虎	*Parthenocissus tricuspidata*	4	
25	云南黄馨	*Jasminum mesnyi*		
26	月季	*Rosa chinensis*	多个品种	

图6-4　上海明珠苑模型鸟瞰图

四、上海明珠苑的景观立意

上海明珠苑寓意上海作为国际大都市，形成了中西合璧的海派文化，融中国古典园林与西洋园林之精华，结合现代大都市的特点，充分体现上海地域文化内涵，是绿化和文化完美的结合。

五、园林植物配置与造景原则

(1)园林植物配置与造景紧扣明珠苑主题，体现中西合璧的文化内涵。

(2)充分发挥绿地的生态效益。

六、园林植物造景的内容

(一)主景大花球

明珠苑布局设计以圆形珍珠为设计主题，平面构图是大圆($D=25$ m)切小圆，圆圆相切。在高处主景小圆内，是主景大花球。大型不锈钢球架中嵌摆着盆栽花卉，花卉植物通过滴灌输送水分和养分，充分展现现代新科技在园艺景观中的应用。

(二)下沉式花园

明珠苑主题是大花球对应的下沉式花园为具有强烈现代气息的流线形草花花坛，花篮造型中的鲜花如瀑布般倾泻而出，形成不同色彩的大面积鲜花花坛。花园周边均为带状绿化，将下沉式花园和周围景观分隔开，把主景单独围合形成不同的景观空间。

（三）疏林草地

明珠苑东南是疏林和低矮灌木外缘的疏林，与西北高密度的树林形成呼应，也围合封闭了明珠苑的空间，形成图案简洁紧凑、内低外高的别有洞天境地。

（四）空间衔接

上海明珠苑北邻台湾园，园和园之间没有过渡性空间，故明珠苑植物配置上，选择高大浓密的林木栽植于西北边界，在景观上同台湾园、山东园隔离；与明珠苑南侧的广东粤晖园隔路相望，故在南边栽种疏林时选择了大量的棕榈，与广东粤晖园的热带、亚热带植物相协调。

（五）园林植物生态种植

生态园林是近几年新老专家倡导的园林主流，明珠苑也是如此。园中在主景大花球上种植盆栽，与之呼应的是大面积鲜花花坛。移植一株 13 m 高的雪松，七株 8 m 高的龙柏，两株 8 m 高的广玉兰，一株高 15 m、胸径 25 cm 的特大香樟。高大乔木下遍植杜鹃、桃叶珊瑚、花叶玉簪、蔓长春花等耐阴的植物，充分利用空间丰富植物的层次。

七、园林植物配置形式

明珠苑植物种类比较丰富，乔、灌、藤皆有，在园中心位置还有四季更换的草花花坛，每次换花品种 5 个以上，建筑物被藤本植物攀绕覆盖，藤本植物种类多，由于管护精细，整个园景观效果非常好，植物花卉配置以规则式为主，灌木、花卉、地被造型优美，色带丰富，艺术感强。

（一）园林垂直配置

在园林植物垂直群落上，明珠苑为乔、灌、花草结构，物种数量较多，各种植物、藤本、花卉以规则式色带组合，色彩鲜明。建筑物上下四周全被几种爬藤植物及花灌木覆盖，建筑物顶部有花槽，种植黄素馨、常春藤、金钱蔓、蔓长春花；建筑四周种有爬山虎、油麻藤及一些乔灌木，整座建筑物除上面有一条人行通道外几乎全被绿色植物遮盖，具有较好的园林景观。

明珠苑内的乔木按高度划可分为 3 个等级标准，其中一级树高小于 4.6 m 的乔木有 18 株，二级树高在 4.6 m 至 10.7 m 的有 23 株，三级树高大于 10.7 m 的有 6 株；所占比例分别为 38.3%、48.9% 和 12.8%；二级树高的树种最多，约占到树木总量的 50%，10 m 以下的低矮乔木为主。一级树高的树种 2 种，从低到高依次为红枫、桂花；二级树高的有 4 种，从低到高依次为白玉兰、广玉兰、塔柏、龙柏；三级树高的有 2 种，从低到高依次为香樟、雪松。

（二）园林植物季相变化

在四季季相上，明珠苑冬季园林植物群落外貌以绿色为基调，有针叶、阔叶树种，落叶树种只有 3 种，植物景观效果较好。地被色带灌木植物有洒金东瀛珊瑚（叶绿黄色）、桃叶珊瑚（叶绿黄色）、南天竹（叶绿红色）、金钱蔓、蔓长春花（叶绿黄色），有开花草花植物三色堇（花黄色、红色、紫蓝色）、雏菊（花红色、白色）。

春季园林植物群落外貌以绿色为基调，有开花植物白玉兰、黄素馨（花黄色，花期 4 ~ 5 月）、杜鹃（花紫红色，花期 5 月）、茶花（花红色，花期 2 ~ 3 月）和月季（花黄色）。草花有一串红、四季秋海棠（花有红、粉红、白色）、万寿菊（花黄色）。色叶植物有红枫、鸡爪槭、洒金东瀛珊瑚、桃叶珊瑚、南天竹。

夏季园林植物群落外貌以绿色为基调，色叶植物有红枫、鸡爪槭、洒金东瀛珊瑚、桃叶珊瑚、南天竹。开花植物有玉簪（花白色，花期6～7月）、广玉兰（花白色）、栀子花（花白色，花期6～8月）、杜鹃（花紫红色）、月季（花桃红、红色），蔓长春花（花蓝色，花期4～5月）、油麻藤（花白色，花期4～5月）。花坛草花有四季秋海棠（花有红、粉红、白色）、万寿菊（花黄色）、石竹（花红色）、百日草（花红色、黄色）。

秋季园林植物群落外貌以绿色为基调，色叶植物有红枫、鸡爪槭、洒金东瀛珊瑚、桃叶珊瑚、南天竹。开花植物有月季（花桃红、红色）。花坛草花有万寿菊（花黄色）、孔雀草（花橘红色）、矮牵牛（花有红色、蓝色）、大丽花（花有红色、紫红色、黄色）。

明珠苑园林植物群落外貌以绿色为基调，不同季节观叶、观花植物种类多，园林植物景观丰富多样，现代气息浓，冬季与其他季节季相变化不明显，季季有花开，四季如春。

（三）利用空间

空地利用上，明珠苑在建筑外侧覆土3 m，形成半地下建筑。覆土形成的土坡上满栽地被月季、黄馨等灌木丛和棕榈丛，形成和下沉式花园周围绿化带协调的绿色波浪。建筑内侧各立面设置悬挂花钵和墙面花格，花钵和花格内种植绿萝、蔓长春花和油麻藤，屋面高花槽、花钵，屋檐草坪等，构成屋顶花园和上爬下悬的垂直绿化，使整个建筑掩映在花海绿色中，寓意人与自然和谐共处。

建筑内装饰采用室内园艺手段，反常态吊顶模式，采用先进的水栽植物装饰，形成生态天花吊顶；室内摆放盆栽，设置花丛，使建筑内部依然生机盎然。充分体现上海大都市中心城区空中绿化特色。

明珠苑建筑密度只有86%，而绿化率高达75%，设计理念充分体现生态园艺观念，并以植物造景，力求创造具有良好生态效果的现代大都市花园景观。

明珠苑园林植物水平配置以规则式为主，布局上有现代建筑、石雕、喷泉、瀑布。植物水平配置方式也体现了各自的园林特色。

案例三　平湖市电力局绿地园林植物配置与造景设计

一、平湖市电力局绿地园林植物配置与造景设计平面图

平湖市电力局绿地园林植物配置与造景设计平面图见图6-5。

二、主要园林植物种类

平湖市电力局绿地园林主要植物见表6-3。

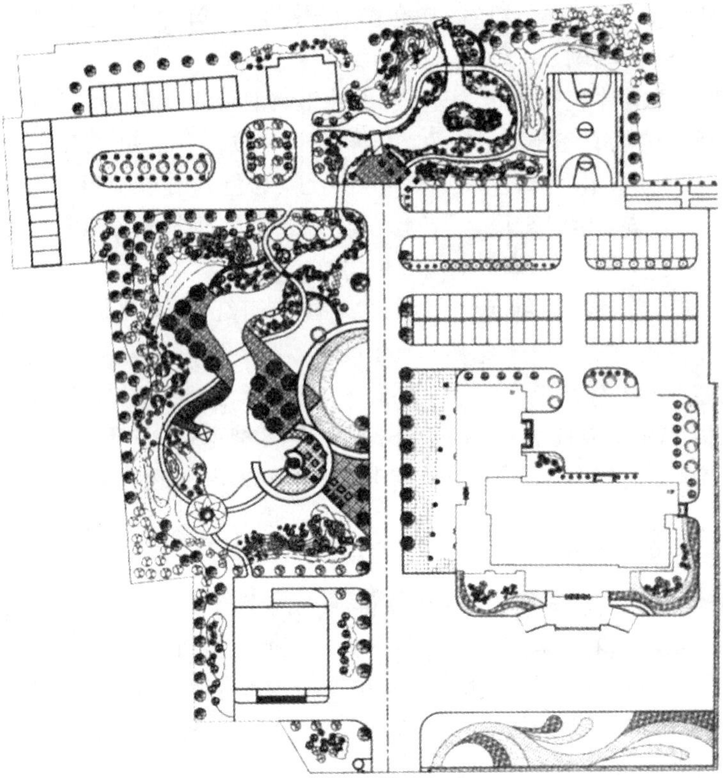

图 6-5　平湖市电力局绿地园林植物配置与造景设计平面图

表 6-3　平湖市电力局绿地园林主要植物一览表

序号	中文名	拉丁文名	规格(cm)
1	广玉兰	*Magnolia grandiflora*	ϕ8.1～9.0
2	香樟	*Cinnamomum camphora*	ϕ7.1～8.0　ϕ15～16
3	无患子	*Sapindus mukorossi*	ϕ7.1～8.0
4	鹅掌楸	*Liriodendron chinense*	ϕ8.1～9.0
5	银杏	*Ginkgo biloba*	ϕ32～35
6	枇杷	*Eriobotrya japonica*	ϕ10～12
7	榉木	*Zelkova schneideriana*	ϕ22～25
8	桂花	*Osmanthus fragrans*	P160H250～300
9	柿树	*Diospyros kaki*	ϕ15～18
10	白玉兰	*Magnolia denudata*	ϕ6.1～7.0
11	樱花	*Prunus serrulata*	D6.1～7.0
12	杜英	*Elaeocarpus decipiens*	ϕ7.1～8.0
13	垂柳	*Salix babylonica*	ϕ8.1～9.0

续表 6-3

序号	中文名	拉丁文名	规格(cm)
14	碧桃	*Prunus persicaf*	D6.1～7.0
15	鸡爪槭	*Acer palmatum*	D6.1～7.0
16	山茶	*Camellia japonica*	P120H180～200
17	火棘球	*Pyracantha fortuneana*	P100～120H140
18	红枫	*Acer palmatum*	D4.1～5.0
19	紫薇	*Lagerstroemia indica*	D6.1～7.0
20	加拿利海枣	*Phoenix*	P150～180H300
21	苏铁	*Cycas revoluta*	P120H120
22	含笑	*Michelia figo*	P80～100H120
23	丝兰	*Yucca filamentosa*	P80～80H80
24	红梅	*Armeniaca mume* var. *mume* f. *rubriflora*	D6.1～7.0
25	雪松	*Cedrus deodara*	原有
26	早园竹	*Phyllostachys propinqua*	ϕ1.5
27	杜鹃	*Rhododendron simsii*	P25～30H30～40
28	金丝桃	*Hypericum monogynum*	P25～30H30～40
29	茶梅	*Camellia sasanqua*	P25～30H30～40
30	绣线菊	*Spiraea salicifolia*	P25～30H30～40
31	栀子花	*Gardenia jasminoides*	P25～30H30～40
32	黄馨	*Jasminum mesnyi*	P40
33	迎春	*Jasminum nudiflorum*	P40
34	水果蓝	*Teucrium fruitcans*	P25～30H30～40
35	连翘	*Forsythia suspensa*	P40
36	木芙蓉	*Hibiscus mutabilis*	分支3～4H120
37	玉簪	*Hosta plantaginea*	
38	红花檵木	*Lorpetalum chindense* var. *rubrum*	P25～30H30～40
39	金边黄杨	*Euonymus japonicus* var. *aurea－marginatus*	P25～30H30～40
40	小龙柏	*Sabina chinensis* cv. Kaizuka	P25～30H30～40
41	大叶黄杨	*Euonymus japonicus*	P50～60H150
42	阔叶麦冬	*Liriope palatyphylla*	
43	马尼拉草坪	*Zoysia matrella*	

注：D—灌木地径，ϕ—乔木灌径，H—灌木高，P—灌木冠径。

三、用地概况

平湖市电力局总面积约 26 900 m^2，绿化面积约 14 700 m^2，面临当湖路，北面与圣雷克大酒店相邻。整体地势较平坦，场地内原有一些大树，例如香樟、雪松、黑松、广玉兰、桂花、水杉等,在设计施工中尽力保留或移植。

四、园林植物配置与造景主题思想

基于江南水乡特色的思考,结合办公大楼现代、简洁的外立面,通过规则式与自然式相结合的灵活手法,再现江南水乡的特点。

五、园林植物配置与造景设计原则

(1)从实际出发,因地制宜,充分利用乡土植物,尽量保留原有植被,形成具有本单位特色、别具一格的绿地景观。

(2)以人为本,注重功能要求,满足职工工作、休闲的需要。

(3)植物选择以乡土树种为主,合理分配乔、灌、花、草、藤,有丰富的季相、物相变化。植物的造景功能、生态功能和使用功能相结合,一景多用,力求经济、高效。

六、园林植物配置与造景内容

植物配置与造景内容主要是对主入口建筑环境和集中绿地两大块进行设计。

(1)主要出入口的设计,充分考虑与周边规则式建筑环境的协调统一,设计了一个长方形的铺装广场,一个由红花檵木、金边黄杨、铺地柏组成的模纹花坛。围墙用大叶黄杨镶边,进行隔离。整体上以优美的线条图形,形成开阔的入口空间,与具有很强现代感的办公大楼相协调。

(2)整个布局的重点是西面集中绿地,设计成有山有水的自然景观。整体上以自然式的曲线形水系为构图中心和视景线,两边堆土筑山,在山上进行自然式园林植物配置与造景,乔、灌、草、藤相结合,或孤植或丛植或漫爬铺地,或绕干攀枝,间或散点山石。沿水创造景点,各景点以水为纽带成为一体,彼此独立又相互因借,形成对景,诠释了现代水庭的构思,再现了江南“水之韵”。水是极富变化的因素,“静水”一平如镜,碧澄明澈,反映着天光倒影,同时映衬着周围景物的变化。而溪流的“动水”发出欢快的水声,能给人另一种轻松、愉快的感觉。水岸线曲折回环,以半埋半露于土面的不规则块石护岸,岸边山石起伏曲折、错落有致、疏密相间。山石间配置树木、花卉、灌木、草坪。水面宽窄变化,时宽时窄,宽处安排岛屿、亲水平台、方亭、廊架;窄处通桥,配置树阵,打破水面的平淡感,形成多层次的水景空间,增进曲折深远的意境,造景事半功倍。通过水系的挖掘,可平衡一定的土方,形成行云流水般起伏变化的地形,并与园林植物巧妙结合,营造出多变的园林空间。突出设计有“跌水凝翠”、“苍松挺立”、“荷亭印月”、“枫林水韵”、“修篁弄影”、“梅枝横出”六个景点。

跌水凝翠:此景是集中绿地的主入口景观。以铺装为主,通过铺装形式的变化及地势的高差,划分出不同空间。在铺地上布置一系列草花花坛,加强场所的整体感,增强入口的色彩,垂直向上设计一组跌水景观石,与水体相结合,作为水的源头,形成视觉焦点。

苍松挺立:“岁寒,然后知松柏之后凋也”,松柏也是高尚品质的象征。在水体的西南角原有两棵大雪松,设计施工中保留。其中一棵姿态尤佳,为突出其姿态之美周围设计成开阔的空间,以孤植的形式配置在圆形树池中,并且树池设计成坐凳的形式,以树池为中心用硬质铺装材料做成荷花图案形地面，与前方观赏水景中的荷花相呼应，游人可坐在树下乘荫纳凉，近观荷花朵朵，远看水景、倒影及其周边景点。

荷亭印月：临水设置木质亲水平台、亭、廊、建筑小品，用现代的防腐木、钢化玻璃等新型建筑材料和传统的建筑形式——亭、廊形成巧妙结合，采用新颖、活泼的门面处理形式，使建筑融入绿地和水体环绕之中。廊架临水设置，流线型的弯曲造型与弯曲的水岸走势呼应，相得益彰，配置黄馨攀缘覆盖架面。黄馨叶亮色绿，花期长，芳香馥郁，且藤蔓发达，枝繁叶茂，既可观赏，又可遮阴。水中疏密有致地种植荷花，平台近处荷叶连连，以便游人细赏荷花；亭、廊架旁荷花远离，以便在清丽水面观赏园林建筑的倒影。夏季荷花盛开，清香扑鼻，晨起露落荷叶，晶莹剔透，在此倚栏凭眺，亲近湖水，让人身心舒展、愉悦。

枫林水韵：以树阵的形式种植榉树，树池围垣充当坐凳，池中空地配置绣线菊以亮化点缀。潺潺的水系穿过榉树树林，窄处一座木桥又使两岸紧紧地联系在一起，并且榉树林在集中绿地中起到丰富竖向景观的作用。秋季榉树林的红叶倒映于涓涓的溪流中，再配上朴实的木桥，呈现出诗情画意般的境界。

修篁弄影：此景点位于东北角，主入口的轴线末端，以几丛修竹、一座木桥形成一处幽静的港湾。在此借修竹之形和它在水面上的倒影造景，再凭眺不远处的岛屿，迂回曲折的水系，有着一种修篁弄影、曲水无尽的意境。

梅枝横出：岛中以园林植物种植为主，乔、灌、草与水生植物相结合，沿岛边配置宿根鸢尾、石蒜、灌木红梅、黄馨、碧桃等。红梅作为主调树种，形成“疏影横斜水清浅”的意境。水面自然配置睡莲，或聚或散，错落有致，天然趣成。

办公大楼西面和北面是两块集中的绿地。北面设有篮球场，给职工创造了体育锻炼的场所。球场周边用常绿乔木香樟为主调树种，进行规则式配置，夏季能起到很好的遮阴效果。

整个绿地园林植物配置上，以香樟、广玉兰作为基调树种，大量运用地被植物，对硬质边缘起到很好的覆盖软化作用。园林植物配置依据园内地形的特点，做到“得景随形”，运用乔木和灌木结合、乔灌和地被结合、自然和整形结合、疏植与密植结合等多种形式，创造出简洁、活泼、明快的绿化风格。整体协调，局部各有特色，如色叶树种的运用，主入口具有热带风情植物的选用及西面集中绿地对水边植物的种植。树种的选择既考虑到植物的生物学特性和生态要求，又考虑到季相、色相的变化，力求达到“春时烂漫、夏至浓荫、秋日叶色丰富、冬临风骨”四时皆景的效果，使人们在富于韵律、节奏、时序变换的空间中感受到园林景观优美环境对情绪的调节和对身心的愉悦作用。

案例四　山东齐鲁园

本案例取自昆明世界园艺博览园。

一、山东齐鲁园平面图、植物配置及鸟瞰图

山东齐鲁园平面图见图 6-6。

山东齐鲁园园林植物配置图见图 6-7。

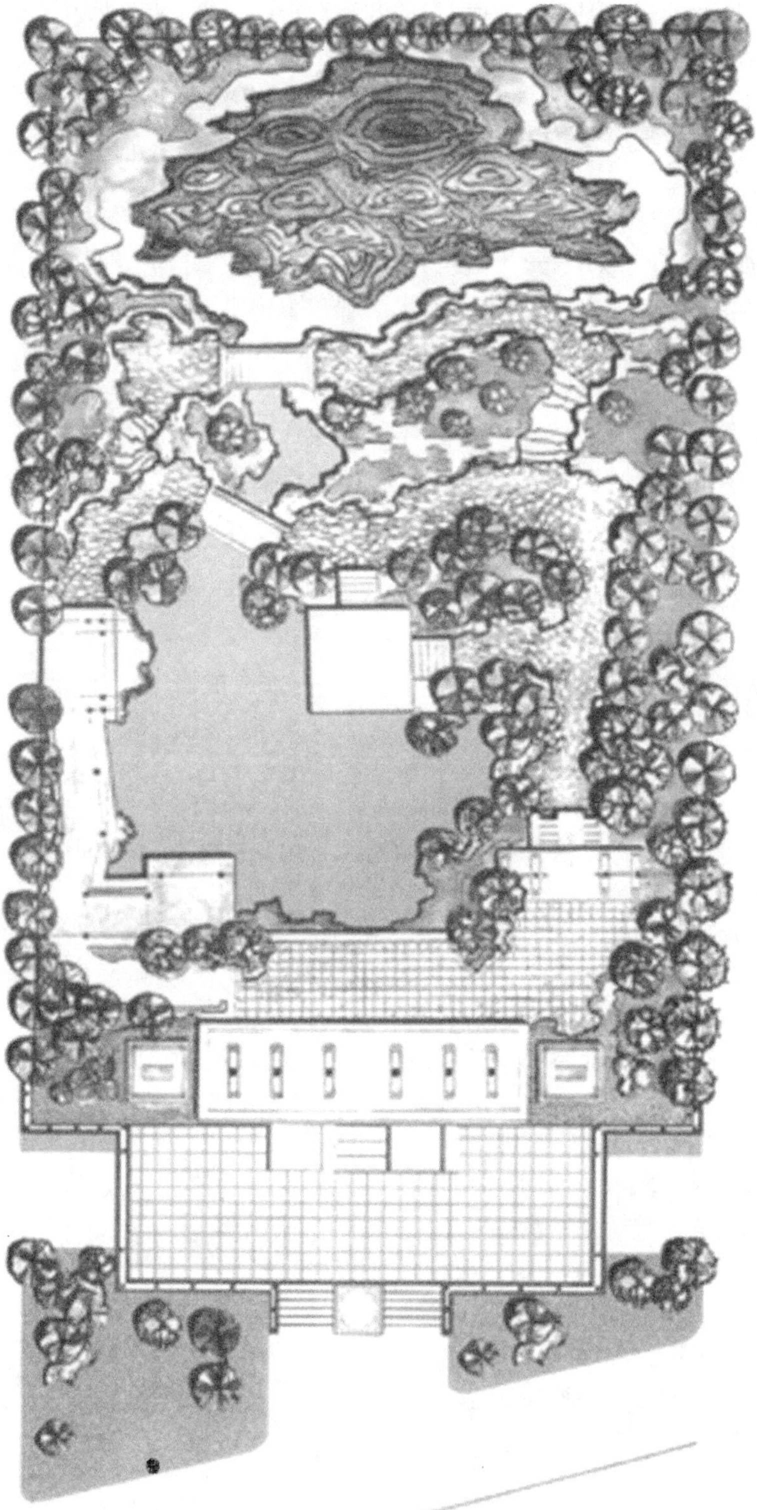

图 6-6　山东齐鲁园平面图

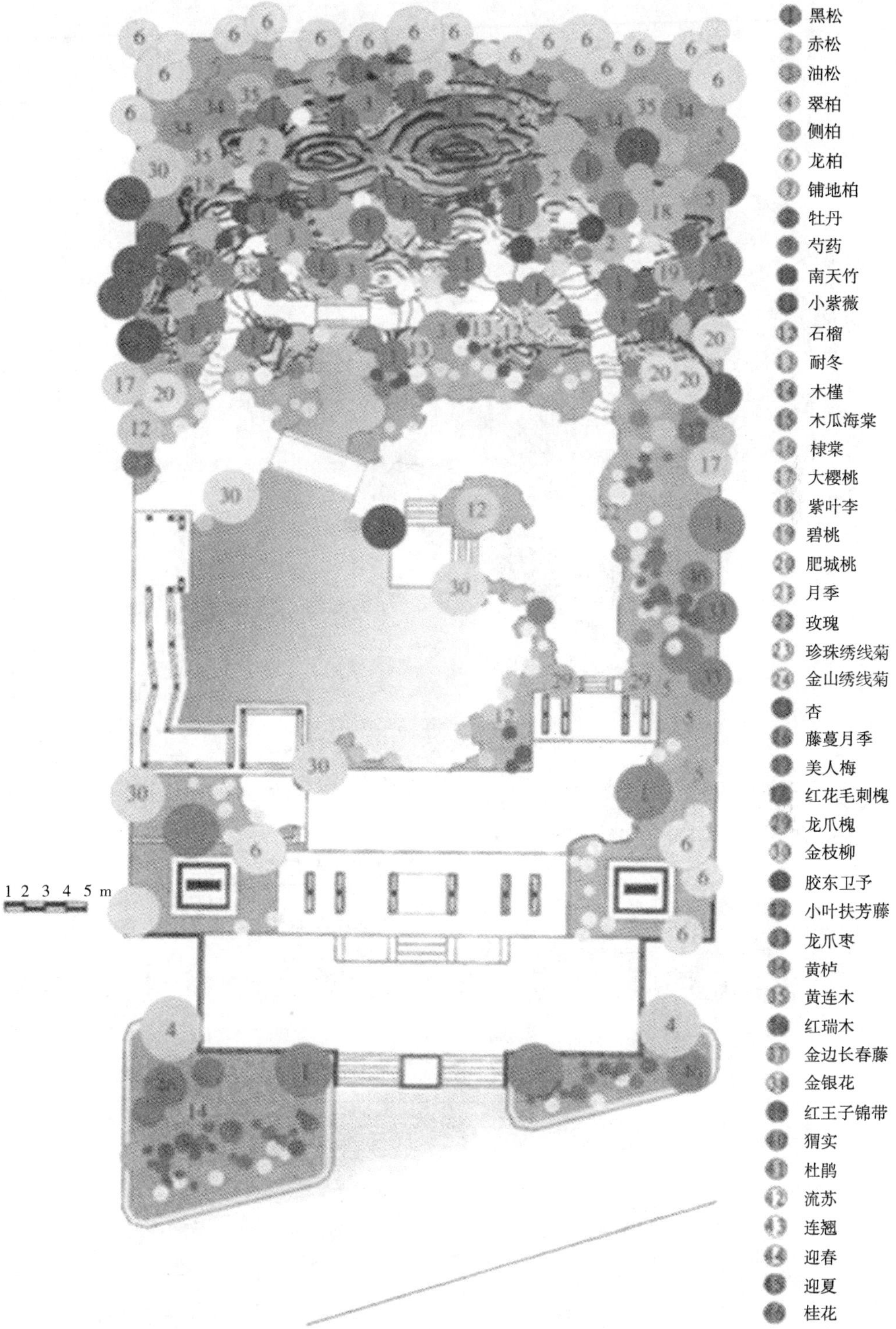

图 6-7 山东齐鲁园园林植物配置图

山东齐鲁园鸟瞰图见图 6-8。

图 6-8　山东齐鲁园鸟瞰图

二、主要园林植物种类

山东齐鲁园主要园林植物见表 6-4。

表 6-4　山东齐鲁园主要园林植物一览表

序号	中文名	拉丁文名	数量(株)	备注
1	山东水绵	*Spirogyra shantungensis*	2	山东原产
2	山东肿足蕨	*Hypldematiun sinense*	10	山东原产
3	中华卷柏	*Selaginella sinensis*	10	
4	银杏	*Ginkgo biloba*	6	
5	黑松	*Pinus thunbergii*	300	
6	赤松	*Pinus densiflora*	100	
7	油松	*Pinus tabulaeformis*	80	
8	白皮松	*Pinus bungeana*	2	
9	华山松	*Pinus armandii*	2	
10	日本五针松	*Pinus Parviflora*	6	

续表 6-4

序号	中文名	拉丁文名	数量(株)	备注
11	翠柏	*Calocedrus orientalis*	8	
12	侧柏	*Platycladus orientalis*	2	
13	龙柏	*Sabina chinensis* cv. Kaizuka	48	
14	铺地柏	*Sabina procumbens*	100	
15	香翠柏	*Calocedrus decurrens*	2	
16	孔雀扁柏	*Chamaecyparis obtusa* cv. Filicoides	4	
17	花柏	*Chamaecyparis pisifera*	2	
18	圆柏(桧柏)	*Sabina chinensis*	6	
19	沙地柏	*Sabina vulgaris*	12	
20	香柏	*Thuja occidentalis*	4	
21	金枝垂柳	*Salix alba* var. *trstis*	2	
22	绦柳	*Salix matsudana* f. *pendula*	2	
23	龙爪柳	*Salix matsudana* f. *tortuosa*	2	
24	山东柳	*Salix koreensis*. var. *shandongensis*	1	山东原产
25	泰山柳	*Salix taishanensis*	1	
26	垂枝榆	*Ulmus punila* var. *pendula*	1	
27	榔榆	*Ulmus parvifolia*	2	
28	睡莲	*Nymphaea tetragona*	6	
29	红碗莲	*Nelumbo nucifera* cv. ‘Red Bowl’	2	
30	芍药	*Paeonia lactiflora*	16	
31	牡丹	*Paeonia suffruticosa*	25	
32	烟台翠雀花	*Delphinium chefoense*	2	
33	瓣蕊唐松草	*thalictrum petaloideum*	2	
34	山东银莲花	*Anemone chosenicola* var. *Schantungensis*	2	山东原产
35	木通	*Akebia quinata*	3	
36	南天竹	*Nandina domestica*	180	
37	玉兰	*Magnolia denudata*	2	
38	垂盆草	*Sedum sarmentosum*	20	
39	崂山溲疏	*Deutzia glaberrima*	1	山东特产
40	大花溲疏	*Deutzia grandiflora*	1	
41	木瓜海棠	*Chaenimeles cathayensis*	4	

续表 6-4

序号	中文名	拉丁文名	数量(株)	备注
42	棣棠	*kerria japonica*	10	
43	烟台大樱桃	*Prunus avium* cv. 'Da – zi'	1	山东特产
44	紫叶李	*Prunus cerasifera* cv. 'Atropurpurea'	24	
45	碧桃	*Prunus persica* cv. 'duplex'	3	
46	肥城桃	*Prunus perica* cv. 'Feicheng'	16	
47	月季	*Rosa chinensis*	16	
48	平阴玫瑰	*Rosa rugosa* cv. 'plena'	10	山东特产
49	珍珠绣线菊	*Spiraea thunbergii*	2	珍稀
50	金山绣线菊	*Spiraea* sp	2	
51	杏	*Prunus armeniaca*	3	
52	藤本月季	*Rosa Chinensis* cvs.	20	
53	美人梅	*Prunus mume*	4	
54	山楂	*Crataegus pinnatifida*	2	
55	火棘	*Pyracantha fortuneana*	5	
56	白碧桃	*Prunus persica* cv. Alba plena	3	
57	红碧桃	*Prunus persica* cv. Trbra plena	3	
58	榆叶梅	*Prunus triloba* cv. 'plena'	2	
59	樱花	*Prunus serrulata*	7	
60	贴梗海棠	*chaenomeles speciosa*	2	
61	苹果	*Malus pumila*	10	
62	垂丝海棠	*Malus halliana*	2	
63	莱阳茌梨	*Pyrus bretschneideri* cv. 'Ci – Li'	2	山东特产
64	珍珠梅	*Sorbaria Kirilowii*	3	
65	木瓜	*Chaenomeles sinensis*	2	
66	龙游梅	*Prunus mume* var. *tortuosa*	2	
67	小花月季	*Rosa chinensis* var. *mimima*	8	
68	山东栒子	*Cotoneaster schantungensis*	1	山东原产
69	红花毛刺槐	*Robinia hispida*	4	
70	龙爪槐	*Sophora japonica* cv. 'Pendula'	4	
71	美丽胡枝子	*Lespedeza formosa*	1	
72	紫藤	*Wisteria sinensis*	3	

续表 6-4

序号	中文名	拉丁文名	数量(株)	备注
73	金枝槐	*Sophora japonica* cv.	4	
74	红车轴草	*Trifolium pratense*	0.5 m^2	
75	白车轴草	*Trifolium repens*	0.5 m^2	
76	酢浆草	*Oxalis corniculata*	0.2 m^2	
77	大花酢浆草	*Oxalis bowies*	0.2 m^2	
78	雀舌黄杨	*Buxus bodinieri*	4	
79	络石	*Trachelospermum jasminoides*	2	
80	卫矛	*Euonymus alatus*	2	
81	垂丝卫矛	*Euonymus oxyphyllus*	1	
82	龙爪枣	*Ziziphus jujuba* cv. 'Tortuosa'	3	
83	耐冬	*Camellia japonica*	4	
84	茶梅	*Camellia sasanqua*	2	
85	千曲菜	*Lythrum salicaria*	3	
86	石榴	*Punica granatum*	16	
87	红瑞木	*Cornus alba*	3	
88	毛梾	*Cornus walteri*	1	
89	杜鹃	*Rhododendron simsii*	50	
90	柿	*Diospyros kaki*	2	
91	流苏	*Chionanthus ritusa*	1	
92	连翘	*Forsythia suspensa*	26	
93	迎春	*Jasminum nudiflorum*	30	
94	桂花	*Osmanthus fragrans*	5	
95	探春	*Jasminum floridum.*	2	
96	金叶女贞	*Ligustrum X vicaryi*	6	
97	金银花	*Lonicera japonica*	3	
98	红王子锦带	*Weigela florida* cv.	20	珍稀
99	猬实	*Kolkwitzia amabilis*	2	
100	海仙花	*Weigela coraeensis*	2	
101	锦带花	*Weigela florida*	2	
102	慈菇	*Sagittaria sagittifolia*	2	
103	青岛百合	*Lilium tsingtauense*	5	山东原产

续表 6-4

序号	中文名	拉丁文名	数量(株)	备注
104	山东万寿竹	*Didporum smilacina*	6	山东原产
105	葱兰	*Zephyranthes candida*	4	
106	韭莲	*Zephyranthes grandiflora*	4	
107	溪荪	*Iris sanguinea*	10	
108	黄菖蒲	*Iris pseudeacorus*	10	
109	马蔺	*Iris lactea* var. *chinensis*	8	
110	小紫薇	*Lagerstroemia indica* f.	20	
111	紫薇	*Lagerstroemia indica*	8	
112	木槿	*Hibiscus syriacus*	2	
113	胶东卫矛	*Euonymus kiautschovica*	3	山东原产
114	小叶扶芳藤	*Euonymus fortunei* var. *radicans*	10	
115	黄栌	*Cotinus coggygria*	4	
116	黄连木	*Pistacia chinensis*	4	
117	金边长春藤	*Hedera helix* cv. ‘Aureo – variegata’	50	
118	花叶洋常春藤	*Hedera helix* cv. ‘Variegata’	18	
119	银叶洋常春藤	*Hedera helix* cv. ‘Albo – Marginata’	18	
120	王莲	*Victoria amazonica*	3	
121	水葫芦	*Pistia stratiotes*	10	
122	洒金东瀛珊瑚	*Aucuba japonica* var. *variegata*	1	
123	二色补血草	*Limonium bicolor*	4	
124	烟台补血草	*Limonium franchetii*	2	山东原产
125	独蒜兰	*Pleione delavayi*	3	
126	阔叶沿阶草	*Ophiopogon jaburan*	50	
127	建兰	*Cymbidium ensifolium*	3	
128	蕙兰	*Cymbidium faberi*	3	
129	春兰	*Cymbidium goeringii*	3	
130	墨兰	*Cymbidium sinenese*	3	

三、山东齐鲁园的景观主意与造景原则

“一山一水一圣人，和仁和智和乾坤”。山东齐鲁园浓缩齐鲁园艺精华，展示中国文化情怀。观赏山东齐鲁园，既可以饱览“物华天宝、人杰地灵”的山东风光和领略拥抱“世

界文化与自然遗产”的温雅享受，又可以立体透视源远流长、博大精深的中国传统文化的内在特质，还可以把握东方文明“道法自然”的精神气韵。

（一）取材取精用宏，出类拔萃

齐鲁园的主体构思是“一山一水一圣人”，是山东人文与自然胜景的精华。齐鲁大地钟灵毓秀，园林艺术光华璀璨，令人拍案叫绝，叹为观止。“出乎其类，拔乎其萃”者，泰山、趵突泉与孔子故里也。泰山，又称“岱宗”、“东岳独尊”。泰山感天应地，历史悠久，文化内涵神圣庄严，故为“群山之祖，五岳之宗”，令天下“万代仰止”。趵突泉是“天下第一泉”，与大明湖、千佛山并称济南“三大名胜”。趵突泉三窟并发，水涌若轮，云雾润蒸，天地人和，宛似天仙美境。孔子，以“仁”为体，以“礼”为用，以“智”为表，以“和”为通，内圣外王，“极高明而道中庸”，故被称为“有帝王之德无帝王之位”的“素王”、“大成至圣先师文宣王”和“万世师表”。他“德侔天地，道贯古今；删述六经，垂宪万世”，为中国传统儒家思想文化的开山鼻祖，也是中华文明的象征、世界文化的瑰宝。一山，拔地通天；一水，清明朗润；一圣人，道法自然。齐鲁园，源于自然而又高于自然。

（二）设计体大思精，师法造化

齐鲁园以师法造化为本，通过对“一山一水一圣人”实物园林的精心营造，体现了“人与自然”的主题思想。

1. 园艺载体与文化主题天然响应

中华古汉字“園”，是指在一方圆内，上堆土石以为山，下引水以为用，而人就生活在山水之间，安居乐业。齐鲁园上有泰山，下有趵突泉，中有孔子依山傍水，这不正是一个天然的大写古“園”字吗？从文化立意上感悟，这也恰是对世界园艺博览会“人与自然”园艺主题的最合理把握。

2. 浓缩齐鲁精华，综合艺术创造

齐鲁园占地 1 720 m^2，小园子、大主题、多内容，山东省人文与自然的不尽内涵于此得以全览，可令人享受到无限寓于有限之中的揽胜快感。步入至小精妙与至大高远的理想境界，满足园小乾坤大、壶中风月长的审美需求。它不同于对某一单一主景与副景简易微缩的园艺营造法式，而是对“一山一水一圣人”三大项主景有机构造，使之互为宾主，这是一种高难度的综合园艺创造。

3. 现实主义与浪漫主义的自然结合

“一山一水一圣人”以山东原有的人文与自然景观为背景，按比例尺度对其作园艺营造，其难度可想而知。为使之形神俱佳，又运用了浪漫主义的艺术手法。如做泰山景观，就是近景用现实主义工笔方式，远景用浪漫主义写意方式，令人登临及半，适可而止，仰观岱顶，虽不能至，心向往之，思之愈渴，景仰愈甚。又如对“一圣人”，在园中杏坛上并不实塑孔子遗像，令人在“默而识之”的深沉感动中，可领悟“祭神如神在”的空灵妙谛。齐鲁园诸景，或形态逼真，或似曾相识；或雄伟豪放，或玲珑剔透；或温柔敦厚，或清空骚雅；或超凡脱尘；或情暖人间；或庄严神圣，或潇洒生动；人文与自然，如诗如画，中国文化艺术的风流神韵得到了综合展现。

4. 空间布局错落有致，别具一格

齐鲁园内的泰山雄、幽、傲、神，趵突泉清、活、柔、美，孔子伟、仁、智、亲。“一山一水一圣人”，你中有我、我中有你，环环相连，丝丝入扣。如孔子曾登泰山，泰山之龙潭瀑布为趵突泉之渊源。泉城有清泉三千而名泉七十二恰是孔门弟子之数。祭思孔子可以“仁者乐山、智者乐水”，三大主景浑然天成，了无一痕。在园门一带，为突出齐鲁牌楼之宏伟、鲁壁之深沉、孔府之庄严和麒麟之神圣，特辟出适度广场供人驻足流连。在园内为表现山之高大、水之幽长与孔子之神圣，特采用地面下沉的手法，达到了欲扬先抑的辩证艺术效果。

5. 文化内涵源远流长，博大精深

“一山一水一圣人”其所蕴纳的文化含量是无与伦比的，山是“万代瞻仰”，水是“万古长流”，人是“万世师表”，三位一体的齐鲁园则是“万古长春”。这些著名的“世界文化与自然遗产”荟萃一园之中，不仅风光优美，而且高古典雅。

6. 美学情愫圆融和谐，空明灵动

齐鲁园全方位展现了中华民族独特的审美情趣。中华民族的美学向来是真、善、美并存互动，缺一为病。“一山一水一圣人”，可令入园者既仰观泰山之真，又亲谒孔子之善，还俯察趵突泉之美：山真、人善、水美，相映成趣，“人与自然”平衡交融，不偏狭，不病涩，令人心旷神怡，感觉圆满。

7. 园林景观丰富多彩，美轮美奂

齐鲁园中既有挺拔的青山，亦有秀丽的碧水，在山水之间流观倘徉，可见齐鲁牌楼之恢宏，“重光门”之庄重，“云步桥”之空灵，“观澜亭”之典雅，“杏坛”之仁智，“望岳榭”之明淡，“碑墙”之古朴，围墙之圆融。在雕梁画栋、精工细作的逐个古典园林建筑物上，均点缀有趣意隽永、气势非凡的题铭，愈发耐人寻味；园林植被茂疏有致，花果丰硕，日映山水，月移花影，更教人一步三回头，步步美景收，流连再三，百赏不厌。

8. 因景生情，境生象外

“一山一水一圣人”以山东人文与自然景物为表象，以中华传统文化精神为内质，既有浓郁的齐鲁地方文化特色，又是中华民族文化艺术的典型代表。齐鲁园从设计构思到建筑营造，无不闪耀着中国儒家文化优秀思想的光辉。山阳刚而水阴柔，山挺拔以通天，水婀娜以丽地，人则依山傍水，既仁且智。顶天以自强不息，立地以厚德载物，生生不息，乐在其中。凡入园观赏者自然会触景生情，由心灵深处涌出大道永恒的感动，既可发现运用焦点透视的形象美，又可神会太极感觉化生的意象美，从而达到物我两忘、“天人合一”的空灵美妙境界。

（三）景观浑然天成，引人入胜

1. 齐鲁园大门

（1）齐鲁牌楼。齐鲁园大门特选用中华传统的大型牌楼为主入口建筑。依曲阜孔林“万古长春”坊形制，六柱五间式高 6. 38 m，宽 10. 54 m，花岗岩质汉白玉石，上面精雕细刻龙、凤、麒麟、仙鹤、鹿、吻、雄狮等造型图案，栩栩如生、玲珑剔透、美妙绝伦、气势恢宏，堪称“天下第一牌楼”。牌楼顶颧三匾明悬，中题“齐鲁园”，右配“仁者乐山”、左配“智者乐水”（另一面右配“河清海晏”、左配“国泰民安”），颜体朱漆榜书，端庄大方、温文尔雅、辞约义丰、画龙点睛，对人具有强烈震撼、感召与导向意义。其寓意“万古长春”，是对“人与自然”永恒生命主题的文化表达。

(2)麒麟兆瑞。在大门前的牌楼两侧置汉白玉麒麟一对,以象征如意吉祥,天地兆瑞。麒麟文化源渊于齐鲁,《拾遗记》载,麒麟见而孔子生,圣人出而黄河清。又,孔子作《春秋》亦止于鲁哀公十四年(公元前 481 年),在今山东嘉祥"西狩获麟"。史称《春秋》为《麟经》,麒麟乃"孔子制作之象"。其为仁灵吉祥之神兽,"太平之嘉瑞","有圣帝明王然后来","视明礼修而麟至"。其乃土木之精,且仁善祥瑞,置之以兆天降祥露,地蒸瑞霭,福佑众生,化润万物。

2. 泰山

泰山是齐鲁园中的最雄伟主体景物,拔地通天,形神兼备,生动逼真。主峰傲然雄立,群峦起伏迭宕。植物疏密有致,松柏森然,榴果红硕,山花烂漫。山野氤氲迷漫,云蒸霞蔚,亦真亦幻,天上人间。入园登临,从"渐入佳境"始,依次可观赏的主要景点有"孔子登临处"、"雄峙天东"、"五岳独尊"、"十八盘"、"玉皇顶"、"风月无边"、"龙潭飞瀑"、"凌云气"、"云海"、"云步桥"等,特别是从"龙潭瀑布"到"云步桥"一带,高山流水,声如天籁,气象似虹吸龙吟,飞练生动,令人心醉。观赏泰山,于高远处可仰其雄,于深远处可窥其幽,于平远处可见其傲,于石刻中可感其种。"清风明月本无价,远山近水皆有情"的天人妙趣,于泰山景区尽得展示。

3. 趵突泉

天下水贵春雨润,地上泉美趵突腾。在园中趵突泉景区,可欣赏的主要景点如下:

(1)趵突腾空。"问渠哪得清如许,为有源头活水来"。泰山之龙潭飞瀑流为趵突泉之源:一泓碧水,鱼翔莲开,清雅空明,波光粼粼,柳丝飘飘,"天下第一泉"三窟迸发,激扬上奋,争上恐下,吐地溅玉,声如天籁,隐似雷震,状若冰轮。

(2)观澜亭。"观水有术,必观其澜"。趵突泉畔的精巧攒尖式亭子,即名"观澜亭",金碧辉煌,碧中映红,有联为"云雾润蒸华不注,渡涛声震大明湖"。

(3)碑墙。在观澜亭与望岳榭之间置三间曲折回廊,碧瓦红柱,沿浸泉水,雕梁画栋,彩绘齐鲁历史名人典故,宛似天然画舫。廊外壁上镶嵌八通齐鲁宝翰名碑,是为碑林。又别立"双御碑"于趵突泉畔,以示康熙与乾隆二帝共吟名泉同铭一碑为天下绝无仅有。

(4)望岳榭。在"云步桥"下的名泉池上游,有悬山式古建筑,清明雅静,于此处既可左观泰山,又可右鉴名泉,还可对面礼拜杏坛上的孔子文化,为园内最佳观赏点之一。游客在榭内小憩时,惬意遐思,便可感受"月到天心处仰观山上云卷云舒,风来水面时俯看园中花开花落"的潇洒自在。

4. 孔子文化

齐鲁园中突出表现孔子文化的园林建筑,除上述已涉及者外,还有以下几处:

(1)鲁壁。在大门入口正面以为照壁,透过"齐鲁牌楼"即可观瞻。鲁壁原在孔庙之内,系为纪念孔子九世孙孔鲋保藏乃祖诗书经典而建,以表现"忠孝传家久,诗书继世长"。现依原样改制,壁面上为精美典雅的青铜浮雕,内容是孔子周游列国等。

(2)重光门。该门原在孔府中路,为明代建筑的垂花门楼,古色古香,庄重典雅。该门在孔府平时紧闭,只有在喜祭大典及迎接圣旨时才隆重开启,有"仪门"之称。今依原样制作,用为齐鲁园必经之门,门额题"重光"。用"重光"门,表示孔子及儒家文化在"人与自然——迈向 21 世纪"的世界园艺博览会上,如枯木逢春,今又重光,将以更新的姿态走向世界，故特开门志庆。

（3）杏坛。相传孔子晚年在洙水之畔，弦歌教学，有弟子三千，贤者七十二，是中国私人开讲学之风的先驱。为纪念这位至圣先师，后世在孔庙大成殿前的原址上建杏坛。齐鲁园内之杏坛依山傍水，雕栏玉砌，据《圣迹图》雕孔子讲学图案，并配以形态各异的飞龙，柱上雕“文豹”，温文尔雅，以示孔子文能化兽，凡人圣之至，倘坐在杏坛上，于学圣希贤，感受仁智的山水之中，必能激起“与岱宗偕坐坐观天地浮日月，有圣人供笔笔写春秋惊鱼龙”的豪迈情怀。

（四）园林植物生机盎然，锦上添花

齐鲁园的园林植物配置，采用乔、灌结合，常绿与阔叶并用，花草相间，疏密有致，对“一山一水一圣人”的主体景观起到了如星之拱月的装点效果：门前种植松、柏、槐、枣，龙钟苍翠，森茂掩地，以便使门前诸景更显古色天香，典雅庄重。在三角地遍植草坪，丛丛碧绿，茸茸沾露，临景如沐春风拂面，令人周身舒爽，心平气和。山后设计种植龙柏一排，掩景与隔离，与背面香港园形成自然分界。

景观泰山是整个齐鲁园的绿化的主体，有黑松、油松、赤松、龙柏、石榴、杜鹃、桃树、迎春、龙枣、南天竹等50余种2 000余株，其中古树名木甚多，造型优美自然，妙趣横生。

趵突泉畔，金丝垂柳迎风飘摇，婀娜摇曳，“万条垂下绿丝绦”，浪漫风流，风弄柳梢，月移花影，风情万种。

杏坛下植杏树符坛名；植桃李以喻尊师重教，“桃李不言，下自成蹊”；植石榴以示质朴笃实；植牡丹象征花开富贵，国色天香；植蝴蝶槐以仿孔子羽化飞升，神圣不朽。

鲜花时节春满齐鲁千枝，至圣孔子留芳天下万古：“一山一水一圣人”加上这些生机盎然、锦上添花的植物材料，更显得齐鲁园人文与自然景观“虽由人作，宛如天成”。

案例五　广东粤晖园

本案例取自昆明世界园艺博览园。

一、广东粤晖园平面图

广东粤晖园平面图见图6-9。

二、概况

粤晖园是广东省展园，位于昆明世界园艺博览园中国园区的东南角，南与“人与自然馆”相邻，东西两侧分别与海南风情园、福建生态园相接，北面为公共绿地。全园地形西北高、东南低，高差约2. 5 m。园址内回填土深度6 ~8 m，土质为贫瘠的酸性重黏土。

三、造园布局与设计

粤晖园入口设计在园地的北面。全园以自然形水池和船厅展开景观序列。门区小广场立一块高2. 5 m的巨型黄蜡石以作门标，石上镌刻著名书画家关山月先生书写的园

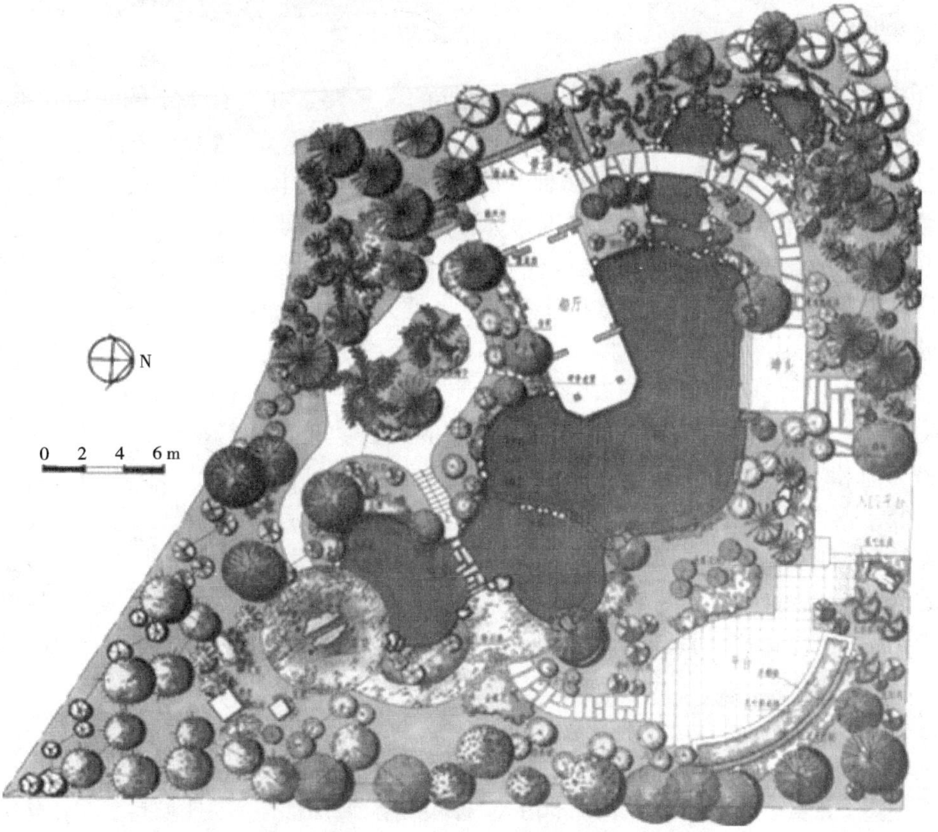

图6-9　广东粤晖园平面图

名——粤晖园。入口广场东侧设置弧形雕塑墙——六月船歌，以表现珠江三角洲地区的民俗风情。英石假山——琴韵，参照岭南庭院的传统形制。园中水池因地制宜地设计为上下两层，中部为滚水石坝。临池设置主景建筑——“枕碧”船厅和“垂缨缀玉”石庭。水池的西北角以英石叠山，有山泉瀑布涌出，沿溪涧穿石桥潺潺流入池中。水池南端的卵石平台上，设置一组劈开状黄蜡石，其内装有涌泉和干冰喷雾器，有若行云流水。

四、布局特点

“巧于因借”是中国造园艺术一个成功的手法。粤晖园在设计上以自然山水庭院为骨架，巧妙地顺应了西北高、东南低这一地形特点，全园以“画舫枕碧”船厅为构图中心，各景点呈辐射状沿周边布置，通过园道和铺装小广场的组合引导，逐步展开了“步移景异”的浏览空间，使韵律感和节奏感较好地体现出来，让游人得到美的享受。

五、理水

水体是粤晖园自然山水庭院很重要的一部分。其自然形的水体意喻着云南、广东两省人民的情感纽带——珠江。水的源头由西北角“葵潭琴韵”始，至东南角的“幽谷跳泉”止，由叠泉、溪涧、大水面、瀑布、跳泉和涌泉组成一个完整而又富有观赏情趣的水系。以水点题的景点增加了水景的趣味性。

六、建筑

建筑在中国园林的造园艺术中是一个重要的成景要素并具有一定的实用功能。粤晖园的建筑设计正体现了历史人文与环境的交融。

园中唯一的主景建筑——“画舫枕碧”船厅,荟萃了岭南园林建筑艺术的精华,并着力把粤中民居的形象符号糅合提炼,通过木雕、砖雕、石雕、陶塑、灰塑和套色刻花玻璃等民间工艺与现代制作技术的高度结合,使游人感受到宜人的艺术效果。该船厅建筑由前亭、后厅两部分组成。前部分为歇山半亭,在此可凭栏远眺,环视大部分园景。后部采用硬山半开敞式的主厅设计,厅内摆设有明式家具,游客可在此小憩,也可倚坐美人靠观泉听琴,细赏室内外的美好景色。该船厅的设计除采用岭南传统建筑形式外,还大胆运用了粤中民居“镬耳风火山墙”,并在入口处采用了广州西关大屋木趟栊的主要符号。而套色刻花满洲窗和木雕花罩等的运用,都体现了岭南园林建筑不拘泥于形式。该船厅西侧由一组高低错落有致的“垂缨缀玉”景墙围合成船厅小院的后续空间。景墙采用现代的文化石砌筑,上有木花架和竹筒做的花槽。攀缘的瓜果、垂吊的花卉及附生的观叶植物,与素雅的船厅形成对比,丰富了这个半围合过渡空间的景观效果,使室外浏览的开敞空间自然过渡到室内的围闭空间,较好地表现了岭南园林灵活多变的造园手法。

七、园林植物配置

园林植物是造园一个最重要的因素,因其本身既可成景,又能组织空间,还能带来充满自然气息、多姿多彩的景观。粤晖园的园林植物配置,既表达了地域性,又富有科学性。全园净地绿化率达65%,共选用了90多个科属、100多个品种的园林植物。棕榈科植物以其自身独特的形象,在亚热带地区有广泛的分布应用,具有浓郁的地域特征。在粤晖园里也采用了大王椰子、金山葵、短穗鱼尾葵和银海枣等颇具代表性的棕榈科植物。把它们按群落布置组景,较充分地表现出棕榈科植物的美态。

粤晖园的园林植物配置,因地制宜,巧于因借,使园林植物成为美的景点,如“花岛椰影”、“葵潭琴韵”、“橘红春暖”等,选用了乔木、灌木、地被、垂吊、攀缘以及水生等各种园林植物,大胆地在庭院中采用群植、孤植和丛植等不同配置手法,并对一些灌木进行修剪整形,使园林植物配置产生对比,突出了园林植物造景的丰富性,个别园林植物的配置立意还借鉴了粤曲的曲名。

全园树种选择体现出明显的岭南地域性,如大王椰子、金山葵、垂榕、南洋杉、大花紫薇、银海枣、散尾葵、国王椰子、美丽异木棉、花叶良姜、各色木槿(大红花)、红果仔、九里香和变叶木等。

因为是园艺博览园,园林植物配置设计上还巧妙地使用了具岭南特色的瓜果植物。如广东人在春节摆设的、具有喜庆、喻意吉祥的橘果,经园艺师的精心栽培使其能在世博园的开幕和闭幕期间以盛果迎客,而“枕碧”船厅后的景墙花架因垂吊了佛手瓜、蛇瓜和鸡蛋果等显得格外逗人。植物的成功配置,使整个园子显得郁郁葱葱、生机盎然,充分表现了岭南园林的地域植物景观和精巧的植物配置艺术特色,同时也反映出广东园艺栽培的多样性和先进性。而在粤晖园放养的锦鲤、鸭子和画眉鸟更增添了人与自然息息相关、融洽相处的气氛，较好地体现了园林造景中的生物多样性。

粤晖园主要园林植物见表 6-5。

表 6-5 粤晖园主要园林植物一览表

序号	中文名	拉丁文名	数量	备注
1	大王椰子	*Roystonea regia*	3 株	
2	假槟榔	*Archontophoenix alexandrae*	2 株	
3	三药槟榔	*Areca triandra*	3 丛	
4	皇后葵（金山葵）	*Arecastrum romanzoffianum*	5 株	
5	老人葵（华盛顿棕）	*Washingtonia filifera*	3 株	
6	国王椰子	*Ravenea rivularis*	3 株	
7	布提棕（布提椰子）	*Butia capitata*	2 盆	
8	马达加斯加椰子	*Borassus* sp.	3 盆	
9	银海枣	*Phoenix sylvestris*	1 盆	
10	短穗鱼尾葵	*Caryota mitis*	12 株	
11	鱼尾葵	*Caryota ochlandra*	4 株	
12	散尾葵	*Chrysalidocarpus lutescens*	1 盆	
13	美丽针葵	*Phoenix robelenii*	5 盆	
14	棕竹	*Rhapis excelsa*	13 盆	
15	金山棕竹	*Rhapis multifida*	9 盆	
16	龙尾草	*Cycas* sp.	1 盆	
17	苏铁	*Cycas revoluta*	3 盆	
18	大花紫薇	*Lagerstroemia speciosa*	4 株	
19	洋蒲桃（爪哇蒲桃）	*Syzygium samarangense*	3 株	
20	黄槐	*Cassia surattensis*	3 盆	
21	花叶垂榕	*Ficus benjamina* cv. Variegata	3 盆	
22	榔榆	*Ulmus parvifolia*	1 株	
23	榕树	*Ficus microcarpa*	1 株	
24	南洋杉	*Araucaria cunninghamii*	11 株	
25	罗汉松	*Podocarpus macrophyllus*	1 株	
26	单瓣狗牙花	*Ervatamia divaricata*	1 盆	

续表 6-5

序号	中文名	拉丁文名	数量	备注
27	日本女贞	*Ligustrum japonicum*	3 盆	
28	海桐	*Pittosporum tobira*	10 盆	
29	九里香	*Murraya exotica*	4 盆	
30	番樱桃(红仔果)	*Eugenia aherniana*	1 盆	
31	扶桑(大红花)	*Hibiscus rosa – sinensis*	16 盆	
32	彩叶大红花	*Hibiscus rose – sinensis* cv.	5 盆	
33	米仔兰	*Aglaia odorata*	5 盆	
34	金露花球	*Duranta repens* cv. Golden Leaves	12 盆	
35	含笑	*Michelia figo*	3 盆	
36	紫薇	*Lagerstroemia indica*	3 盆	
37	绣球花	*Hydrangea macrophylla*	12 盆	
38	俏黄栌	*Euphorbia cotinifolia*	8 盆	
39	毛叶子花	*Bougainvillea spectabilis willd*	3 盆	
40	花叶勒杜鹃	*Bougainvillea spectabilis*	8 盆	
41	双荚槐	*Casin bicapsularis*	3 盆	
42	红剑叶朱蕉	*Cordyline stricata*	1 盆	
43	灰莉	*Fagraea ceilanica*	3 盆	
44	夹竹桃	*Nerium indicum*	60 盆	
45	云南素馨	*Jasminum yunnanense*	40 盆	
46	硬骨凌霄(南非凌霄)	*Tecomaria capensis*	5 盆	
47	石榴	*Punica granatum*	1 盆	
48	野牡丹	*Melastoma candidum*	6 盆	
49	金樱子	*Rosa laevigata*	50 盆	
50	有用露兜树	*Pandanus utilis*	3 盆	
51	威氏露兜树	*Pandanus veitchii*		
52	细叶春羽	*Philodendron pittieri*	2 盆	
53	春羽(羽裂喜林芋)	*Philodenron selloum*	3 盆	
54	比海蝎尾蕉	*Heliconia bihai*	5 株	

续表 6-5

序号	中文名	拉丁文名	数量	备注
55	红花蕉	*Heliconia speciosa*	6 株	
56	花叶山姜	*Alpinia pumila*	80 盆	
57	文殊兰	*Crinum asiaticum* var. sinicum	3 盆	
58	美丽蜘蛛兰	*Hymenocallis speciosa*	30 株	
59	凤梨(菠萝)	*Ananas comosus*	70 盆	
60	狭叶水塔花(垂花凤梨)	*Billbergia nutans*	30 盆	
61	南天竹	*Nandina domestica*	30 盆	
62	何氏凤仙	*Impatiens holstii*	120 盆	
63	矮牵牛	*Petunia hybrida*	250 盆	
64	金露花	*Deranta repens* cv. ‘Golden Leaves’	1600 株	
65	紫背万年青(蚌花)	*Rhoeo spathacea*	200 株	
66	花叶假连翘	*Duranta repens*‘Variegata’	390 株	
67	卡特兰	*Cattleya hybrida*	50 盆	
68	二歧鹿角蕨	*Platycerium bifurcatum*	5 盆	
69	石菖蒲	*Acorus tatarinowii*	100 盆	
70	肾蕨	*Nephrolepis auriculata*	200 盆	
71	鸢尾	*Iris tectorum*	80 盆	
72	白鹤芋	*Spathiphyllum cannifolium*	300 盆	
73	鸳鸯茉莉	*Brunfelsia acuminata*	3 盆	
74	龙船花(大叶仙丹)	*Ixora chinensis*	60 盆	
75	葫芦瓜	*Lagenaria siceraria*	3 盆	
76	佛手瓜	*Sechium edule*	3 盆	
77	沟叶结缕草	*Zoysia matrella*	800 m^2	
78	红背桂	*Excoecaria cochinchinensis*	50 盆	
79	串钱柳	*Callistemon viminalis*	2 盆	
80	龟背竹	*Monstera deliciosa*	6 盆	
81	花椒	*Zanthoxylum bungeanum*	5 盆	

案例六　某城市阳光公寓小区

一、工程概况

园区总用地面积 17 900 m^2，其中建筑占地面积 4 543 m^2。

二、设计理念

居住环境是人聚居生存活动的基本场所，由“人与自然”与“人与人”的活动体系有机组合形成，具有满足人生理、生活所需的物质功能和满足人心理意向、文化行为和人格行为所需的精神功能。

居住环境应根据小区所处的地理位置，整体规划布局的特点，建筑的风格定位，以人的行为活动需求作为整个环境创作的切入点，贯彻场所精神的理论，创造出具有不同特色的空间模式，整体的景观由一系列场所构成。小区的环境设计体现了以下特点：

(1) 以不同类型的空间和氛围来定义场所，布局运用现代手法进行空间处理，强调相互间组合联系，形成完整的结构。

(2) 满足不同年龄的居民活动需求，提供了不同性质、功能、尺度的交往空间，供居民户外活动，充分体现“以人为本”的思想。

(3) 发挥绿地对环境的改善作用，布置人工植物群落，运用植物的多样性及各种形态、形式，最大限度地增加绿量，提高生态效益，改善环境质量。中心绿地在地下车库上，采用轻质结构(钢、铝)，结合攀缘花卉，进行竖向空间的绿化，既不减少绿化量，又获得充满现代气息的立体园林空间。

三、绿地规划特色及分区

(一) 绿地规划特色

小区整体环境规划设计的特色是“场所途径”的景观规划手法，对不同的空间进行分隔、创造。根据各绿地所处的位置、性质、功能的不同，从绿地的使用对象出发，进行绿地空间分隔，通过所创造的不同氛围来定性不同的空间形态。

根据绿地的空间定性进行具体的布置。主干道与中心绿地是小区内最开放的空间，在功能上应该满足各年龄阶层居民的活动需求，1 号楼北侧滨河绿地是开放和私有兼有的空间，主要以儿童、老年人的活动场所为布局重点，1 号楼与 2 号楼之间的院落绿地是私有空间，考虑以邻里交往场地为主。

(二) 分区介绍

1. 入口广场区

本区为整个小区环境绿化的中央主景区，由表现朝气蓬勃、奋发向上主题内容的现代雕塑和以玻璃水晶球组成的旱喷小广场两部分组成。主题雕塑立意围绕朝阳与和平，结合半圆型花坛及色彩缤纷的小灌木，雕塑位置及花坛中的绿化均考虑了各路口的对景需要。绿化树种以造型五针松为主调，背景配置树形优美的日本冷杉，从而表现出苍劲古雅、挺拔秀丽的绿化效果。

广场铺装由富于现代感的模纹草地饰面，放置八颗大玻璃球，球中央嵌以不同造型的插花，景观效果新颖奇特，又富有强烈的艺术性。玻璃球又可叫做水晶球，还在上面设计了喷水口，使广场成为旱喷之地，所以将其称为水晶旱喷广场。

人行桥采用平桥方式，桥面铺贴花岗岩剁斧板，桥栏涂刷仿金属氟炭漆，两侧桥栏各有两根较高灯柱，柱顶悬挂出两只花篮，篮中栽种少许花草，给过往行人一种温馨、亲切感。

2. 幢间院落区

本区环境设计较为简洁——由两块半圆形绿地构成院落中心，在绿地中间放置了两个树桩小景，人们通过石板园路可自由穿行绿地，绿化主要栽种花灌木色块。

3. 儿童游戏区

在1号楼南面较大的绿地间，布置了属于儿童的一块天地。沿河岸栽种火棘绿篱以防止儿童接近水面，金属廊架式样较为新颖，既可供人们小坐休憩，又是夏日遮阴纳凉之地。儿童乐园一侧的铺装地面放置了石桌、石凳。

本区入口处的草地上设置了一组方向随机的紫砂花钵，钵中流出几股清泉，流水以小灌木模纹而成，这组小品给人以一种动感，它象征着园区中的住户生生不息的青春活力。

4. 沿河休闲区

休闲漫步是本区的主要功能，沿河岸开辟一处半圆形的铺装地面，富于创意的紫砂水坛护栏给人以惊奇的感觉，每个水坛栽种不同品种的花卉，或者在各个水坛上题诗绘画，使环境空间散发出艺术和文化气息，丰富休闲内容，提升游赏品位。

景观小品设计了五个膜结构遮阳伞亭，造型简洁优美。

5. 林荫步道区

林荫散步道环境气氛恬适宁静，绿化配置较为郁闭，突出散步健身的功能要求，健身步道除采用卵石铺装外，还嵌以圆木，更加突出足底保健效果。植物选用桂花、香樟、茶花和二乔玉兰等品种。

6. 步行商业街

建筑北侧靠文晖路处商业步行街上分段布置2 m宽长条形花坛，作为和马路的区分隔离，花坛中设计了造型简洁的休憩座椅，绿化用耐修剪的小灌木错落布置成几何形状。

四、绿化种植规划

根据小区环境的总体布局特点，进行具体的种植规划。环境设计的风格是以现代构图为主，强调场所感。因此，在植物配置时考虑整体氛围的创造、视觉和使用上的特点，小区所在的区域特征，创造出特色明显的植物景观。

基于上述考虑，小区的基调树种为香樟、白玉兰，以桂花、合欢为主调树种。

在具体的规划配置时，注意以下几个原则：

(1)尊重生态规律。植物配置时按景观生态学的理论进行布置，建成符合自然生态、群落的景观，同时引入“保健树种”的概念，通过具体的乔、亚乔、灌、亚灌、地被、花、草等相互间的搭配，最大限度地增加绿视率和绿量，提高生态质量。

(2)强调植物的季相变化景观。在植物材料的使用上突出各季的特色景观，表现出春季的繁花、夏季的浓荫、秋季的绚烂和冬季的苍翠。

(3)充分考虑到小区规划用地对种植的限制,小区的中心绿地很多是在地下车库的顶部,在植物材料上以浅根条,落叶的灌木、小灌木为主,同时利用构架结合绿化,用攀缘植物增加绿量。

(4)植物与灯光的有机结合,在中心绿地及重点区域,植物配合灯光照明,使植物具有光与影的变化,明与暗的对比,强与弱的对比,使植物更趋生动、活泼,丰富小区夜间景观。

(5)树种规划。绿化树种拟选用生活健壮,少病虫害,有利于人们身心健康的树种。选用种类如下。

常绿阔叶乔木:香樟、广玉兰。

落叶阔叶乔木:合欢、白玉兰、紫玉兰。

常绿针叶乔木:日本冷杉、五针松。

花灌木:碧桃、黄馨、春鹃、紫薇、红花檵木、夏鹃、桂花、山茶、月季、火棘。

色叶树:红枫、南天竹、红花檵木、瓜子黄杨。

攀缘植物:紫藤、凌霄。

地被和草坪:高羊茅、红花酢浆草、鸢尾、麦冬。

造型植物:瓜子黄杨球、无刺构骨球、龙爪槐。

五、竖向规划

小区滨河绿地在设计时注重利用微地形设计来营造一种高程变化丰富的景观,这同时为居民欣赏景观提供了不同的观赏点,丰富了绿地的空间形态,活跃了空间气氛并改善了公园的小气候,其他部分竖向规划结合给排水与植物造景需要。

六、给排水规划

绿化灌溉采用自动喷灌和人工拉皮管两种方式。仅在中心景区使用自动喷灌装置,其余绿地上均匀布置自来水龙头进行人工灌。

绿地及道路浇水按间距不大于30 m布置洒水栓,水景废水可直接排至附近的雨水井内,绿地的雨水直接径流至附近的路面上并通过雨水口排放至小区的雨水管网。小区所有绿地草坪上设置自动喷灌系统。

案例七　许昌新区魏文路景观绿化

一、景观地理位置

魏文路位于许昌市新东区,贯穿东区与新区,是城市的主要干道。道路宽度90 m,其中快车道、慢车道和人行道硬化部分宽49 m,其余可以进行景观绿化,宽度41 m。魏文路景观绿化种植道路断面图见图6-10。

二、道路景观绿化的文化背景

许昌地处中原河南腹地,历史悠久,文化灿烂,是华夏民族的发祥地之一。五千年的

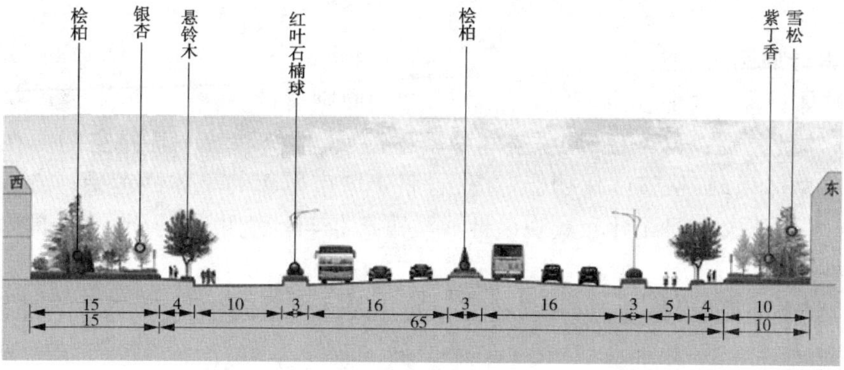

图 6-10　魏文路景观绿化种植道路断面图

中华民族发展史在许昌留下了许多印痕。许昌是古许国都邑和曹魏发祥地，享有“魏都”之称。郭沫若曾说：“闻听三国事，每欲到许昌。”灿烂的三国曹魏文化，使许昌仍然保留有昔日曹操处理军国大事的丞相府，曹操与王公贵胄狩猎的射鹿台，与刘备煮酒论英雄的青梅亭，成就关羽忠义美名的春秋楼，曹操惜才、放才的灞陵桥，曹操保证八十万大军军需供应的大粮仓和运输军粮的运粮河，以及曹丕受汉献帝禅让国鼎的受禅台等。

许昌所辖的禹州又是我国五大名瓷之一“钧瓷”产地，所辖的鄢陵县是全国花木集散中心。鄢陵的花卉自唐开始栽培，到宋代已成规模，特别是鄢陵蜡梅，素有“鄢陵蜡梅冠天下”的美誉。花卉产业是许昌独具地方特色的经济。

三、道路景观的定位

城市道路是一个城市的结构骨架，特别是主干道，是体现城市风貌的一个重要标志。在协调各个设计要素的关系和道路地块的性质时，应按其原有的功能区分，增强城市空间的可识别性与条理性，避免与其他城市的类同。具有特色的景观大道、优美的城市风光是提升城市形象，展示城市风貌的主要手段。

(1)道路景观绿化功能定位：道路的主要功能是供车辆和行人通行，在道路景观绿化功能定位上既充分考虑快速通道的视觉性与安全性，合理配置隔离带植物、植物株间距，给人舒适安全的行车体验，又要打造城市绿色通道，组成城市绿色网络系统，发挥道路绿化带对粉尘净化、噪声的隔离作用。

(2)道路景观绿化文化定位：充分展示许昌悠久的文化历史，重点突出气势恢弘的三国文化，重现雄厚大气的魏武之魂；并结合许昌本地特色，宣扬本土文化结构，打造以蜡梅为代表的城市形象。

(3)道路景观绿化美学定位：通过道路绿化系统生态设计，最大限度地使人与自然充分接触，领略自然之美。

四、道路景观绿化设计理念

(一)设计手法

运用点线相接的设计手法。行道树及花境主线串联整个道路空间，同时有规律地建造精致细腻的节点空间，形成了多层次有节奏的景观空间，带给了通行的人们不同的景观感受。

（二）设计原则

按照整体性、分类性、立体性、生态性、人文性原则设计。

（1）整体性原则：设计上强调了空间的整体性质，连续和统一道路空间。在功能定位上延续城市总体规划，从整体化功能考虑，着眼于城市风貌的整体性考量，并进行延伸、拓展，形成统一的开放空间设计和景观设计。注重街景与环境秉承的同一性，具体设计与人们的活动相适应。

（2）分类性原则：设计重点突出，在整合的开放城市空间中，分类布局各路段，增强本路段的识别性。

（3）立体性原则：对于城市道路空间的设计，不只是单纯表达了二维的平面，在立体三维空间的整体性上加以考量，景观错落有致、层次分明。

（4）生态性原则：道路绿化景观的设计尊重自然，结合原有的自然资源和交通状况，形成线性生态屏障和环境优美、绿树成荫景观。追求生态效益，与大绿地系统接轨，使绿地系统设计更具人性化，获取更大生态资源效益。

（5）人文性原则：充分发挥地域优势条件，依附许昌深厚的文化底蕴，发展道路的人文内涵。以维持景观持续生命力为目标，做到细节体现特色。

五、道路景观植物配置内容

魏文路绿化布置层次是路中心向两侧由低到高，形成一条畅通大气的绿色通道；间隔布置的标志性节点产生强烈的节奏感，带领人们进入景观绿化简洁又富于变化的绿色长廊。丛植或列植大规格的乔木，以常绿为骨架，穿插银杏和复叶槭等色叶树；同时强调线性景观，构建大气畅通的城市主干道景观。

（一）平面种植设计

魏文路景观绿化平面图见图 6-11。道路中间快车道之间 4 m 宽的绿化带，栽种具有地方特色的常绿的河南桧柏分隔开快车道，用金叶女贞和小叶女贞形成流线型模纹色块。适应本地土壤气候的乡土树种河南桧柏在 4 m 宽的分车带内能够良好地生长，而规整的树形枝梢也不过多占据两侧的路面。既有遮挡，也有空隙；既能在晚上阻挡相向行驶的车辆的眩光，满足交通安全的需要，又不妨碍司机的视线。

快车道与慢车道之间的分隔带，用金叶女贞和小叶女贞形成不同规格的菱形模纹色块，与中间分车带的模纹形成呼应，既有种植材料、色彩的统一，又有模纹形状的曲线与折线的对比。基底模纹种植之上栽种了常绿的红叶石楠球，球形与基底的菱形相互映衬。

道路两侧的绿化带是景观的重点，由金丝桃、紫丁香、紫叶小檗、地中海黄杨等组成行云流水般带状的特色花境，特别突出具有地方特色的蜡梅，花境植物种植重复配置。在花境的设计单元间进行标志性的节点配置，节点处的四季花坛、景观小品等布置与花境构成有一定节奏的沿途道路景观。魏文路景观绿化种植平面图见图 6-12。

（二）垂直种植设计

道路中间只有一列河南桧柏（H15 ~20 m），往道路两侧慢慢提升高度，人行道和慢车道之间采用悬铃木（H15 ~25 m）和广玉兰（H15 ~25 m）间植，行道树和背景树之间是花

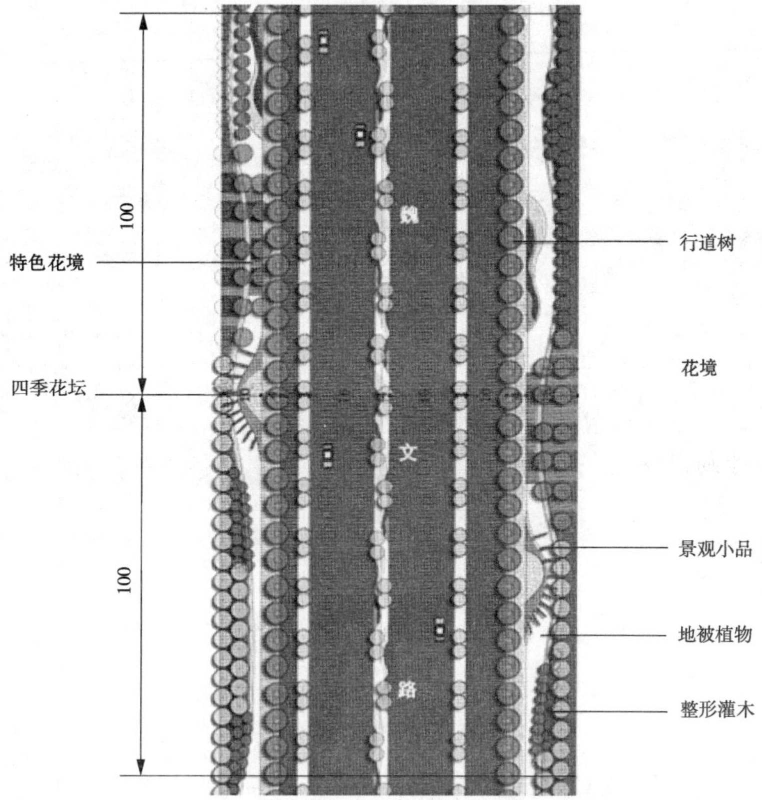

图6-11　魏文路景观绿化平面图

镜,其中穿插种植白玉兰(H4～8 m)和复叶槭(H20 m),背景树用落叶的色叶树银杏(H20～30 m)和常绿针叶树雪松(H15～25 m)。形成层次分明的通透绿廊道路景观。魏文路景观绿化种植道路断面图见图6-10。

(三)行道树选择

慢车道和人行道之间采用的是四季常青的慢生广玉兰和落叶速生的悬铃木间植,保证道路的夏季浓荫、冬季既有绿色,又不过多地遮挡阳光。

人行道外侧的绿色的景观绿化带,用高大的常绿雪松和高大落叶的色叶树银杏,做整个景观的背景种植。

(四)道路交叉节点设计

(1)魏文路与尚集南街节点:弧形的树阵背景林形成围合空间关系,与对称的景墙遥相呼应,反映平面的轴向心结构。转角用造型的彩叶灌木与四季花卉,是节点的亮点,起到点景与对面街角的对景作用。魏文路与尚集南街节点平面图见图6-13,魏文路与尚集南街节点绿化平面图见图6-14。

(2)魏文路与永兴路节点:魏文路与永兴路节点平面图见图6-15,魏文路与宏腾路节点绿化平面图见图6-16。

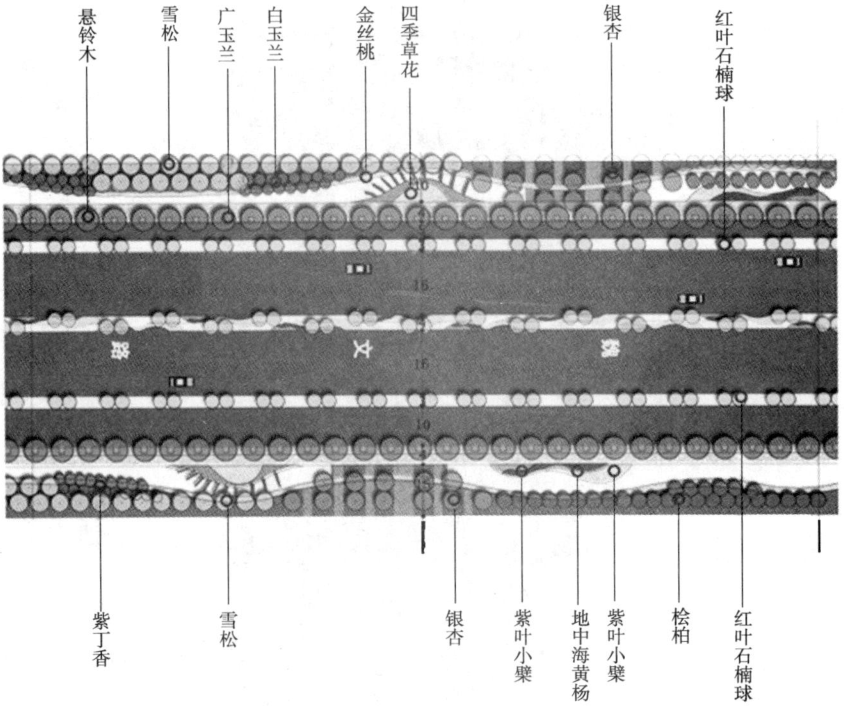

图 6-12　魏文路景观绿化种植平面图

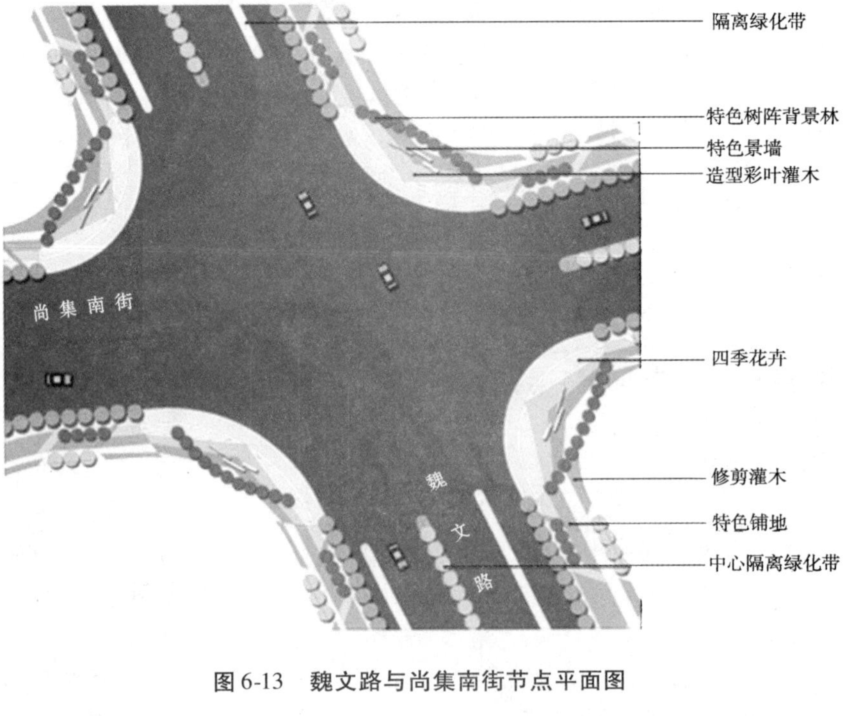

图 6-13　魏文路与尚集南街节点平面图

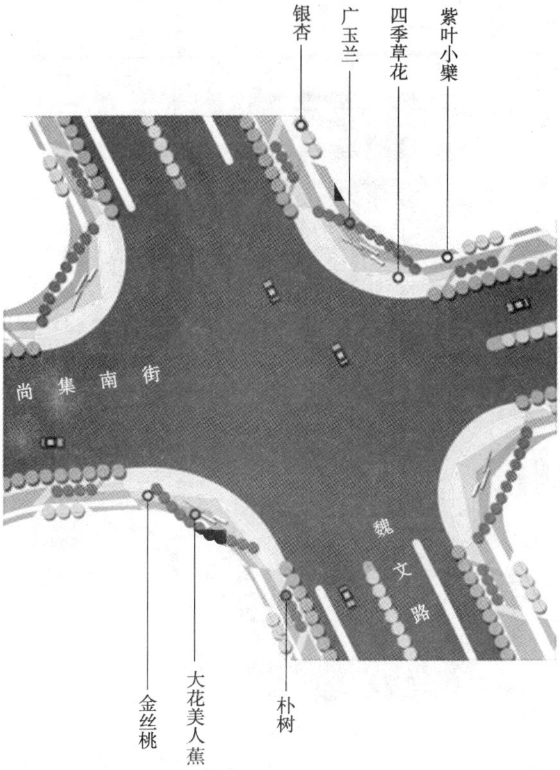

图 6-14　魏文路与尚集南街节点绿化平面图

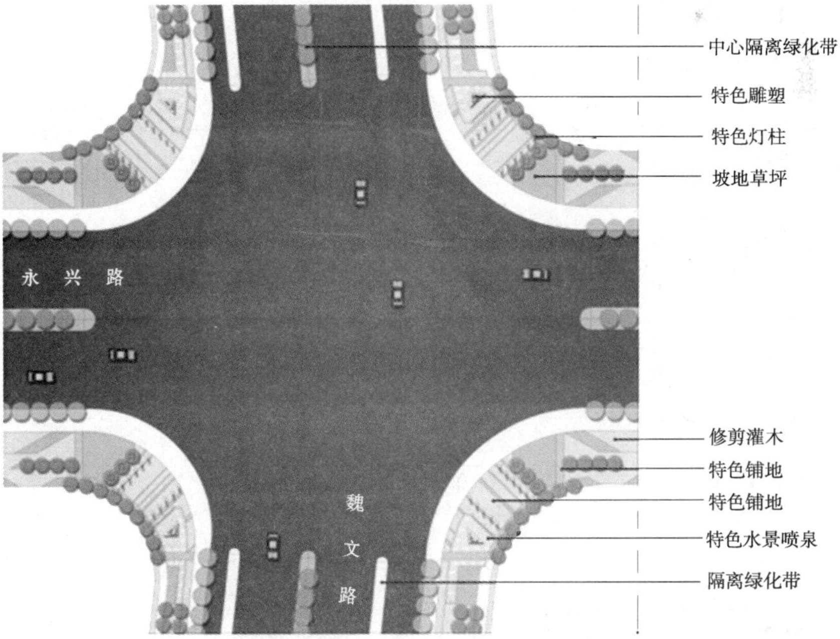

图 6-15　魏文路与永兴路节点平面图

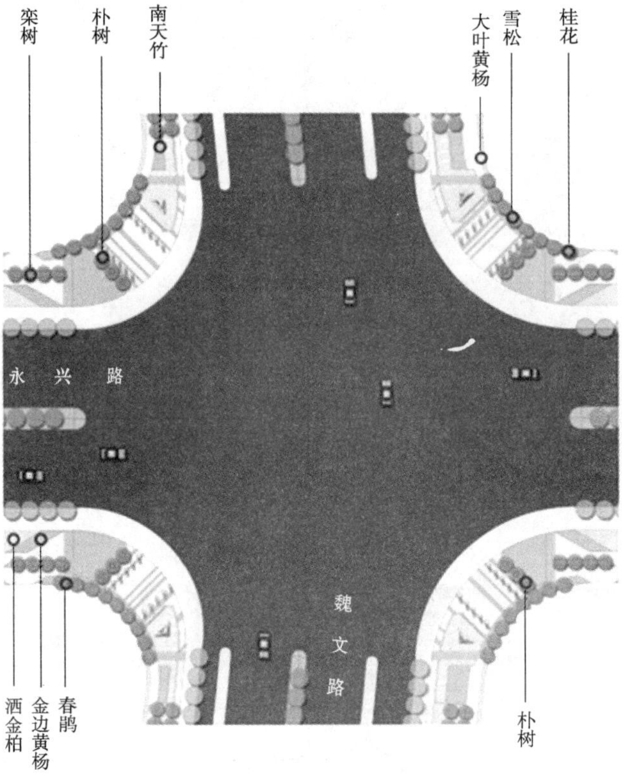

图 6-16 魏文路与宏腾路节点绿化平面图

六、魏文路绿化的主要苗木种类

魏文路绿化的主要苗木见表 6-6。

表 6-6 魏文路绿化的主要苗木一览表

序号	苗木名称	拉丁文名	备注
1	河南桧柏	*Sabina chinensis*	
2	广玉兰	*magnolia grandiflora*	
3	雪松	*Cedrus deodara*	
4	银杏	*Ginkgo biloba*	
5	悬铃木	*Platanus Xacerifolia*	
6	复叶槭	*Acer negundo*	
7	白玉兰	*Magnolia denudata*	
8	朴树	*Celtis sinensis*	
9	桂花	*Osmanthus fragrans*	
10	大叶黄杨	*Buxus megistophylla*	

续表 6-6

序号	苗木名称	拉丁文名	备注
11	南天竹	*Nandina domestica*	
12	栾树	*Koelreuteria paniculata*	
13	紫丁香	*Syringa oblata*	
14	红叶石楠球	*Photinia serrulata*	
15	金丝桃	*Hypericum monogynum*	
16	紫叶小檗	*Berberis thumbergii f. atropurpurea*	
17	金叶女贞	*Ligustrum Xvicaryi*	
18	小叶女贞	*Ligustrum quihoui*	
19	洒金柏	*Platy cladus orientalis* cv. aurea. nana	
20	金边黄杨	*Euonymus japonicus* var. *aurea – marginatus*	
21	春鹃	*Rhododendron simsii* spp.	
22	大花美人蕉	*Canna generalis*	
23	蜡梅	*Chimonanthus praecox*	
24	四季草花		

第七章　实训练习

综合实训的目的

《园林植物造景与设计》是园林、景观园艺专业的主要课程之一，主要强调园林植物配置的综合设计能力的培养。通过实践，加深对课堂教学内容的进一步了解，进而巩固理论知识，更深入理解园林植物配置与设计的科学性、艺术性与实用性，并熟练地掌握园林植物配置与设计的构思与表现，进行平面、立面图的设计制图，真正掌握城市各类型绿地的植物配置与设计的理论与方法。

设计植物明细表排列顺序：常绿乔木（针叶－阔叶）—落叶乔木（针叶－阔叶）—常绿小乔木、灌木—落叶小乔木、灌木—藤本－竹类—一、二年生花卉—多年生花卉—地被植物—草坪植物。

项目一　参观当地综合公园/广场的植物配置

一、实训目的

通过实地参观学习，加深了解园林植物配置应用在景观中的重要性和必要性，进一步提高学生对本课程的学习兴趣，深入理解园林植物配置设计的科学性与艺术性。并用设计表现的技法进行平面、立面、效果图的处理，初步掌握园林植物配置与设计理论及方法。

二、实训内容

参观园林植物配置与设计。

三、实训步骤

（一）明确任务

老师明确参观（实训安排在综合公园/广场绿地内）的任务：

（1）主要的植物景观有哪些？采用了哪些造景方法？如何突出主景？

（2）植物采用了什么样的动态布局和造景方法？在不同的季节哪些植物是配调、基调？是如何进行转调的？

（二）工具准备

准备纸张、尺子、铅笔、水笔等。

（三）参观学习

（1）在实习指导教师带队指导下，有顺序地参观综合公园/广场绿地的园林绿化，并认真聆听老师的讲解，记好笔记，有重点地记下园林绿地中使用的植物材料。

（2）好的植物配置与设计方法最好能在现场绘出图形。

四、实训成果

(1)实习报告1份,主要包括内容、收获、体会。选择一段有代表性的绿化地段,完成下列调查表设计说明。

植物景观类型	植物名称	季节				备注
		春季	夏季	秋季	冬季	
主调						
配调						
基调						

(2)结合公园/广场的实例,依据公园的地理位置、环境、功能,分析公园/广场所选用园林植物的环境条件。

五、实训要求

(1)认真参观学习,积极理解教师讲解并思考园林植物配置的目的。
(2)实习报告语言流畅,言简意赅。
(3)认真思考分析综合公园/广场园林植物配置与设计。

项目二　道路的植物造景设计

一、实训目的

通过对城市街道/林荫道(花园道路)绿地设计的训练,达到以下目标:
(1)了解道路绿地的形式,种植设计的方式,树种搭配与组合等。
(2)了解道路绿化的作用、道路绿化的断面布置形式。
(3)了解行道树的选择要求。
(4)了解街道绿化的层次、结构、色彩搭配。
(5)掌握城市街道/林荫道(花园道路)绿化设计的基本原理,植物配置的科学性与艺术性。

二、实训内容

选择所在当地城市的道路、街道绿地绿化项目做生产设计或模拟设计,既可做整个城市道路绿地系统的总体规划设计,也可以就城市道路或街道附近一地段做施工设计,或者选择一段已建成的城市街道绿地进行测量、分析、总结。

三、实训步骤

(一)工具准备

1. 图纸

园林制图采用国际通用的 A 系列幅面规格的图纸,根据我国的 GB 工程制图标准规定,以 0#图幅(841 mm×1 189 mm)为准。

2. 工具

(1)图板:1 号图板(900 mm×600 mm)。

(2)丁字尺:900 mm 规格。

(3)三角板:准备 45°、60°三角板两块。

(4)其他:量角器、曲线板、模板、擦图纸、圆规、分规、比例尺、鸭嘴笔。

(5)绘图铅笔:据铅笔的软硬不同分 6B ~ 6H,制图常用 2H ~ HB;自动铅笔有 0.5 mm、0.7 mm、0.9 mm 三种规格。

注:线条的类型和交接:

图线以可见轮廓线的宽度 b 为基本线宽,按标准可选用 0.18 – 0.25 – 0.35 – 0.5 – 0.7 – 1.0 – 1.4 – 2.0(mm),递增比例为 2。

虚线、点画线或双点画线的线段长度与间距应各自相等。虚线的线段长 4 ~6 mm,间距 0.5 ~1.5 mm;点画线的长度 10 ~20 mm,间距 1.0 ~3.0 mm。

字母、文字和数字:

文字(长仿宋):遵循横平竖直;字体高宽比采用 4∶3,字的行距应大于字距;行距为 $h/3$,字距为 $h/4$。

(二)现场踏查,了解情况

到设计现场进行现场实地踏查,熟悉设计环境。到当地城建局或园林局了解城市街道绿地的功能、规模以及对城市街道绿地植物造景设计的要求,可作为街道绿化设计的指导和依据。

(三)搜集基础资料

注意搜集城建局或园林局提供的各种图纸,如果无地形图等基础图纸,可在实地进行测量,然后绘制。

(四)描绘放大基础图纸

如果提供的基础图纸比例不合适,可适当放大或缩小或进行分幅处理。若无基础图纸,可将实地测量和草图按合适的比例绘制,作为道路绿地设计的底图。

(五)完成设计图

按园林制图标准,完成墨线图,做出苗木统计表和预算方案,完成植物造景设计图,作为设计成果评定成绩,或交城建局或园林局进行施工。

(六)设计要求

城市道路绿地规划设计形式符合当地实际情况,能突出城市道路绿地的功能,同时又能起到美化街景的作用。

在图面表现能力方面,设计图种类齐全,能反映出城市道路绿地总体面貌,同时又能满足施工要求。图面构图合理，整洁美观，线条流畅，墨色均匀，图例、比例、设计说明文字和尺寸标注、图幅大小等要齐全，并且符合制图规范。

1. 街道绿化的配置设计

行道树：指有规律地种植在道路两侧，形成浓荫的乔木，受温度、风雨、雪等影响，在城市中还受建筑物经太阳辐射后而造成的反射的影响，及夜间照明，尘埃、行人、车辆、地上地下管线等的影响。

(1)树带式配置设计：在人行道和车行道之间留出一条不加铺装的种植带。种植带宽度≥1.5 m，一般在交通人流不大的情况下多用，>5 m可植乔、灌、花草。

(2)树池式配置设计：在交通量较大，行人较多而人行道又窄的情况下多用，一般树池以方形为多，以(1.2～1.5)m×(1.2～1.5)m合适，长短边之比不超过1∶2，圆形树池其直径不小于1.5 m。

2. 林荫道的植物配置设计

(1)林荫道布置的几种类型：

①设在街道中间的林荫道(布置在道路中轴线上)；

②设在街道一侧的林荫道(便于居民和行人使用的一侧为原则)；

③设在街道两侧的林荫道；

④根据游息林荫路用地宽度，有三种布置形式；

a. 简单式游息林荫道：用地最小宽度为8 m—两行乔木；

b. 复式游息林荫道：宽度>20 m，通常规划两条游步道、有三条绿带；

c. 游园式游息林荫道：宽度至少在40 m以上，布置形式可为规则式，还可以自然式。

(2)林荫道设计要点：

①为了保证游息林荫道内有一宁静、卫生安全的环境，在它的一侧或两侧必须有乔木和植篱组成绿色屏障与车行道隔开。

②林荫道中，有的地方布置有儿童游戏场，座椅、花坛、喷泉、阅报栏、花架等小品。结合这些小品，栽植无刺无毒的花灌木，活跃气氛。

③道路中段出入口与单位、庭院或两端出入口与街道广场或游园相连的地方，植物布置的形式、种类要与周围统一，为不影响视线情况，宜小不宜大。

④植物配置以丰富多彩的植物为主。一般道路广场占25%～35%，乔木30%～40%，灌木20%～30%，草地10%～20%，花坛类2%～5%。南方常绿树可多些，北方考虑到冬季对阳光的需要，落叶树多些为宜。

⑤植物配置宽度在8 m以上时，可考虑采用自然式布局，8 m以下时，多规则式布局。

(七)图纸制绘要求

以一条林荫道(长1 600 m)(老师可根据情况设定条件)规划设计为例，要求绘制总体平面图(1∶500)、立面图，选取局部(60 m)地段(1∶200)做详细设计，标出植物明细表、设计说明等。

(1)总体规划意图明显，符合园林绿地性质、功能要求，布局合理。

(2)种植设计的树种选择正确，能因地制宜地运用种植类型，符合构图要求，造景手法丰富，能与道路、地形地貌、山石水、建筑小品结合。空间效果较好，层次、色彩丰富。

(3)图面表现能力强,设计图的种类齐全,设计深度能满足施工的需要,线条流畅,构图合理,清洁美观,图例、文字标注、图幅符合制图规范。

(4)说明书语言流畅,言简意赅,能准确地对图纸补充说明,体现设计意图。

(5)方案绿化材料统计基本准确,有一定的可行性。

四、实训成果

(1)按时按照要求递交设计图一份。

(2)与设计相符的设计说明书一份。

项目三　城市广场的植物造景设计

一、实训目的

(1)了解城市文化广场园林设计特点、基本功能要求。

(2)掌握城市广场园林植物配置的原则、方法。

(3)掌握园林植物对空间的划分和组合的作用。

(4)掌握城市广场园林植物配置设计的方法。

二、实训内容

文化娱乐休闲广场绿地植物配置设计。

三、实训步骤

(一)准备工具

(1)图纸准备:园林制图采用国际通用的 A 系列幅面规格的图纸,以 1#图幅(594 mm × 841 mm)为准。同实训项目二。

(2)工具准备:图板、丁字尺和三角板等,同项目二。

(二)现场踏查,了解情况

到设计现场进行现场实地踏查,熟悉设计环境。到当地城建局或园林局了解城市街道绿地的功能、规模以及对城市街道绿地植物造景设计的要求,可作为街道绿化设计的指导和依据。了解城市广场当地市民的风俗习性,兴趣爱好,确定绿化设计种植风格。

(三)了解自然条件

了解地形、地质、地貌、水文等与园林植物生长发育相关的自然条件。

(四)搜集基础资料

注意搜集城建局或园林局提供的各种图纸,如果无地形图等基础图纸,可在实地进行测量,然后绘制。

(五)描绘放大基础图纸

如果提供的基础图纸比例不合适,可适当放大或缩小或进行分幅处理。若无基础图纸,可将实地测量和草图按合适的比例绘制,作为道路绿地设计的底图。

(六)构思设计,完成平面制图

按园林制图标准,完成墨线图,做出苗木统计表和预算方案,完成植物造景设计图,作为设计成果评定成绩,或交城建局或园林局进行施工。

图纸要求:

(1)总体规划意图明显,符合园林绿地性质、功能要求,布局合理,自成系统。

(2)种植设计树种选择正确,能因地制宜地运用种植类型(场地活动区域,严禁种植有毒有刺等植物),符合构图要求,造景手法丰富,能与广场设施、道路、地形地貌、山石水、建筑小品结合。空间效果较好,层次、色彩丰富。

(3)图面表现能力强,设计深度能满足施工的需要,线条流畅,构图合理,清洁美观,图例、文字标注、图幅符合制图规范。

(4)说明书语言流畅,言简意赅,能准确地对图纸补充说明,体现设计意图。

(5)方案绿化材料统计基本准确,有一定的可行性。

四、实训成果

(1)按照给定条件完成广场园林植物配置与设计平面图一份。

(2)写与设计相符合的说明书一份。

项目四 居住区绿地植物造景设计

一、实训目的

通过实训,掌握居住区绿化设计的方法、特点、要求,根据居住区绿地的不同部位和类型,因地制宜地进行绿化设计,使树种选择、植物配置与居住建筑和环境协调统一,充分发挥居住区绿地的综合功能。

二、实训内容

选择某房地产开发公司开发建设的商品房住宅小区或组团,做模拟设计或生产性设计。既可做局部设计,也可做整体设计。

三、植物造景设计要求

(1)立意新颖,格调具有时代气息,为居民创造清新、整洁、优美的生活居住环境,并提供一定的户外活动场地。

(2)根据居住建筑、道路、绿地的总体布局,因地制宜地确定绿地形式和内容,体现绿化、美化、净化、观赏、娱乐、休息等多种功能。

(3)居住建筑周围绿化,要选择低矮花灌木,不能影响建筑内通风采光。宅间绿化要根据楼间距大小和楼的高低,合理确定绿地类型和内容设施。

(4)居住区小游园设计参阅街道小游园和花园式林荫道设计。

(5)其他要求参阅单位附属绿地设计实训指导。

四、实训成果

(1)绿化种植设计图(含彩色平面图),比例 1∶200 ~ 1∶300,1#或 2#图纸(含 CAD 设计图)。

(2)小游园及整体鸟瞰图(含彩色图)。

(3)设计说明书。

(4)植物名录及其他材料统计表。

项目五 单位附属绿地植物造景设计

一、实训目的

培养学生的规划设计能力、艺术创新能力和理论知识的综合运用能力,掌握单位附属绿地植物造景的方法和要求,为从事专业技术工作奠定坚实基础。

二、实训内容

选择当地某学校或工厂的绿地进行规划设计,或依据学校或工厂的园林绿地进行植物造景模拟设计。

三、实训要求

(1)立意新颖,格调高雅,具有时代气息,与单位环境协调统一。

(2)根据绿地性质、功能、场地形状和大小,因地制宜地确定绿地形式和内容设施,体现多种功能,突出主要功能。

(3)以植物绿化、美化为主,适当运用植物造景要素。

(4)植物选择配置应乔、灌、花、草结合,常绿落叶结合,以乡土树种为主。植物种类数量适当。能正确运用种植类型,符合构图规律,造景手法丰富,注意色彩、层次变化,能与道路、建筑相协调,空间效果较好。

(5)图面表现能力:按要求完成设计图纸,能满足施工要求;图面构图合理,清洁美观;线条流畅,墨色均匀;图例、比例、指北针、设计说明、文字和尺寸标注、图幅等要素齐全,且符合制图规范。

四、植物造景设计步骤

(1)现场踏查,了解情况。到设计现场实地踏查,熟悉设计环境,了解建设单位绿地的性质、功能、规模及其对规划设计的要求等情况,作为绿化设计的指导和依据。

(2)收集基础图纸资料。收集建设单位总体布局平面图、管道图等基础图纸资料。若建设单位没有图纸资料,可实地测量,室内绘制。

(3)描绘、放大基础图纸。若建设单位提供的基础图纸比例太小,可按 1∶200 ~ 1∶300

的比例放大、分幅，或将实测的草图按此比例绘制，作为绿化设计的底图。

(4)总体规划设计。绘出设计草图，送建设单位审定，征求意见，修改定稿。

(5)完成设计任务。按制图规范，完成墨线图，做苗木统计和预算方案。作为设计成果，评定成绩，或交建设单位施工。

五、实训成果

(1)绿化种植设计图。

(2)单位整体或局部的效果图(彩色图)。

(3)植物造景设计说明书。包括小游园园名、景名、分区功能及种植设计景观特征描述。

(4)植物名录及其他材料统计表。

项目六 屋顶花园植物造景设计

一、实训目的

了解屋顶花园的概念，掌握屋顶花园设计遵循的原则、方法，掌握屋顶花园的构造和要求，掌握屋顶花园的植物种植设计。

二、实训内容

以本校的办公楼或图书馆楼顶为设计对象进行屋顶绿化设计。

三、实训步骤

(1)对设计对象现场踏查。

(2)以小组为单位，每组 3 ~ 5 人进行设计，查阅相关资料，每人提出各自的设计方案。

(3)对每人提出的设计方案进行小组内的讨论总结，写出最后的设计方案。确定屋顶花园的绿化形式。以植物种植设计为主，绘制办公楼或图书馆屋顶绿化平面图，并写出设计说明，附植物名录。

(4)绘制该屋顶花园的结构层次剖面图。

(5)写出实训报告。

四、实训成果

(1)实训报告。

(2)设计图纸一套。

要求：①符合屋顶绿地的性质及设计的原则和要求，充分考虑与周边环境的关系，有独到的设计理念，风格独特、特点鲜明、布局合理。

②种植设计树种选择正确,能因地制宜地运用造景方法,与道路、建筑小品等结合好。

③层次结构合理,安全性高。通过单独的剖面图纸表现。

④图面表现能力强,图面效果好,设计图种类齐全,设计深度能满足施工的需要。线条流畅,清洁美观,图例、文字标注、图幅等符合制图规范。

(3)设计说明书一份。

①语言流畅,言简意赅,能对图纸准确地补充说明,体现设计意图。

②绿化材料统计基本准确,有一定的可行性。

项目七　工厂园林植物配置与设计

一、实训目的

(1)了解不同工厂的小环境对园林植物配置的特殊要求。

(2)掌握工厂绿化的园林植物配置与设计的特点和要求。

二、实训内容

(1)有关原始资料的收集:收集工厂绿化的图表等原始资料,包括工厂的地质条件、环境条件,如污染源的种类、方向、程度,现有的植物材料、土地现状等,现有建筑(包括底层平面的门和窗、地下室的窗户、室外电缆等)、其他构筑物(如墙、围栅、电力、电话亭、地下管道、消火栓等)、道路、公路、停车场、散步小径、平台等。

(2)准备工具:

①图纸准备:园林制图采用国际通用的 A 系列幅面规格的图纸,以 1#图幅(594 mm × 841 mm)为准,绘制平面效果图。

②工具准备:同项目二。

(3)教师结合本城市工业特点,选择一家工厂,带领学生进行实地考察测量,绘制现状图。

(4)设计图纸绘制:结合周围环境,按照给定条件的工厂规模,要求对工厂产品生产过程中产生的附生物进行了解,结合工厂环境现状进行植物选择,并绘制园林植物配置与设计总体平面图(1∶500),标出植物明细表、设计说明等。

图纸要求:

①总体规划意图明显,符合园林绿地性质、功能要求,布局合理,自成系统。

②种植设计树种选择正确,能结合工厂环境选择适宜的种植材料,符合构图要求,造景手法丰富,实现植物功能性与环境性的统一。空间效果较好,层次、色彩丰富。

③图面表现能力强,设计图种类齐全,设计深度能满足施工的需要。线条流畅,构图合理,清洁美观,图例、文字标注、图幅符合制图规范。

④说明书语言流畅,言简意赅,能准确地对图纸补充说明,体现设计意图。

⑤方案绿化材料统计基本准确,有一定的可行性。

三、实训成果

(1)设计一份工厂园林植物配置与设计图。
(2)写出与设计图纸相符的设计说明书一份。

四、实训要求

(1)总体规划意图明显,符合园林植物配置原则、功能要求,线条流畅,构图合理。
(2)选择种植设计的树种正确,符合构图要求,造景手法丰富。
(3)图面表现能力强,图例、文字标注、图幅符合制图规范。
(4)说明书语言流畅,言简意赅,能准确地对图纸补充说明,体现设计意图。

项目八　街道小游园的规划设计

一、实训目的

通过对小游园的园林植物配置设计,应掌握:
(1)小游园园林植物配置的特点与要求。
(2)巩固小游园园林植物配置与设计的原则与方法。
(3)街道小游园的规划布局形式,各分区的植物配置、内容设置。

小游园:供休息、交谈、锻炼、纳凉用的小型文化娱乐活动场所,分布于居住区、商业区、行政区等居民集中地,服务半径步行3~6 min,按45 m/min应在135~270 m,面积不大,设施简单,投资少,见效快,设计精巧,管理方便。

二、实训内容

(1)图纸准备:

园林制图采用国际通用的A系列幅面规格的图纸,以2#图幅(420 mm×594 mm)为准。

(2)准备工作:同项目二。

(3)图纸绘制:以本地市某小游园为例,要求进行动、静分区的植物配置与设计,绘制总体平面图(1:500),标出植物明细表、设计说明等。

图纸要求:

①总体规划意图明显,符合园林绿地性质、功能要求,布局合理,自成系统。

②种植设计树种选择正确,能因地制宜地运用种植类型,符合构图要求,造景手法丰富,能与道路、地形地貌、山石水、建筑小品结合。空间效果较好,层次、色彩丰富。

③图面表现能力强,设计图种类齐全,设计深度能满足施工的需要。线条流畅,构图合理,清洁美观,图例、文字标注、图幅符合制图规范。

④说明书语言流畅,言简意赅,能准确地对图纸补充说明,体现设计意图。

⑤方案绿化材料统计基本准确，有一定的可行性。

(4)设计要点：

小游园规划布局形式：

①规则对称式；

②规则不对称式；

③自由式；

④混合式。

游园的不同使用功能对环境的要求：

①进行户外休息纳凉要安静，需要乔灌结合的观花赏景的良好环境。

②健身活动：大面积铺装，结合花坛花钵种植整齐有序的花灌木。

③儿童游戏；适于跑跳的场所，园林植物配置与设计宜选色彩鲜艳、树形活泼、无毒无刺的花灌木。

规划设计要点：结合上述不同形式的布局、不同功能对环境的要求，按照下述要求进行园林植物配置。

①以植物种植为主，选好基调树种，体现地方风格。

②有层次的变化，乔灌花结合（乔木可点植边缘，树丛可加入宿根花卉）。

③有季相的变化。注意时相、季相、景相统一（春花、夏荫、秋叶、冬松）。

④植物配置考虑与环境结合，与周围建筑环境等相适宜。

⑤组织交通吸引游人：考虑穿行人流不影响活动，采用角穿方式从一侧通过。

三、实训成果

(1)按照要求绘制街头游园园林植物配置与设计图一份。

(2)结合园林植物配置与设计图纸，附相应设计说明书一份。

四、实训要求

(1)总体规划意图明显，符合园林植物配置原则、功能要求，线条流畅，构图合理。

(2)选择种植设计的树种正确，符合构图要求，造景手法丰富。

(3)图面表现能力强，图例、文字标注、图幅符合制图规范。

(4)说明书语言流畅，言简意赅，能准确地对图纸补充说明，体现设计意图。

项目九　综合性中小公园植物造景设计

一、实训目的

通过实训，学生应掌握：

(1)城市公园园林植物配置与设计的基本原则及园林风景植物构图与园林植物造景的基本手法。

(2)通过分析城市公园的环境、立地条件、规划布局,确定各功能分区的植物配置与选择。

二、实训内容

(一)图纸准备

园林制图采用国际通用的 A 系列幅面规格的图纸,以 1#图幅(594 mm×841 mm)为准,绘制平面效果图。

(二)工具准备

同项目二。

(三)图纸绘制

教师结合本城市特点,结合周围环境,限定条件的公园规模,要求进行功能分区,绘制园林植物配置与设计总体平面图(1∶500),标出植物明细表、设计说明等。

(四)图纸要求

(1)总体规划意图明显,符合园林绿地性质、功能要求,布局合理,自成系统。

(2)种植设计树种选择正确,能因地制宜地运用种植类型,符合构图要求,造景手法丰富,能与道路、地形地貌、山石水、建筑小品结合。空间效果较好,层次、色彩丰富。

(3)图面表现能力强,线条流畅,构图合理,清洁美观,图例、文字标注、图幅符合制图规范。

(4)说明书语言流畅,言简意赅,能准确地对图纸补充说明,体现设计意图。

(5)方案绿化材料统计基本准确,有一定的可行性。

(五)设计要点

(1)规划布局的基本形式:

①规则式(几何式):以对称布局为主,追求几何图案,给人庄严雄伟、整齐之感,如宫廷、纪念性园林;有中轴线,水体、道路广场、建筑等方面均有轨迹可循。在此基础上进行种植设计。

②自然式(风景式、不规则式):

地形:为自然地形或与人工山水结合,再现自然界地貌景观,多为自然起伏与和缓的微地形。

水体:岸线多为自然岸线,驳岸有自然山石或自然倾斜坡度,水面多样,溪流、池沼、湖泊、瀑布、湾潭、跌水等。

道路广场:多用自然形状,以不对称建筑、山石、树丛等分隔空间。主路多环形,道路平面和剖面为自然曲线和起伏曲折的平曲线。

建筑:单体为对称或不对称的均衡布局,建筑群多用不对称均衡布局。

其他:多用假山、置石、桩景、盆景、木刻、砖雕等丰富景观。

③混合式:规则式与自然式交错结合,全园无主轴线,只局部景区建筑以中轴线布局,多依地形采用。

在此基础上进行种植设计:力求群落之美,不成行列栽植,以孤植、群植、丛植为主,花卉以花丛、花群为主进行混合式植物配置与设计。

(2)公园设置的主要内容:

①观赏游览:观赏山石、水体、文物、花草、雕塑等。

②安静休息:游泳、划船、音乐等。

③儿童活动(分学龄前儿童与学龄儿童):如少年宫、迷宫、障碍游戏场、小型动物角、植物角、气象站、阅览室等。

④政治及科普教育:展览、陈列、科技活动等。

⑤体育活动:跑步、滑冰、球类、骑马。

⑥老年人活动:户外活动场地。

⑦服务设施:餐厅、茶室、摄影、卫生室、厕所。

⑧园务管理:办公、会议、温室、广播等。

(3)功能分区:

①文化娱乐区:俱乐部、游戏广场、露天剧场、音乐厅、戏水厅,一般公园主要建筑位于此区,全园布局重点常于中部,对建筑组合的景观要求较高,应使各建筑物保持一定距离。

②安静休息区:供休息、学习、散步及安静活动,如棋类、太极拳等;一般选择具一定绿地面积大、树木茂盛的地段,离主入口较远,并与文化娱乐、儿童活动、体育活动场一定隔离,但老人活动区可附于此区。

③儿童活动区:儿童占游人量的15%~30%,一般可分为学龄前与学龄期-游戏场、戏水池、运动场、障碍游戏、少年宫、阅览室等,最好50 m^2/人;该区宜靠近主入口,便于到达,避免干扰他区。

建筑设施考虑尺度,造型新颖、色彩鲜艳,小品要适合儿童,有教育意义,如童话、寓言的色彩,道路宜间阶,不宜设台阶,方便童车;植物应无毒、无刺、无异味,不宜用铁丝网等;活动场地宜林木遮阴;考虑成人休息等候场所,如花架、坐凳。

④老人活动区:选背风向阳之处,区内环境设施宜相对紧凑;建筑物宜造型兼避雨遮阳功能,如蘑菇亭、茶室、林中桌椅等;多设椅子,以木制藤制为宜,道路宜平坦,防滑,应设计路标。

⑤体育活动区:常于公园一侧,有专用出入口,以利于人流疏散,与其他区隔离,可设篮球、羽毛球、网球、门球、武术、乒乓球、大众体育区及室内体育馆,各场地不一定设看台,可缓坡草地。

⑥观赏游览区:以观赏、游览、参观为主,进行相对安静的活动,以100 m^2/人为宜,选择现状地形,植被优越地段布置,对游线的规划(平纵曲线),铺装适于静动态观赏要求。

⑦公共设施区:必要的服务设施,必备的活动设施:扶手、厕所,无障碍设计。

⑧园务管理区。

结合上述各功能分区的特点,对所需园林植物进行配置与设计:四季有绿,三季有花;多样性栽植;阔叶多于针叶,落叶占2/3为宜。

三、实训成果

(1)结合公园功能分区和人员分布的特点,对各个功能分区进行园林植物配置与设计,绘制平面图纸一份。

(2)结合上述设计图纸,附设计说明书一份。

四、实训要求

(1)总体规划意图明显,符合园林植物配置原则、功能要求,线条流畅,构图合理。
(2)选择种植设计的树种正确,符合构图要求,造景手法丰富。
(3)图面表现能力强,图例、文字标注、图幅符合制图规范。
(4)说明书语言流畅,言简意赅,能准确地对图纸补充说明,体现设计意图。

参 考 文 献

[1] 刘少宗. 园林植物造景(上册)景观设计纵论[M]. 天津:天津大学出版社,2003.
[2] 臧德奎. 园林植物造景[M]. 北京:中国林业出版社,2009.
[3] 熊运海. 园林植物造景[M]. 北京:化学工业出版社,2002.
[4] 马克辛. 景观设计基础[M]. 北京:高等教育出版社,2008.
[5] 宁妍妍. 园林规划设计学[M]. 北京:白云出版社,2003.
[6] 周初梅. 园林规划设计[M]. 重庆:重庆大学出版社,2006.
[7] 宁妍妍. 花卉应用与设计[M]. 兰州:甘肃美术出版社,2003.
[8] 赵建民. 园林规划设计[M]. 北京:中国农业出版社,2001.
[9] 董晓华. 园林规划设计[M]. 北京:高等教育出版社,2005.
[10] 黄东兵. 园林规划设计[M]. 北京:中国科学技术出版社,2003.
[11] 陈有民. 园林树木学[M]. 北京:中国林业出版社,1990.
[12] 克劳斯顿(Clouston). 风景园林植物配置[M]. 陈自新,许慈安译. 北京:中国建筑工业出版社,1992.
[13] 宋永昌. 城市生态学[M]. 北京:高等教育出版社,2000.
[14] 高润清. 园林树木学[M]. 北京:中国建筑工业出版社,2003.
[15] 郭方明. 锦绣园林尽芳华(世博园中国园区设计方案集)[M]. 北京:中国建筑工业出版社,2000.
[16] 汪新娥. 植物配置与造景[M]. 北京:中国农业大学出版社,2008.